University of Pittsburgh Memoirs in Latin American Archaeology

University of Pittsburgh Memoirs in Latin American Archaeology No. 10

Prehispanic Chiefdoms in the Valle de la Plata, Volume 3

The Socioeconomic Structure of Formative 3 Communities

Cacicazgos Prehispánicos del Valle de la Plata, Tomo 3

La Estructura Socioeconómica de las Comunidades del Formativo 3

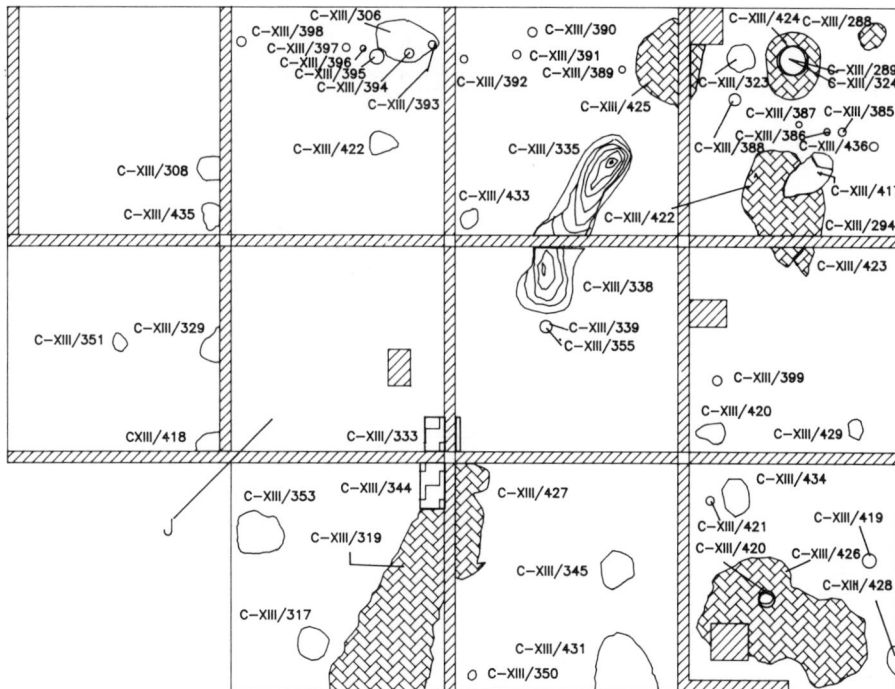

Luis Gonzalo Jaramillo E.

Spanish Translation by the Author
Traducción al Español por el Autor

University of Pittsburgh
Department of Anthropology

Universidad de los Andes
Departamento de Antropología

Pittsburgh   1996   Santafé de Bogotá

Library of Congress Cataloging-in-Publication Data

Prehispanic chiefdoms in the Valle de la Plata / edited by Luisa
    Fernanda Herrera, Robert D. Drennan, Carlos A. Uribe = Cacicazgos
    prehispánicos del Valle de la Plata / editado por Luisa Fernanda
    Herrera, Robert D. Drennan, Carlos A. Uribe.
        p.   cm. — (University of Pittsburgh memoirs in Latin American
    archaeology; no. 2)
        English and Spanish.
        Includes bibliographical references.
        Contents: v. 1. The environmental context of human habitation.
    ISBN 1-877812-01-3
        1. Indians of South America—Colombia—Plata River Valley—
    Antiquities. 2. Human ecology—Colombia—Plata River Valley.
    3. Paleoecology—Colombia—Plata River Valley. 4. Palynology—
    Colombia—Plata River Valley. 5. Plata River Valley (Colombia)—
    Antiquities. 6. Colombia—Antiquities. 7. Proyecto Arqueológico
    Valle de la Plata. I. Herrera de Turbay, Luisa Fernanda. II. Drennan,
    Robert D. III. Uribe, Carlos A. IV. Title: Cacicazgos prehispánicos
    del Valle de la Plata. V. Series.
    F2269.1.P53P73 1989
    986.1'5—dc20   89-22702
                                                          CIP

© 1996 University of Pittsburgh Latin American Archaeology Publications
Department of Anthropology
University of Pittsburgh
Pittsburgh, PA 15260

Printed on acid-free paper in the United States of America

ISBN 1-877812-40-4

Contents

Contenido

List of Figures

Lista de Figuras

List of Tables

Lista de Tablas

Preface

This research is concerned with the emergence and development of chiefdom level societies. It focuses, primarily, on the assessment of wealth and status differences at the household level as a means of exploring the extent and nature of the bases of the overall pattern of social inequality that typifies this type of society.

The research was conducted in the Valle de la Plata in southwestern Colombia where, as a result of an extensive and comprehensive systematic regional survey carried out by the Proyecto Arqueológico Valle de la Plata (Drennan 1985; Drennan et. al. 1989a, 1989b, 1991, 1993), the general conditions for chiefdom development seem, in principle, to contrast with some popular notions or models offered to account for this process.

Taking advantage of the diachronic and regional perspective offered by the systematic regional survey and of research focused on the period for which chiefdoms are clearly established (see Blick 1993), we decided to concentrate on the Formative 3 communities that immediately preceded the chiefdoms so as to provide comparative data for a fuller assessment of the emergence of chiefdom societies.

The Formative 3 period, like all other periods in the Valle de la Plata sequence, was originally defined on the basis of a single ceramic type, Lourdes Red Slipped. Research presented here, however, indicates that this ceramic type cannot be taken alone to represent the occupations of this chronological period.

Since this unexpected finding has direct implications for our overall research, considerable attention is dedicated to establishing the chronological basis for this study in Chapter 2.

Chapter 1 concentrates on the general theoretical issues that prompted this research and on the specific circumstances that the Valle de la Plata sequence presents for the study of the emergence of chiefdom societies and the methodology of the research.

Chapter 2 focuses on the evidence regarding the ceramic types characteristic of Formative 3 occupations and establishes a series of methodological conventions—such as provenience systems—that will be frequently used throughout the report. It also introduces the locations and the characteristics of all investigated sites, including those subjected to stratigraphic excavations.

Chapter 3 presents the evidence recovered at a sample of household areas, upon which we base our attempt to explore the presence of wealth differences and to generalize about community structure.

Chapter 4 contains the analysis of wealth differences and discusses the implications of this research in terms of both the specifics of the Valle de la Plata sequence and the more general issue of the emergence of chiefdom level societies.

Prefacio

Esta investigación trata del surgimiento y desarrollo de los cacicazgos. El enfoque principal es la evaluación de las diferencias en riqueza y estatus al nivel de las unidades domésticas, como alternativa para explorar el grado y naturaleza de las bases del patrón de desigualdad social que tipifica este tipo de sociedades.

La investigación se desarrolló en el Valle de la Plata en el sur-oeste de Colombia, en donde, como resultado de un reconocimiento regional sistemático extensivo e integral, adelantado por el Proyecto Arqueológico Valle de la Plata (Drennan 1985; Drennan et. al. 1989a, 1989b, 1991, 1993), las condiciones generales para el desarrollo de los cacicazgos parecen, en principio, contrastar con algunas de las nociones o modelos más populares ofrecidos para explicar este proceso.

Beneficiándonos de la perspectiva regional y diacrónica ofrecida por el reconocimiento regional sistemático, así como de una investigación enfocada en el período en que los cacicazgos están claramente establecidos (ver Blick 1993), decidimos concentrar nuestros esfuerzos en el estudio de las comunidades que inmediatamente preceden éstos, para recobrar un cuerpo de información comparativo que nos permitiera hacer una evaluación más completa del surgimiento de los cacicazgos.

Nuestra unidad cronológica de estudio fue el período Formativo 3. Este período, así como todos los otros en la secuencia del Valle de la Plata, se definió originalmente con base en un sólo tipo cerámico conocido como Lourdes Rojo Engobado. No obstante, la investigación presentada aquí, indica que este tipo cerámico, por sí sólo, no representa apropiadamente a las ocupaciones de este período cronológico.

Puesto que este resultado inesperado tiene implicaciones directas para nuestra investigación, en el Capítulo 2 se le presta considerable atención a establecer las bases cronológicas para este estudio.

El Capítulo 1 se concentra en los aspectos teóricos generales que promovieron la investigación. También se discuten las circunstancias específicas que presenta la secuencia del Valle de la Plata para el estudio de los cacicazgos y la metodología de la investigación.

El Capítulo 2 se enfoca en la discusión de la evidencia relacionada con los tipos cerámicos a través de los que se reconocen las ocupaciones del Formativo 3 y se establecen una serie de convenciones metodológicas—como los sistemas de procedencias—a las cuales se hace referencia frecuente a lo largo del reporte. Este capítulo también presenta la localización y características de todos los sitios investigados, incluyendo aquellos que fueron objeto de excavaciones estratigráficas.

El Capítulo 3 presenta la discusión de la evidencia recobrada en una muestra de unidades domésticas, la cual sirve de base a nuestro intento por explorar la presencia de diferencias de riqueza y a las generalizaciones sobre la estructura de las comunidades.

El Capítulo 4 contiene el análisis sobre las diferencias de riqueza y discute las implicaciones de esta investigación en términos tanto de la secuencia del Valle de la Plata en particular, como del surgimiento de los cacicazgos en general.

Acknowledgments

I want to take this opportunity to express my sincere thanks to the institutions and people who contributed to this research. The Wenner-Gren Foundation for Anthropological Research provided the conomic support for the fieldwork through grant 5462. A graduate fellowship from the University of Pittsburgh supported by the Howard Heinz Endowment provided economic support during the analysis and writing period. The Center for Latin American Studies of the University of Pittsburgh awarded me a summer Tinker Grant for conducting a preparatory field season.

In La Argentina, to the Chávarro family for their permission to conduct the excavations and their hospitality, to the members of the Junta de Acción Comunal for lending us their building, to the Caldón and Palmas families for their friendship and the municipal authorities for their collaboration.

To Franco Ordoñez, who was our right hand, and to Ciro Castellaños and Daniel Ramírez, both students from the Universidad Nacional who worked hard over a four-month period. Thanks are also due to the following people who participated in the fieldwork: Camilo Díaz, Juan Manuel Llanos, Franz Florez, Pablo Emilio Caldón, Ferney Caldón, Enrique Caldón, Albeiro Gutiérrez, Elber Monsalve, John Fredy Serna, Gilberto Cabezas, Gersain Falla, Geovani Gómez, Robinson Gómez, Fernando Bolaños, Jorge Baos, Aureliano Bolaños, and John Willey.

Special gratitude goes to Dale Quattrin, with whom we had the opportunity to share the good and bad days of the field season, and who provided valuable assistance with transportation in the field. Jeffrey P. Blick shared his experience and the results of his work and helped in proofreading the manuscript.

I also thank Carlos A. Uribe (Universidad de los Andes) for his opportune support in various arrangements for the field season. At the Universidad Nacional, to Hector Llanos, José Vicente Rodríguez and Francisco Ortíz, who made possible the participation of students in the project. I also thank Miryam Jimeno, then director of the Instituto Colombiano de Antropología, for her assistance. I am grateful to Luz Stella Jaramillo and Teresa de Jesús López for their assistance in proofreading the Spanish manuscript.

I want also thank the members of my committee, Dr. Jeremy Sabloff, Dr. Marc Bermann and Dr. Harold Sims, for their opportune comments on the draft version of the manuscript which helped to improve it.

My most special thanks goes to my committee chairman, Dr. Robert D. Drennan, for his constant advice, support and friendship in all stages of this research.

Finally, my deepest thanks goes to my family and to my wife, Elizabeth, for their constant support and encouragement.

Luis Gonzalo Jaramillo E.
Profesor, Universidad Nacional de Colombia
Santafé de Bogotá, June 1996

Agradecimientos

Quiero aprovechar esta oportunidad para expresar mis agradecimientos a las instituciones y personas que contribuyeron al desarrollo de la investigación. La Wenner-Gren Foundation for Anthropological Research proporcionó el soporte económico para la temporada de campo mediante la beca de investigación 5462. Una beca para estudios de portgrado de la Universidad de Pittsburgh apoyada por el Howard Heinz Endowment proporcionó el soporte económico durante la etapa de análisis y preparación del informe. El Center for Latin American Studies de la Universidad de Pittsburgh nos otorgó una beca de verano (Tinker Grant) con la que se realizó una temporada de campo corta preparatoria.

En La Argentina, a la familia Chávarro por su permiso para conducir las excavaciones y por su hospitalidad, a los miembros de la Junta de Acción Comunal por prestarnos sus instalaciones, a las familias Caldón y Palma por su amistad y a las autoridades municipales por su colaboración.

A Franco Ordoñez, quien fue nuestra mano derecha y a Ciro Castellanos y Daniel Ramírez, ambos estudiantes de la Universidad Nacional, quienes trabajaron arduamente por un período de cuatro meses. A las siguientes personas quienes participaron en el trabajo de campo: Camilo Díaz, Juan Manuel Llanos, Franz Flores, Pablo Emilio Caldón, Ferney Caldón, Enrique Caldón, Albeiro Gutiérrez, Elber Monsalve, John Fredy Serna, Gilberto Cabezas, Gersain Falla, Geovani Gómez, Robinson Gómez, Fernando Bolaños, Jorge Baos, Aureliano Bolaños, and John Willey.

A Dale Quattrin, con quien tuvimos la oportunidad de compartir los días buenos y malos de la temporada de terreno y quien nos proporcionó ayuda oportuna con el transporte en el terreno. A Jeffrey P. Blick quien compartió con nosotros su experiencia y los resultados de su propia investigación y quien nos ayudó con la revisión del manuscrito en inglés.

A Carlos A. Uribe (Universidad de los Andes) por su oportuna colaboración en diferentes aspectos de la temporada de terreno. En la Universidad Nacional, a Héctor Llanos, José Vicente Rodríguez y Francisco Ortiz, quienes facilitaron la participación de estudiantes en este proyecto. De igual manera, agradezco a Miryam Jimeno, entonces directora del Instituto Colombiano de Antropología, por su colaboración. A Luz Stella Jaramillo y Teresa de Jesús López agradezco la colaboración prestada en la revisión del manuscrito en español.

A los miembros del comité doctoral, Dr. Jeremy Sabloff, Dr. Marc Bermann y Dr. Harold Sims, por sus oportunos comentarios al borrador del manuscrito, los cuales ayudaron a mejorarlo.

Mí agradecimiento más especial es para el presidente del comité doctoral, Dr. Robert D. Drennan, por su constante consejo, soporte y amistad a través de todas las etapas de este proyecto.

Finalmente, mis más profundos agradecimientos son para mi familia y mi esposa, Elizabeth, por su constante soporte y estímulo.

Luis Gonzalo Jaramillo E.
Profesor, Universidad Nacional de Colombia
Santafé de Bogotá, Junio 1996

Chapter 1

General Research Context

The general objective of this investigation is to contribute to our understanding of the origins and evolution of complex societies, particularly of chiefdoms (Earle 1989:84; Drennan and Uribe 1987:x–xi). Much modern work on chiefdoms stems from the work of Service (1962) and Fried (1967), who, despite differences in the bases of their typologies, defined a type of society whose main characteristic is the presence of clear patterns of status differentiation. This is the chiefdom or the rank society. Soon after, archaeologists began to realize the wide spectrum, both in time and space, of societies to which this concept seemed to be applicable (Renfrew 1973). Since then, trait lists of various sizes and degrees of inclusiveness have been elaborated as an aid in the typological process (Renfrew 1973:543; Feinman and Neitzel 1984; Creamer and Haas 1985); lists of purely archaeologically identifiable correlates have also been provided for the same purpose (Peebles and Kus 1977:431–433; Snarskis 1987).

Carneiro (1981:38) has emphasized the importance of another aspect of the emergence of chiefdoms—the transition from autonomous villages to multicommunity regional political units—remarking that the subsequent development of the state, after the emergence of chiefdoms, is merely a matter of quantitative differences (see also Earle 1987:286). This view of chiefdoms as a transitional stage from egalitarian to state societies, however, is not supported by all scholars (compare Spencer 1987 and Haas 1982, for instance).

But even if the recognition of chiefdoms as distinctive entities for analytical and comparative studies can be seen as a major step in the study of sociopolitical systems (Earle 1987:300)—by shifting the focus of research to the processual aspects—the explanation of the conditions underlying their emergence still remains to be dealt with. In dealing with this problem from a processual or causative perspective, several models have been developed, ranging from monocausal to multicausal, although in some cases, the later ones resemble more what Carneiro (1981:54–55) calls a "democracy of causes."

The main factors these models rely on include population (pressure, density), economy (control of long-distance trade, control of local surpluses, specialized production), ecology (circumscribed environments, irrigation) and politics/ideology (managerial theories, control over esoteric knowledge). Works such as those by Helms (1979, 1991), Carneiro (1970,

1990, 1991), Sanders and Webster (1978), Gilman (1981, 1991); Earle (1977, 1991), Willey (1984) and Steponaitis (1991) constitute just a broad sample of specific cases where the above mentioned factors are present to some extent and/or combined in different arrangements.

Because the literature covering these approaches is, indeed, quite large (see Earle 1987:301–308 for a detailed compilation), a complete review will not be attempted here. To define the specific context and research goals of this research, it will suffice to consider those approaches that emphasize the roles of population and environment as causal variables in the origins of chiefdoms. A close look at these approaches reveals that their consistent underlying theme is population creating resource pressure while the environment limits possibilities through lack of good lands, lack of water, and/or a lack of special resources (obsidian, etc.). It is in this combination of resource pressure and environmental limitations that the chiefdom finds its reason for being.

However, the widespread notion of a positive correlation between population and social complexity, which clearly underlies such models, is often questioned as a direct result of the acquisition of better data from systematic regional settlement pattern studies to evaluate such matters. It has been argued, for example, that in the better-known sequences in the Americas, population densities seem to have been very low at the time of the emergence of chiefdoms (Drennan, Steponaitis and Feinman cited by Earle 1989:84; Drennan 1991; Feinman 1991:232). Bradley (cited by Earle 1989:85) notes the same for Southern England.

This evidence requires us to consider alternative models to account for the origins of chiefdoms. One such model is described by Drennan (1987), who explores the regional demographic implications of some ideas advanced earlier by others such as Earle (1977). In this model, chiefdom development does not depend directly on population or environment nor are chiefdoms assumed to be "problem solving" organizations; they result from the ability of leaders to generate wealth as a power base for themselves. The emphasis is on the ability of leaders to mobilize and control resources to sustain their positions (cf. Earle 1987, 1991:71; Gilman 1981; Stemper 1993:175). This is a notion which differs substantially from that in which elites develop out of solving "survival" problems. The leader's ability to increase exploitation, which will

Capítulo 1

Contexto General de la Investigación

El objetivo general de esta investigación es contribuir al entendimiento de los orígenes y evolución de las sociedades complejas, particularmente de los cacicazgos (Earle 1989:84; Drennan y Uribe 1987:x–xi). Gran parte del trabajo moderno sobre los cacicazgos, tiene sus raíces en el trabajo de Service (1962) y Fried (1967). Estos autores, a pesar de las diferencias en las bases de sus tipologías, definieron un tipo de sociedad cuya característica principal es la presencia de patrones claros de diferenciación de estatus. Este es el cacicazgo o la sociedad de rango.

Muy pronto, los arqueólogos comenzaron a darse cuenta del amplio espectro, tanto en el tiempo como en el espacio, de las sociedades a las cuales este concepto parecía ser aplicable (Renfrew 1973). Desde entonces, listas de rasgos con diferentes tamaños y grados de inclusión han sido elaboradas como una ayuda en el proceso tipológico (Renfrew 1973:543; Feinman y Neitzel 1984; Creamer y Haas 1985); listas de correlatos puramente arqueológicos han sido también proporcionadas para este mismo propósito (Peebles y Kus 1977:431–433; Snarskis 1987).

Carneiro (1981:38) ha enfatizado la importancia de otro aspecto del surgimiento de los cacicazgos—la transición de villas autónomas a unidades políticas regionales multicomunales—comentando que el desarrollo subsecuente del estado, después del surgimiento de los cacicazgos, es simplemente una cuestión de diferencias cuantitativas (ver también Earle 1987:286). No obstante, esta visión de los cacicazgos como un estado transicional entre sociedades igualitarias y estatales, no es compartida por todos los investigadores (compare Spencer 1987 y Haas 1982, por ejemplo).

Pero aún si el reconocimiento de los cacicazgos como entidades distintivas con propósitos analíticos y comparativos, puede ser visto como un paso importante en el estudio de los sistemas sociopolíticos (Earle 1987:300)—al cambiar el foco de atención de la investigación a los aspectos procesuales—la explicación de las condiciones subyacentes a su surgimiento permanecen aún como un problema a tratar. Desde un punto de vista causal o procesual, el estudio de este problema ha llevado a la formulación de varios modelos, los cuales varían entre monocausales y multicausales, aunque en algunos casos, los últimos se parecen más a lo que Carneiro (1981:54–55) a llamado una "democracia de causas." Los factores principales en que estos modelos se basan incluyen: la población (presión, densidad), la economía (control de comercio a larga distancia, control de excedentes locales, producción especializada), la ecología (medioambientes circunscritos, irrigación) y la política/ ideología (teorías de control, control sobre conocimientos esotéricos). Trabajos como los de Helms (1979, 1991), Carneiro (1970, 1990, 1991), Sanders y Webster (1978), Gilman (1981, 1991); Earle (1977, 1991), Willey (1984) y Steponaitis (1991),representan una muestra general de casos específicos en los que los factores arriba mencionados están presentes en alguna medida y/o combinados en diferentes formas.

Puesto que la literatura que trata sobre estos enfoques es, en verdad, muy extensa (ver Earle 1987:301–308 para una compilación detallada), no se intentará hacer aquí una reseña completa de ésta. Para definir el contexto específico y los objetivos de esta investigación, bastará con considerar aquellos enfoques que enfatizan el papel de la población y el medioambiente, como variables causales en los orígenes de los cacicazgos. Vistos en detalle, estos enfoques revelan que el tema subyacente en todos ellos es el de la población creando presión sobre los recursos, mientras que el medio ambiente limita las posibilidades mediante la escasez de buenas tierras, escasez de agua, y /o falta de recursos especiales (obsidiana, etc). Es en esta combinación de presión sobre recursos y limitaciones medioambientales que los cacicazgos encuentran su razón de existencia.

No obstante, la idea generalizada de una correlación positiva entre la población y la complejidad social, la cual claramente subyace a estos modelos, es cuestionada a menudo como resultado directo de la adquisición de información más apropiada para evaluar estas nociones, recuperada mediante reconocimientos regionales sistemáticos. Así, se ha argumentado, por ejemplo, que en las secuencias mejor conocidas en las Américas, las densidades de población parecen haber sido muy bajas al momento del surgimiento de los cacicazgos (Drennan, Steponaitis y Feinman citado por Earle 1989:84; Drennan 1991; Feinman 1991:232). Bradley (citado por Earle 1989:85) anota lo mismo para la parte sur de Inglaterra.

Esta evidencia nos obliga a considerar modelos alternativos para dar cuenta del origen de los cacicazgos. Uno de estos modelos es el descrito por Drennan (1987), quien explora las implicaciones demográficas regionales de algunas ideas con anterioridad propuestas por otros, como es el caso de Earle (1977). En este modelo, el desarrollo de los cacicazgos no

generate increased wealth, is a central feature of the process of growing complexity. As Drennan (1987:314) indicates, population growth will be fostered because it provides the leader with more potential surplus producers and a larger populace over which to distribute demands for increased production.

Although the differences between the approaches outlined above are of great importance in reaching a better understanding of social development, the cases in which such models can be evaluated with empirical data are few. This research was intended to contribute to such an evaluation by analyzing a sequence of chiefdom development in the Valle de la Plata, where the overall conditions for chiefdom development clearly contrast with those considered by the traditional approach. In fact, chiefdoms in the Valle de la Plata seem to have emerged under conditions of low population density and little environmental or social circumscription (cf. Carneiro 1991). As will be detailed below, the Valle de la Plata sequence provides evidence of relatively complex societies with elaborate complexes of burial mounds and statues, emerging at the time of a regional climatic change that considerably improved the conditions for agriculture (see Drennan and Quattrin 1995a:212, 1995b:88). This period is known as the Regional Classic.

Given these circumstances, this research focuses its attention on the socioeconomic patterns of the communities of the Formative 3 period which immediately preceded the Regional Classic period. Assessing these patterns allows us to address two main questions: first, whether the emergence of the impressive burial mound and statue complexes correlates with major changes in wealth distribution patterns and, second, whether the climatic change, by increasing agricultural productivity, was an important stimulus for such development because it provided chiefs with increased opportunities for mobilization.

The Valle de La Plata: Overview

The Valle de la Plata is a part of the much larger region known as the Alto Magdalena, located in the southwestern part of Colombia (Figure 1.1), in the headwaters of the Magdalena River system. The Alto Magdalena region has mainly been known for the monumental sculptures found at several localities such as San Agustín (Cubillos 1980, 1986; Duque Gómez 1966; Duque and Cubillos 1979, 1983, 1988; Perez de Barradas 1943), Moscopán (Lehman 1944), Saladoblanco (Llanos 1988), La Argentina (Drennan 1995; Jaramillo 1987), and for the underground house-like tombs of Tierradentro (Cháves and Puerta 1986).

Even though in recent years the emphasis of research has begun to shift from the monumental aspect to other aspects such as residential areas (see Llanos and Durán 1983; Duque Gómez and Cubillos 1981; Cubillos 1980; Llanos 1988, 1990; Blick 1993; Moreno 1991), the study of other aspects such as settlement patterns, exchange networks, staple production, and craft production (Taft 1993) is still in its early stages.

Figure 1.1. Map of Colombia showing the location of the Alto Magdalena.
Figura 1.1. Mapa de Colombia indicando la localización del Alto Magdalena.

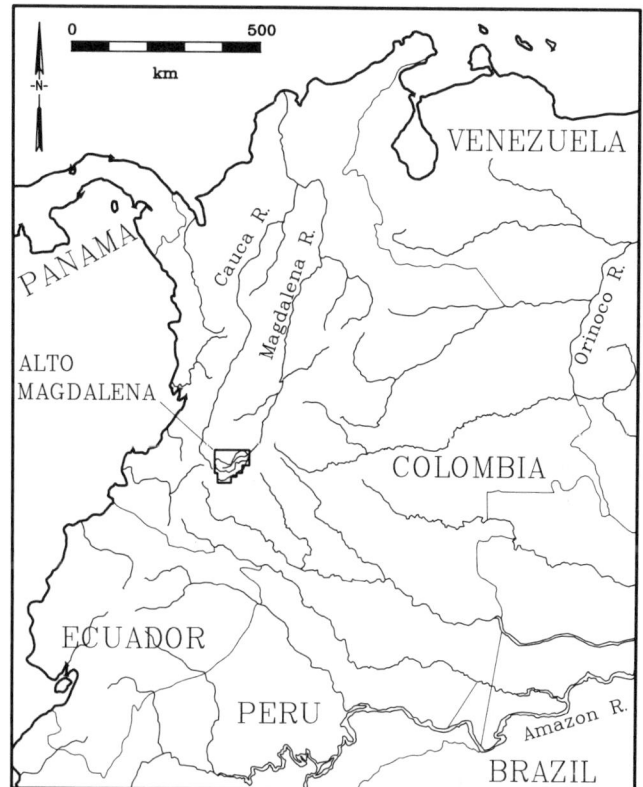

Systematic settlement pattern information on the Alto Magdalena, for instance, is at present available only for the Valle de la Plata (Drennan, ed, 1985; Drennan et al. 1989a, 1989b, 1991), a geographical entity of about 2200 km^2 with elevations ranging from 600 to 4500 meters above sea level (Figure 1.2).

The Proyecto Arqueológico Valle de la Plata has conducted a systematic regional settlement survey covering nearly 600 km^2 (Drennan et al. 1991:305) and defined a chronology (Figure 1.3) that accounts for about 3000 years of permanent human occupation (Drennan 1993). The skeleton of this chronology follows in general the Formative, Regional Classic and Recent scheme of Duque Gómez and Cubillos (1988:101) for the San Agustín area.

In the Valle de la Plata, chiefdoms appear quite clearly by about AD 1. There is conspicuous evidence of status differentiation in the form of complexes of burial mounds and statues where a good deal of effort was invested in the interment of a few important individuals. An important correlate of these constructions, in the Valle de la Plata at least, is a dramatic increase in population (Drennan et al. 1989a:151), as well as a marked tendency for population to concentrate around the burial mound and statue complexes. Some of these centers correspond well with concentrations that were present since

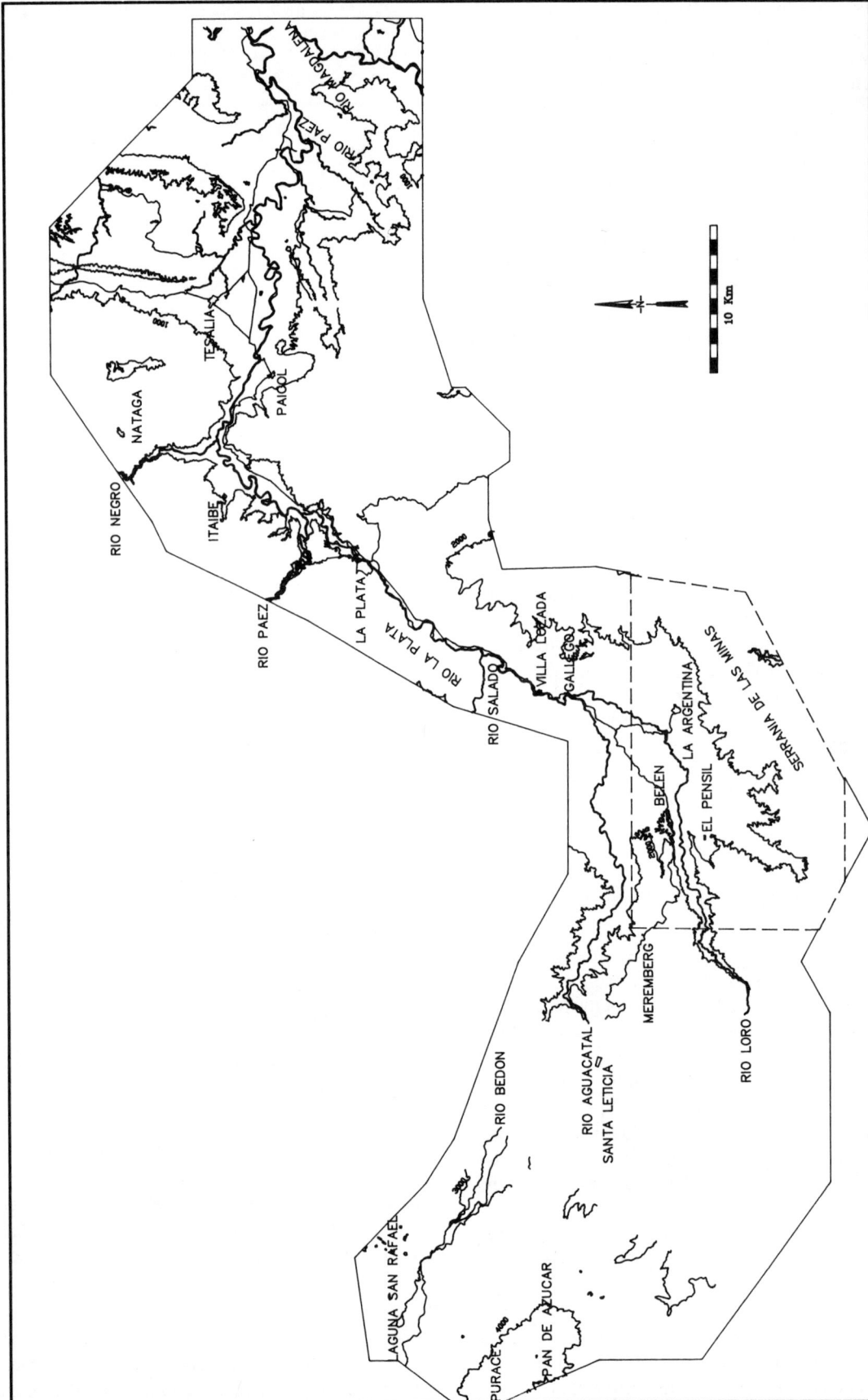

Figura 1.2. Mapa de la región del Valle de la Plata indicando el área de estudio.
Figure 1.2. Map of the Valle de la Plata region showing the area of research.

Figure 1.3. Summary of the regional ceramic chronology for the Valle de la Plata.

Figura 1.3. Resumen de la cronología cerámica regional del Valle de la Plata.

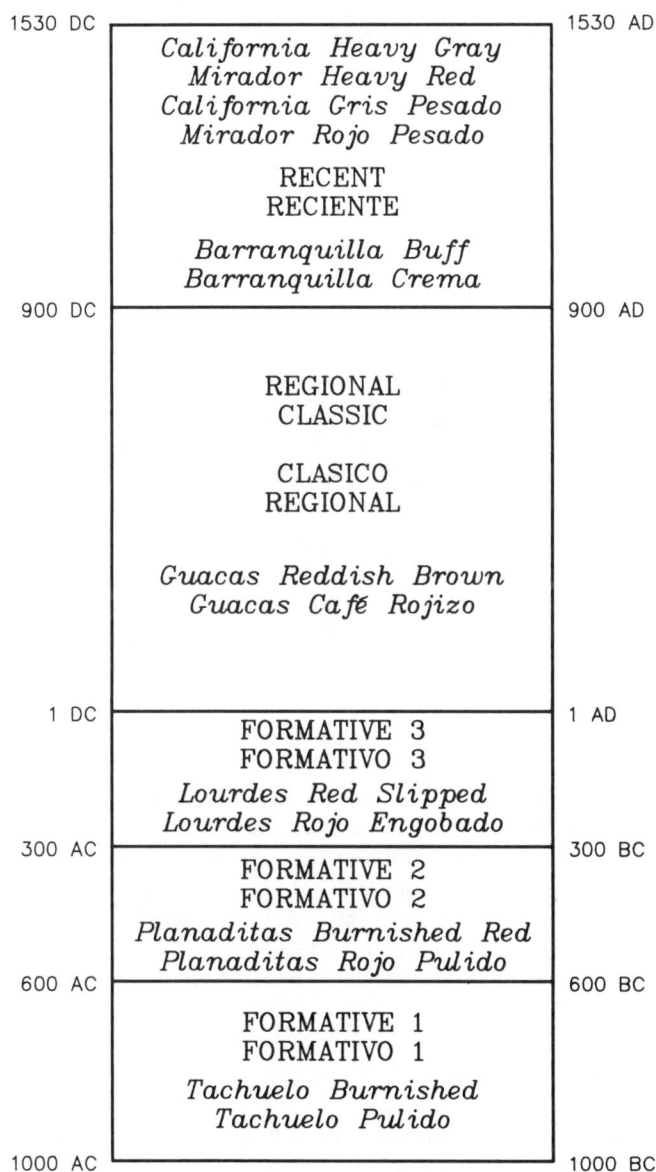

1530 DC		1530 AD
	California Heavy Gray	
	Mirador Heavy Red	
	California Gris Pesado	
	Mirador Rojo Pesado	
	RECENT	
	RECIENTE	
	Barranquilla Buff	
	Barranquilla Crema	
900 DC		900 AD
	REGIONAL	
	CLASSIC	
	CLASICO	
	REGIONAL	
	Guacas Reddish Brown	
	Guacas Café Rojizo	
1 DC		1 AD
	FORMATIVE 3	
	FORMATIVO 3	
	Lourdes Red Slipped	
	Lourdes Rojo Engobado	
300 AC		300 BC
	FORMATIVE 2	
	FORMATIVO 2	
	Planaditas Burnished Red	
	Planaditas Rojo Pulido	
600 AC		600 BC
	FORMATIVE 1	
	FORMATIVO 1	
	Tachuelo Burnished	
	Tachuelo Pulido	
1000 AC		1000 BC

PHASE–FASE

Characteristic Ceramics
Cerámica Característica

the Formative period such as the area of Cerro Guacas (compare Figures 1.4 and 1.5).

Environmental studies based on pollen analysis (Herrera et al. eds. 1989) have revealed that the transition from the Formative to the Regional Classic was accompanied by a warming and drying trend, representing an overall improvement in the climatic conditions in the area, resulting in greatly increased agricultural productivity (Drennan et al. 1989a; Drennan and Quattrin 1995a:212, 1995b:88).

The antecedents of the Regional Classic chiefdoms are in sedentary agricultural occupation going back to at least 800 BC (Duque Gómez and Cubillos 1988:77) in the area of San Agustín. In the Valle de la Plata the earliest reliable C-14 date is 845 ± 55 BC (Drennan 1993:97). The Formative period is broadly taken to begin by about 1000 BC. No evidence of human occupation earlier than the Formative has been recovered in the Valle de la Plata, "although the survey was clearly not designed to detect ephemeral and short-term occupations of highly mobile hunter-gatherers. If there was any earlier sedentary agricultural occupation, however, it must have been very small indeed" (Drennan et al. 1991:306).

The most distinctive remains of these Formative occupations through all the Alto Magdalena are slipped ceramics of high quality which support a large range of decorative motifs and vessel forms (Duque Gómez 1966; Reichel-Dolmatoff 1975, 1986; Llanos 1990; Moreno 1991; Drennan 1993). In the Valle de la Plata such ceramics form three main groups: Tachuelo Burnished, Planaditas Burnished Red, and Lourdes Red Slipped (Drennan et al. 1989b:127; Drennan 1993).

Recent field seasons conducted in the Valle de la Plata (Drennan et al. 1993:99) have now made possible a subdivision of the Formative period into three units, Formative 1, Formative 2 and Formative 3 (see Figure 1.3). Each one of these periods correlates with one of the diagnostic ceramic groups listed in chronological order above.

The systematic regional survey has also made clear that by the Formative 3 period—which can be radiocarbon-dated to about 300 BC—AD 1—most of the region was inhabited, although the occupation was not evenly distributed (Drennan et al. 1989a; 1991:306–307). As Figure 1.4 indicates, there is evidence of some population concentrations by this period. While some of these cases can easily be understood from environmental and agricultural perspectives, there are others which may imply political or other factors as the elements determining settlement location (Drennan et al. 1989b:144; 1991:310, 313–314). Status differentiation may have emerged during the Formative 3 period. The population concentrations may indicate the locations of emerging wealthy individuals—chiefs—as they did later in the Regional Classic. These areas might thus represent the centripetal forces exerted by chiefs using their wealth to make incoming populations dependent on them (Drennan 1987:313).

The Research Goals

The Valle de la Plata, as the above description of the Formative and Regional Classic periods indicates, provides us with a specific situation in which to contrast the two opposed approaches to the development of chiefdoms discussed above. It is difficult to see population pressure leading to the emergence of chiefdoms in the Valle de la Plata. Although population did substantially increase from the Formative to the

depende directamente de la población o el medio ambiente, ni se considera que los cacicazgos sean organizaciones "para resolver problemas"; estos resultan de la habilidad de los líderes para generar riqueza, la cual actúa como base de su propio poder. El énfasis está en la habilidad de los líderes para movilizar y controlar recursos para mantener sus posiciones (cf. Earle 1987, 1991:71; Gilman 1981; Stemper 1993:175). Esta es una idea que difiere substancialmente de aquella en la que las élites se desarrollan a partir de la resolución de problemas de "subsistencia". La habilidad de los líderes para incrementar la explotación, la cual genera mayor riqueza, es un rasgo central del proceso de complejización. Como lo indica Drennan (1987:314), el crecimiento de la población es fomentado porque éste provee al líder con un número mayor de productores potenciales de excedentes y con una población mayor sobre la cual distribuir las demandas para incrementar la producción.

Aunque las diferencias entre los modelos esbozados arriba son de gran importancia para alcanzar un mejor entendimiento del desarrollo social, los casos en que éstos pueden ser evaluados con información empírica son muy pocos. Esta investigación se diseñó para contribuir a tal evaluación, mediante el análisis de una secuencia de desarrollo de cacicazgos en el Valle de la Plata, donde las condiciones generales para el desarrollo de éstos contrastan claramente con aquellas consideradas por los modelos tradicionales. De hecho, los cacicazgos en el Valle de la Plata parecen haber surgido bajo condiciones de baja densidad de población y muy poca circunscripción medioambiental o social (cf. Carneiro 1991). Como se detallará mas adelante, la secuencia del Valle de la Plata proporciona evidencia de sociedades relativamente complejas, con elaborados complejos de montículos funerarios y estatuas, surgiendo al tiempo de un cambio climático regional que mejoró considerablemente las condiciones para la agricultura (ver Drennan y Quattrin 1995a:212, 1995b:88). Este período se conoce como el Clásico Regional.

Dadas estas circunstancias, esta investigación se concentra en el estudio de los patrones socioeconómicos de las comunidades del período Formativo 3, el cual precede inmediatamente al Clásico Regional. La evaluación de estos patrones nos permitirá abordar dos preguntas principales: la primera, si el surgimiento de los complejos de montículos funerarios y estatuas se correlaciona con cambios mayores en los patrones de distribución de riqueza; la segunda, si el cambio climático, al incrementar la productividad agrícola, fue un estímulo importante para tal desarrollo en la medida en que éste proporcionó a los caciques mayores oportunidades para movilizar recursos.

El Valle de la Plata: Una Visión Sintética

El Valle de la Plata es una parte de la región más extensa conocida como el Alto Magdalena, localizada en la parte suroccidental de Colombia (Figura 1.1), en las cabeceras del sistema fluvial del Río Magdalena. La región del Alto Magdalena se conoce principalmente por las esculturas monumenta-

les encontradas en diferentes localidades como son San Agustín (Cubillos 1980, 1986; Duque Gómez 1966; Duque y Cubillos 1979, 1983, 1988; Pérez de Barradas 1943), Moscopán (Lehman 1944), Saladoblanco (Llanos 1988), La Argentina (Drennan 1995; Jaramillo 1987), y por las tumbas subterráneas en forma de casas de Tierradentro (Chávez y Puerta 1986).

Aunque en años recientes el énfasis de la investigación ha comenzado a cambiar de los aspectos monumentales a aspectos como las áreas residenciales (ver Llanos y Durán 1983; Duque Gómez y Cubillos 1981; Cubillos 1980; Llanos 1988, 1990; Blick 1993; Moreno 1991), el estudio de otros aspectos como los patrones de asentamiento, sistemas de intercambio, producción de alimentos, y producción artesanal (Taft 1993) se encuentran aún en sus etapas iniciales.

En la actualidad, por ejemplo, la información sistemática sobre los patrones de asentamiento en el Alto Magdalena, sólo está disponible para el Valle de la Plata (Drennan, ed., 1985; Drennan et al. 1989a, 1989b, 1991), una entidad geográfica de 2200 km^2 aproximadamente, con elevaciones que oscilan entre los 600 y 4500 metros sobre el nivel del mar (Figura 1.2).

El Proyecto Arqueológico Valle de la Plata ha conducido un reconocimiento regional sistemático, cubriendo alrededor de 600 km^2 (Drennan et al. 1991:305) y ha definido una cronología (Figura 1.3) que da cuenta de unos 3.000 años de ocupación humana permanente (Drennan 1993). El esqueleto de esta cronología sigue en general el esquema de Formativo, Clásico Regional y Reciente, propuesto por Duque Gómez y Cubillos (1988:101) para el área de San Agustín.

En el Valle de la Plata los cacicazgos aparecen claramente alrededor del año 1 DC. Existen evidencias claras de diferencias de estatus, expresadas en los complejos de montículos funerarios y estatuas, que reflejan la inversión de una buena cantidad de esfuerzo en el entierro de unos pocos individuos importantes. Un correlato importante de estas construcciones, al menos en el Valle de la Plata, es un incremento dramático de la población (Drennan et al. 1989a:151), así como una tendencia marcada de la población a concentrarse alrededor de los complejos de montículos funerarios y estatuas. Algunos de estos centros se corresponden bien con concentraciones que estaban ya presentes desde el período Formativo, como la del área de Cerro Guacas (compare Figuras 1.4 y 1.5).

Los estudios medioambientales, basados en análisis de polen (Herrera et al. eds. 1989), han revelado que la transición entre el Formativo y el Clásico Regional estuvo acompañada por una tendencia cálida y seca, que representa un mejoramiento general en las condiciones climáticas de la región, resultando en un incremento sensible de la productividad agrícola (Drennan et al. 1989a; Drennan y Quattrin 1995a:212; 1995b:88).

Los antecesores de los cacicazgos del Clásico Regional llevaban una vida sedentaria agrícola desde por lo menos el 800 AC (Duque Gómez y Cubillos 1988:77) en el área de San Agustín. En el Valle de la Plata, la fecha de C-14 más temprana y confiable es 845 ± 55 AC (Drennan 1993:97). En general, se considera que el período Formativo comienza alrededor del

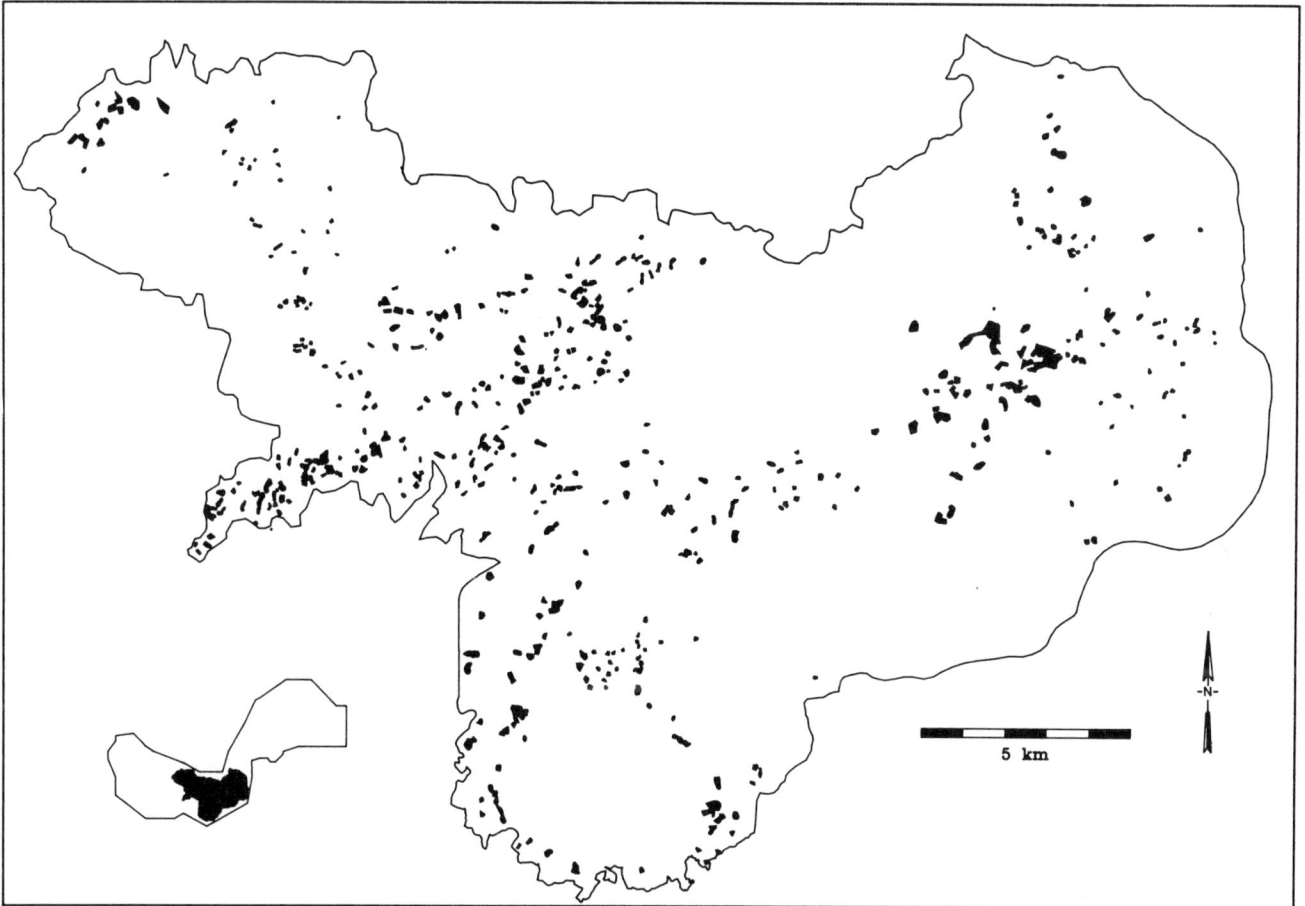

Figure 1.4. Distribution of collections containing Lourdes Red Slipped within the area of study.
Figura 1.4. Distribución de colecciones con tiestos Lourdes Rojo Engobado dentro del área de estudio.

Regional Classic period, regional population density remained low (Drennan et al. 1991:314). Pollen evidence indicates substantial areas of uncleared forest in the Regional Classic period (Herrera et al, eds., 1989; Drennan et al. 1991:310). Thus it seems unlikely that population pressure on resources was a major force, as argued in Carneiro's (1970, 1981) model, for example.

On the other hand, the improvement of climatic conditions for agriculture at about the time of the emergence of conspicuous evidence for chiefdoms suggests a broadening of opportunity rather than limitations. The regional sequence may be similar to the general outline sketched by Drennan (1987:313–315), although we hypothesized that the mechanism for increasing wealth could have derived from chiefs' and/or shamans' increased demands on the populace, given the possibilities for increased agricultural production resulting from climatic change. Because this increase in production did not demand intensification in labor expenditure, complying with the chief/shaman's requests was not "costly." Surpluses so mobilized could have provided the basis for the conspicuous prestige/wealth package that dominates the scene in the Regional Classic period. In this connection, we should point out

that in recent analysis by Drennan and Quattrin (1995a:225–229, 1995b:101–103), a mechanism similar to this has been provided.

The critical information needed to attempt an evaluation of these models, as seen from the perspective of the reconstruction of the Valle de la Plata sequence, is the distribution of wealth across households. The assessment of such patterns during the Formative 3 period and comparison to the patterns of wealth distribution among Regional Classic period households constitute the core of the research strategy (see below).

Evaluating Patterns of Wealth Distribution

As noted earlier, one of the most diagnostic features of complex societies is the presence of ubiquitous patterns of social differentiation between the members of a given society. In Service's (1962:133–139) own words, chiefdoms, for instance, are overall characterized by "pervasive inequality." Not surprisingly, in consequence, the understanding of the "evolutionary path from a culture marked fundamentally by equality to one exhibiting diverse rank, wealth, and hierarchy has

1000 AC. En el Valle de la Plata no se han recobrado evidencias de ocupación más tempranas "aunque el reconocimiento claramente no fue diseñado para detectar ocupaciones efímeras y de corta duración de cazadores y recolectores altamente móviles. Si existió alguna ocupación sedentaria agrícola más temprana, ésta debe haber sido muy pequeña" (Drennan et al. 1991:306).

Los restos más característicos de estas ocupaciones Formativas a través de todo el Alto Magdalena, son cerámicas engobadas de alta calidad, las cuales presentan una gama amplia de motivos decorativos y formas de vasijas (Duque Gómez 1966; Reichel-Dolmatoff 1975, 1986; Llanos 1990; Moreno 1991; Drennan 1993). En el Valle de la Plata, estas cerámicas forman tres grupos principales llamados Tachuelo Pulido, Planaditas Rojo Pulido y Lourdes Rojo Engobado (Drennan et al. 1989b:127; Drennan 1993).

Las temporadas de campo más recientes conducidas en el Valle de la Plata (Drennan et al, 1993:99), han hecho posible una subdivisión del período Formativo en tres unidades: Formativo 1, Formativo 2 y Formativo 3 (ver Figura 1.3). Cada uno de estos períodos se correlaciona con uno de los grupos cerámicos diagnósticos, listados en orden cronológico anteriormente.

El reconocimiento regional sistemático también ha puesto en evidencia que para el período Formativo 3—el cual se puede ubicar por fechamientos de radiocarbón entre 300 AC y 1 DC— la mayor parte de la región estaba ocupada, aunque la población no estaba distribuida homogeneamente (Drennan et al. 1989a; 1991:306–307). Tal y como indica la Figura 1.4, hay evidencia de algunas concentraciones de población durante este período. Mientras que algunas de éstas se pueden entender fácilmente desde una perspectiva medioambiental y agrícola, hay otras que pueden implicar la presencia de factores políticos o de otra naturaleza, como los elementos determinantes para la localización de los asentamientos (Drennan et al. 1989b:144; 1991:310, 313–314). La diferenciación de estatus puede haber surgido durante el período Formativo 3. Las concentraciones de población podrían indicar la localización de individuos ricos emergentes—caciques—tal y como éstas lo indican más tarde en el Clásico Regional. Estas áreas podrían entonces representar las fuerzas centrípetas ejercidas por los caciques, usando su riqueza para hacer a las poblaciones que arriban, dependientes de ellos (Drennan 1987:313).

Los Objetivos de la Investigación

El Valle de la Plata, como lo indica la descripción anterior de los períodos Formativo y Clásico Regional, nos proporciona una situación específica en la cual contrastar las dos visiones opuestas en relación con el surgimiento de los cacicazgos, discutidas anteriormente. En el Valle de la Plata es difícil ver la presión demográfica dando lugar al surgimiento de los cacicazgos. Aunque la población si se incrementó considerablemente entre el período Formativo y el Clásico Regional, la densidad regional de población permaneció baja (Drennan

et al. 1991:314). La evidencia de polen indica la presencia de áreas substanciales de bosque primario durante el período Clásico Regional (Herrera et al, eds., 1989; Drennan et al. 1991:310). Por tanto, es poco probable que la presión demográfica sobre los recursos haya sido un factor principal, como se argumenta en el modelo de Carneiro (1970, 1981), por ejemplo.

Por otra parte, el mejoramiento de las condiciones climáticas para la agricultura, ocurriendo aproximadamente al tiempo en que aparecen evidencias claras de cacicazgos, sugiere una ampliación de las oportunidades en lugar de una reducción. La secuencia regional puede ser similar a la bosquejada por Drennan (1987:313–315), aunque nosotros planteamos que el mecanismo para incrementar la riqueza, podría derivar de un aumento en las demandas de los caciques y/o chamanes, aprovechándose de las mayores posibilidades para incrementar la producción agrícola proporcionadas por el cambio climático. Puesto que este incremento en la producción no implica una mayor inversión de trabajo, atender a las demandas de los caciques/chamanes no representa una demanda "costosa". Los excedentes de esta manera movilizados pueden haber proporcionado las bases del notorio paquete de prestigio/riqueza que domina el escenario en el período Clásico Regional. En este sentido, debemos anotar que en un estudio reciente hecho por Drennan y Quattrin (1995a:225–229, 1995b:101–103), un mecanismo similar a éste ha sido presentado.

Vista desde la perspectiva de la reconstrucción de la secuencia del Valle de la Plata, la información crítica necesaria para intentar una evaluación de estos modelos es la distribución de riqueza entre las unidades domésticas. La evaluación de tales patrones durante el período Formativo 3 y la comparación con los patrones de distribución de riqueza entre unidades domésticas del período Clásico Regional, constituye el núcleo de la estrategia de investigación (ver abajo).

Evaluando Patrones de Distribución de Riqueza

Como se indicó antes, uno de los rasgos más diagnósticos de las sociedades complejas es la presencia de patrones ubicuos de diferenciación social entre los miembros de una determinada sociedad. En las propias palabras de Service (1962:133–139), los cacicazgos, por ejemplo, se caracterizan de manera general por "desigualdad omnipresente". Resulta claro, en consecuencia, porqué el entendimiento del "camino evolucionario de una cultura marcada fundamentalmente por igualdad a una exhibiendo diversidad de rangos, riqueza y jerarquía, ha intrigado a los antropólogos virtualmente desde los comienzos de la disciplina" (Healy 1992:85).

Consecuentemente, un aspecto importante en la búsqueda de una explicación de los orígenes y evolución de las sociedades marcadas por los rasgos arriba señalados es, cómo reunir la evidencia para lograr este propósito. Cuatro conceptos—riqueza, estatus, prestigio y jerarquía—sobresalen en cualquier revisión de la literatura contemporánea en esta materia, como

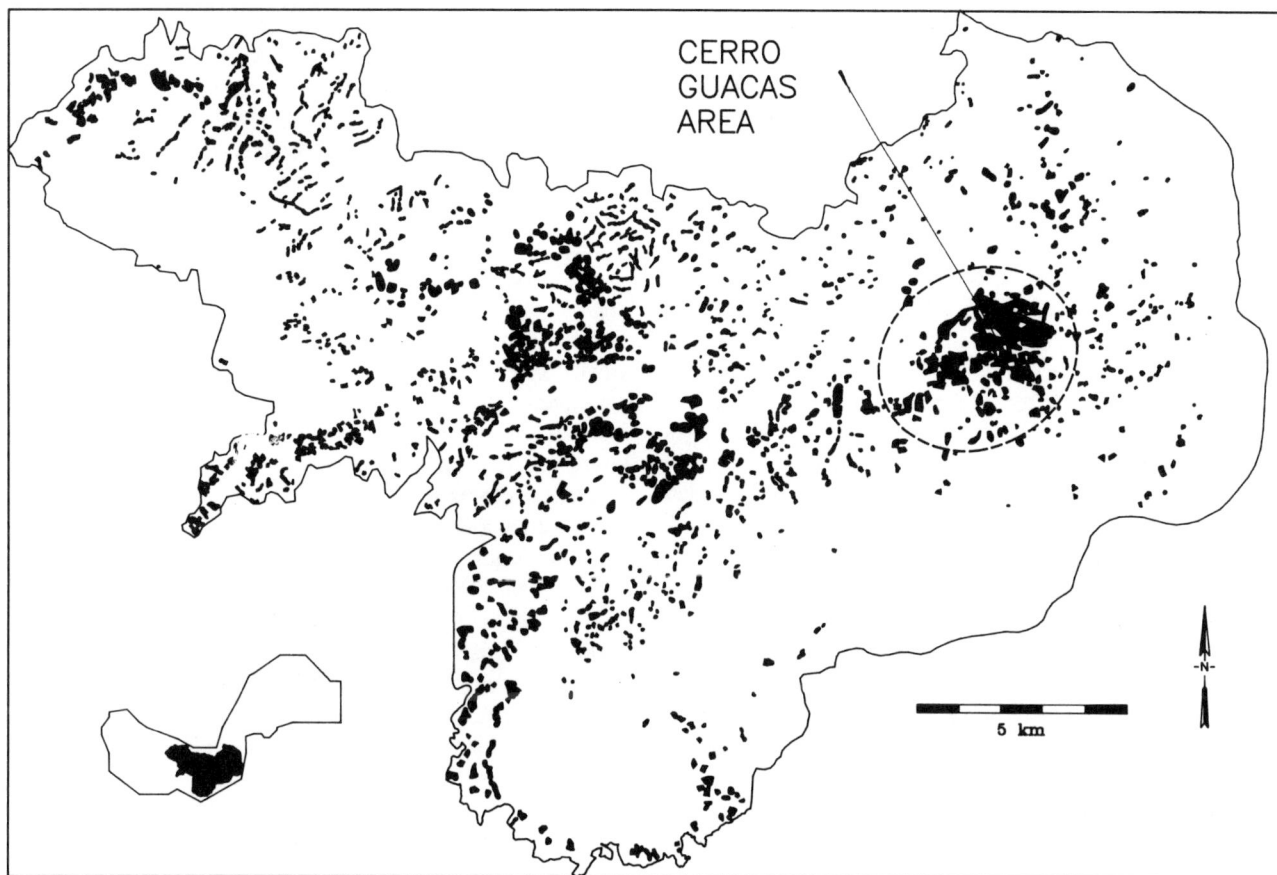

Figure 1.5. Distribution of collections containing Guacas Reddish Brown within the area of study.
Figura 1.5. Distribución de colecciones con tiestos Guacas Cafeé Rojizo dentro del área de estudio.

intrigued anthropologists virtually since the inception of the discipline" (Healy 1992:85).

Accordingly, a major issue in the quest for explaining the origins and evolution of societies marked by the above noted features is, of course, how to go about marshalling the evidence for this enterprise. Four concepts—wealth, status, prestige and hierarchy—stand out from any review of current literature on the subject as the analytical concepts to be examined. These concepts, while in principle distinct, in reality have such deep interrelationships that in practical research it is sometimes difficult to keep them separate.

This difficulty arises, above all, from the fact that these concepts refer to phenomena that are not "fixed" or "universal." These, in fact, are historic and relative concepts (see Snarskis 1992:141; Cooke and Renere 1992:244). The variability reported among societies otherwise generally defined as complex clearly stresses this fact, as it emerges from much recent work in chiefdoms. The presence of this variation, to some extent, has served as a basis for diverse reactions which fluctuate between "reforms," and the abandonment of evolutionary theory, as noted by Kristiansen (1991:16).

Of the above mentioned concepts, we concentrate on wealth, which, to some extent, provides one basis for assessing

the others. Wealth, "the accumulation and/or ostentation of property" (Cooke and Ranere 1992:244), or "the possession of a great quantity or high quality of objects" (Blick 1993:43), has the advantage of being more easily approached through the quantification of data readily amenable to archaeological recovery. Yet even if this is so, differential preservation affects quantification (see Cooke and Ranere 1992:244).

In comparison to wealth, prestige, which is defined as "the power to impress or influence," presents the problem that it can "theoretically operate solely on the basis of intangible or immaterial forces" (Blick 1993:43) and thus requires the presence or assessment of a larger body of variables (for example, burial mounds and statues) to infer its presence.

Thus, we decided to orient our research at the level of the household so that by comparing assemblages, particularly in regard to wealth indicators (see below), we could arrive at a body of data suitable for gaining insights into socioeconomic structure. Indeed, we think that looking at the extent and/or nature of differences at this level may provide an insight into the overall conditions that define the structural basis of the society. The synchronic and diachronic study of patterns of wealth indicators, which may be related to the size of the system (regional population densities) and shift according to

los conceptos analíticos por excelencia para examinar este asunto. Estos conceptos, aunque en principio claramente diferentes, tienen en realidad una interrelación tan profunda que, en términos prácticos de investigación, es a veces difícil mantenerlos separados.

Esta dificultad surge, sobre todo, del hecho de que estos conceptos se refieren a fenómenos que no son "fijos" o "universales". Estos son, en verdad, históricos y relativos (ver Snarskis 1992:141; Cooke y Ranere 1992:244). La variabilidad reportada entre sociedades que de otra manera se definirían generalmente como sociedades complejas, enfatiza claramente este hecho, como se desprende de gran parte del trabajo reciente sobre los cacicazgos. La presencia de esta variación ha servido, hasta cierto punto, como base para diferentes reacciones las cuales fluctúan entre "reformas" y el abandono de la teoría evolutiva, como lo ha señalado Kristiansen (1991:16).

Entre los conceptos arriba mencionados, nos concentramos en el de riqueza, el cual, hasta cierto punto, parece proporcionar las bases sobre las que los otros pueden ser determinados. La riqueza, que puede ser definida como: "la acumulación y/o ostentación de propiedad" (Cooke y Ranere 1992:244) o como: "la posesión de una gran cantidad o alta calidad de objetos" (Blick 1993:43), tiene la ventaja de ser más fácilmente aproximada mediante la cuantificación de información fácilmente recuperable arqueológicamente. No obstante, es necesario indicar que la cuantificación se puede ver afectada por las diferencias en la preservación de las evidencias (ver Cooke y Ranere 1992:244).

En comparación con el concepto de riqueza, el de prestigio, que si definido como: "el poder para impresionar o influenciar", presenta el problema de que éste puede "teóricamente operar basado solamente en fuerzas intangibles o inmateriales" (Blick 1993:43) y, por tanto, requiere de la presencia o evaluación de un cuerpo más amplio de variables (por ejemplo, montículos funerarios y estatuas) para inferir su presencia.

Tomando en cuenta estas consideraciones, decidimos orientar nuestra investigación al nivel de las unidades domésticas, de tal manera que mediante la comparación de los conjuntos de evidencias, particularmente en relación o función de los indicadores de riqueza (ver abajo), pudiéramos arribar a un cuerpo de información apropiado para entender la estructura socioeconómica. Creemos que el análisis de la naturaleza y grado de las diferencias a este nivel, puede proporcionar un entendimiento de las condiciones generales que definen las bases estructurales de la sociedad. El estudio sincrónico y diacrónico de los patrones de indicadores de riqueza, los cuales pueden estar relacionados con el tamaño del sistema (densidades de población regional) y variar de acuerdo al comportamiento de otras variables históricas (epidemias, sequías, pérdida de las cosechas, guerra, etc.), puede proveer una idea sobre los principios fundamentales de la organización de una sociedad.

Al tomar esta perspectiva metodológica, seguimos los lineamientos generales de investigaciones conducidas en otras partes, como la realizada en Mesoamérica (ver Flannery ed. 1976; Flannery 1976a, 1976b, 1976c, 1983; Flannery y Winter 1976, Whalen 1981, Winter 1972, 1976; Drennan 1976). Este enfoque lo encontramos particularmente apropiado para nuestro caso, ya que el conocimiento de las estructuras socioeconómicas de las comunidades Formativas en el Alto Magdalena y en el Valle de la Plata es mínimo.

En verdad, la mayoría de los descubrimientos que tienen que ver con las sociedades del período Formativo resultan de investigaciones que no fueron diseñadas con este propósito en mente; hasta el presente, la mayor parte de los esfuerzos investigativos han estado enfocados en la elaboración de esquemas cronológicos. Nuestro propósito de evaluar la estructura socioeconómica de las comunidades del período Formativo, se basa en la evaluación de patrones regionales de asentamiento y en consideraciones demográficas. Con base en la información sobre patrones de asentamiento, decidimos concentrarnos en el estudio de una de las áreas donde se evidencia la tendencia de la población a la concentración durante el período Formativo 3. Estas concentraciones de asentamientos son asumidas aquí como indicadores de algún tipo de organización comunal Formativa (ver Capitulo 3). En consecuencia, decidimos estudiar una muestra de unidades domésticas del período Formativo 3 localizadas en una misma área de concentración de asentamiento.

Esta estrategia para la selección de la muestra incrementa nuestra confianza en que los patrones observados en la distribución de los indicadores de riqueza, sean una reflexión precisa de la composición de la comunidad, ya que nos permite controlar, hasta cierto punto, los efectos de otras posibles fuentes de variabilidad (como son la ubicación medioambiental, el tamaño de la comunidad y la posición de la comunidad dentro de un sistema mayor), todas las cuales pueden influir en las maneras particulares en se expresa la riqueza. Información comparable con ésta para el período Clásico Regional en el Valle de la Plata, proviene de una investigación realizada por Jeffrey P. Blick (1993). Puesto que el objetivo principal de la investigación de Blick fue el de diferenciar entre "prestigio y riqueza en el registro arqueológico" (1993:43), la información recolectada por él es muy comparable con el cuerpo de información que se discute en este reporte.

Para alcanzar este fin, nos propusimos específicamente realizar entre cuatro y seis excavaciones en área, de 50 m^2 aproximadamente cada una. Un área de este tamaño es suficiente para incluir una parte substancial de una unidad doméstica, a juzgar por los tamaños de las casas y tambos prehispánicos conocidos en esta área (ver Llanos y Durán 1983; Blick 1993:37–38; Drennan 1985).

El material arqueológico recobrado en las excavaciones nos permitirá establecer la presencia o ausencia de diferencias de riqueza. Puesto que existe muy poca información disponible para el período Formativo, decidimos trabajar con un rango amplio de categorías de evidencia en lugar de depender de uno solo. Estas líneas de evidencia relacionadas con diferencias en riqueza incluyen las cantidades de restos de alimentos

the occurrence of other historic variables (epidemics, droughts, crop failures, warfare, etc.), can provide a clue to the underlying organizational principles of a society.

In taking this methodological approach we follow research conducted elsewhere such as that performed in Mesoamerica (see Flannery ed. 1976; Flannery 1976a, 1976b, 1976c, 1983; Flannery and Winter 1976, Whalen 1981, Winter 1972, 1976; Drennan 1976). We find this approach particularly suitable for our case, since knowledge of the socioeconomic structure of the Formative communities in the Alto Magdalena and the Valle de la Plata is minimal.

In fact, most discoveries concerning the Formative period societies are the byproducts, rather than the direct aims of research programs; most data recovery up to the present time has been focused on building chronological schemes. Our aim to assess the socioeconomic structure of Formative period societies is based on the evaluation of regional settlement patterns and demographic considerations. Given the settlement pattern data, we decided to focus on one of the areas where population tended to concentrate in the Formative 3. We assume this concentrated settlement indicates some sort of Formative period community (see Chapter 3). and therefore decided to study a sample of Formative 3 period household areas occurring in a single settlement concentration.

This strategy for sample selection increases our confidence that the patterns observed in the distribution of wealth indicators are an accurate reflection of community composition, since it allows us to control, to some extent, the effects of other sources of variability, such as environmental location, size of the community and position of the community within a larger system, all of which may bear on the particular ways wealth is expressed. Comparable data for the Regional Classic period in the Valle de la Plata come from research conducted by Jeffrey P. Blick (1993). Because Blick's main research goal was to differentiate between "prestige and wealth in the archaeological record" (1993:43), he collected data very comparable to the corpus of data discussed here.

Specifically we aimed to carry out between four and six large-scale horizontal excavations of ca. 50 m^2 each for this purpose. Such an area is large enough to include a substantial portion of a household area, based on the prehispanic size of the houses and house terraces known in the area (see Llanos y Durán 1983; Blick 1993:37–38; Drennan 1985).

The archeological material recovered from the excavations would enable us to establish the presence or absence of wealth differences. Given the small corpus of data available for the

Formative period, we decided to work with a wide range of categories of evidence rather than rely on a single one. These lines of evidence related to wealth differences include quantities of preferred food remains (botanical and faunal), frequencies of high quality lithic tool-making materials like obsidian, frequencies of elaborately decorated ceramics, and luxury goods such as gold ornaments. Differences in the size of the houses and/or in their interior spatial distribution, as well as differences in the number and size of storage facilities, are also diagnostic elements of wealth differences. Burial treatment and offerings are another possible source of information.

Our expectations about wealth distribution patterns in the Formative 3 and Regional Classic periods as they relate to the evaluation of the contrasting models outlined earlier can be summarized as follows: 1) If wealth distribution was quite similar in both periods, then this aspect of the economic system changed very little as climate got better and population grew. In this case the burial mound and statue complexes of the Regional Classic period do not reflect a new consolidation of wealth but will have to be explained from some other perspective. Such a result would be inconsistent with the idea that climatic improvement led to increased agricultural production and expanded the possibilities for accumulation of wealth. 2) If wealth differences during the Formative 3 period were considerably less marked than during the Regional Classic period, then an important economic change took place at the time of the climatic change. Such a result would be consistent with the notion that improved conditions for agriculture made resource mobilization easier and stimulated the development of social complexity.

It must be pointed out that a substantial increase in wealth differences from the Formative 3 to the Regional Classic will not prove a causal relationship between climatic change and the socioeconomic changes of the Regional Classic period. Such a result would, however, be inconsistent with models depending on scarcity of resources or ecological limitations, while leaving increased opportunities for mobilization resulting from climatic change among the possible explanations.

It was stated earlier, and it merits repeating, that no single project will conclusively prove or disprove any of the models considered here. It is only through the comparative analysis of a number of sequences of chiefdom development that we may arrive at some general understanding of the processes involved. This research is conceived as a contribution toward that broader goal.

preferidos (botánicos y faunísticos), las frecuencias de materiales líticos de alta calidad para elaborar herramientas como la obsidiana, la frecuencia de cerámicas decoradas elaboradamente y de productos suntuarios como los ornamentos de oro. Las diferencias en el tamaño de las casas y/o en la distribución del espacio interior, así como las diferencias en el número y tamaño de los depósitos para almacenamiento, son también elementos diagnósticos de diferencias de riqueza. El tratamiento funerario y las ofrendas, son otra posible fuente de información en este sentido.

Nuestras expectativas sobre los patrones de distribución de riqueza en el Formativo 3 y el Clásico Regional, en la medida en que éstos se relacionan con la evaluación de los modelos contrastantes esbozados con anterioridad, se pueden resumir de la siguiente manera:

1) Si la distribución de riqueza fue muy similar en ambos períodos, entonces este aspecto del sistema económico cambió muy poco, en tanto se mejoró el clima y aumentó la población. En este caso, los complejos de montículos funerarios y estatuas del período Clásico Regional no estarían indicando una nueva consolidación de riqueza y tendrían que ser explicados desde otra perspectiva. Tal resultado sería inconsistente con la idea de que el mejoramiento climático dio lugar a una más alta producción agrícola y expandió las posibilidades para acumulación de riqueza.

2) Si las diferencias en riqueza durante el Formativo 3 fueron considerablemente menos marcadas que durante el período Clásico Regional, entonces un cambio económico importante ocurrió al tiempo del cambio climático. Este resultado sería consistente con la idea de que unas condiciones favorables para la agricultura hicieron la movilización de recursos más fácil y estimularon el desarrollo de la complejidad social.

Debe indicarse aquí, que un incremento substancial en las diferencias en riqueza entre el Formativo 3 y el Clásico Regional, no probaría una relación causal entre el cambio climático y los cambios socioeconómicos del período Clásico Regional. Tal resultado, no obstante, sería inconsistente con los modelos que se basan en la escasez de recursos o en las limitaciones medioambientales, dejando el incremento en las oportunidades para la movilización, debidas a cambios climáticos, entre las explicaciones posibles.

Aunque ya se mencionó, vale la pena reiterar, que un solo proyecto no puede probar o rechazar conclusivamente ninguno de los modelos aquí considerados. Es sólo mediante el análisis comparativo de un número de secuencias de desarrollo de cacicazgos, que podremos llegar a un entendimiento general de este proceso. Esta investigación se considera como una contribución a ese objetivo más general.

Chapter 2

Selection of Formative 3 Sites for Study

In carrying out the fieldwork for this research, our point of departure was the intensive testing of sites previously identified as Formative 3 occupation sites, as indicated by the presence of deposits that contained the ceramic type Lourdes Red Slipped. Our goal was therefore to isolate contexts of "pure" Lourdes Red Slipped ceramics. As the fieldwork proceeded, however, it became evident that the kind of deposits we were looking for were not easily recognized. The intensive testing program was consistently failing to produce the dense concentrations of Lourdes Red Slipped ceramics that had been expected. In this chapter I will argue that Lourdes Red Slipped ceramics were never the dominant ceramic in use at any time, and are thus not, alone, a complete indicator of Formative 3 occupation, as originally thought (Drennan 1993:88).

As noted above, the first step in fieldwork was an intensive testing program of the Formative 3 sites already surveyed by the Proyecto Arqueológico Valle de la Plata through the excavation of small shovel probes (40 x 40 x 40 cm). The second step was the excavation of stratigraphic test pits at the more promising locations to get a better picture of such deposits, and the third was the excavation of some large open areas to gather the detailed data at the household level we were concerned with (see Chapter 3 for a complete discussion).

The fieldwork was conducted in two field seasons. The first one, in 1991, was aimed at locating the type of deposits we needed so that the next year could begin with the excavation of several sites. However, analyzing the data from 1991 made it clear that to achieve the research goals, we needed to begin the 1992 season by intensifying the testing program to increase the sample size of sites on which the final decision for the open large excavation areas was to be based. Lourdes Red Slipped materials had not been found either in large proportions/quantities or in discrete concentrations, as had been expected.

Thus, although in selecting sites for the 1991 season we concentrated on the Belén and El Congreso zones (two of the areas where Lourdes Red Slipped ceramics were common, Figures 2.1 and 2.2), for the 1992 season we considered the whole settlement data base from the middle and upper zones of the Valle de la Plata. Nevertheless, the areas mentioned above were still the main focus of attention.

The selection of sites for the intensive testing phase of the project was based on the analysis of the Proyecto Arqueológico Valle de la Plata survey data set. In this data set each site contains at least one shovel probe or one surface collection (see Drennan 1985:137–147 and 171–177). Each of these types of collections is called a "lot" and is given a unique catalog number. Spatially contiguous lots are grouped together into "sites," which were given numbers beginning with *VP*.

While the data provided by shovel probes and surface collections suit the objectives of regional survey (to assess the period[s] in which a site was occupied [Drennan 1993:3]), we could not decide which sites to excavate based on the survey data alone. Since sites vary substantially both in size and number of occupations, a more detailed assessment of them was needed.

Thus, in the selection of sites for intensive testing, our strategy was to run several analyses so as to find out which sites offered the best possibilities (i.e., suggested minimal mixing, the presence of quite separate occupations such as Barranquilla Buff and Lourdes Red Slipped but no Guacas Reddish Brown, or where the evidence suggested only Formative occupation). Some sites which had ceramics from all of the phases were also included, primarily because they were located in areas of population concentration during the Formative 3 period, and it was expected that intensive testing could indicate the location of discrete areas of Formative 3 middens at such locations.

Several other sites also presented the kind of distribution seen in selected sites (see Tables 2.1 and 2.2), and in making the final decision, logistics sometimes became an important criterion for site selection.

To summarize, then: although the selected sites were far from being ideal, inasmuch as several of them were not "pure" Formative 3 sites, the reasoning was that a large number of shovel probes excavated at any of the sites would, even in the worst case, reveal at least a section of the site where not much disturbance was present. We also expected the intensive testing to more accurately assess the relative density of Lourdes Red Slipped ceramics at each site, since most of the original collections were surface collections. Indeed, only 13 cases out of the 69 tested were originally shovel-probed (see Tables 2.1 and 2.2).

Methodology and Recording System

The intensive testing program was carried out through small shovel probes. This shovel probe testing system followed the parameters set by the Proyecto Arqueológico Valle de la Plata

Capítulo 2

Selección de Sitios del Formativo 3 para el Estudio

El punto de partida para llevar a cabo el trabajo de campo para esta investigación, fue la prospección intensiva de sitios previamente identificados como localidades con evidencia de ocupación durante el período Formativo 3, basado en la presencia de depósitos que contenían el tipo cerámico Lourdes Rojo Engobado. Nuestro objetivo era, por lo tanto, el de aislar contextos "puros" de cerámicas Lourdes Rojo Engobado. No obstante, a medida que se desarrollaba el trabajo de campo, fue evidente que el tipo de depósitos que estábamos buscando no se reconocían fácilmente. Consistentemente, el programa de prospección intensiva estaba fallando al no producir las concentraciones densas de tiestos Lourdes Rojo Engobado que se habían esperado. En este capítulo se argumentará que las cerámicas Lourdes Rojo Engobado en ningún momento fueron el tipo cerámico dominante, y en consecuencia, por si solas, no representan un completo indicador de las ocupaciones del Formativo 3, tal y como se había pensado originalmente (Drennan 1993:88).

Como se indicó arriba, el primer paso en el trabajo de campo fue un programa de prospección intensiva de sitios del Formativo 3 previamente reconocidos por el Proyecto Arqueológico Valle de la Plata, mediante la excavación de pequeñas pruebas con pala (40 x 40 x 40 cm). El segundo paso, fue la excavación de unidades de pruebas con control estratigráfico en aquellas localidades que parecían más promisorias para obtener una mejor idea de la naturaleza de estos depósitos. El tercer paso, fue la excavación de algunas áreas más amplias para recobrar el tipo de información detallada al nivel de las unidades domésticas, las cuales eran nuestro objetivo (ver el Capitulo 3 para una discusión completa).

El trabajo de campo se realizó en dos temporadas de terreno. La primera de éstas, en 1991, se proponía localizar el tipo de depósitos que se necesitaban, para al año siguiente comenzar directamente con la excavación de varios de estos sitios. Sin embargo, al concluir la fase de análisis de esa temporada, fue evidente que para alcanzar los objetivos de la investigación era necesario comenzar la temporada de 1992 con una intensificación del programa de prospección, para así incrementar el tamaño de la muestra con base en la que se haría la selección de sitios para las excavaciones en área. La razón de esto fue que los materiales Lourdes Rojo Engobado no se encontraron ni en grandes proporciones/cantidades, ni en concentraciones discretas como se había esperado.

Mientras que en la selección de sitios para la temporada de 1991 nos concentramos en las zonas de Belén y El Congreso (dos de las áreas donde las cerámicas Lourdes Rojo Engobado fueron comunes, Figuras 2.1 y 2.2), en la selección de sitios para la temporada de 1992 tomamos en cuenta la totalidad de la información sobre asentamientos de las zonas media y superior del Valle de la Plata. No obstante, las áreas arriba mencionadas continuaron siendo consideradas como nuestro foco principal de interés.

La selección de sitios para la fase de prospección intensiva del proyecto se basó en el análisis del banco de datos del reconocimiento del Proyecto Arqueológico Valle de la Plata. En este banco de datos, cada sitio contiene, al menos, una prueba de pala o una recolección superficial (ver Drennan 1985:137–147 y 171–177). Cada uno de estos tipos de colecciones se denomina "lote" y se le asigna un número de catálogo único. Los grupos de lotes espacialmente contiguos se agrupan en "sitios", los que a su vez son numerados y precedidos por las letras *VP*.

Mientras que la información proporcionada por las pruebas de pala y las recolecciones de superficie es adecuada para alcanzar los objetivos del reconocimiento regional (determinar el período[s] en que un sitio fue ocupado [Drennan 1993:3]), esta información, por si sola, no nos permitía decidir cuales sitios excavar. Puesto que los sitios varían substancialmente tanto en el tamaño como en el número de ocupaciones, era preciso hacer una evaluación más precisa de estos.

Así, en la selección de sitios para ser prospectados intensivamente, nuestra estrategia fue la de correr varios análisis para establecer cuales sitios ofrecían las mejores posibilidades (i.e., sugerían poca mezcla, la presencia de ocupaciones temporalmente bien separadas como serían Barranquilla Crema y Lourdes Rojo Engobado pero no Guacas Café Rojizo o donde la evidencia sugería solamente ocupaciones del Formativo). También fueron incluidos algunos sitios que tenían cerámicas de todas las fases, principalmente porque estaban localizados en áreas donde la población se concentraba durante el período Formativo 3 y se esperaba que la prospección intensiva en éstos, podría indicar la localización de áreas discretas de basuras del Formativo 3.

Varios otros sitios también presentaban las clases de distribuciones exhibidas por aquellos que fueron seleccionados (ver Tablas 2.1 y 2.2), de tal suerte que en la decisión final, el

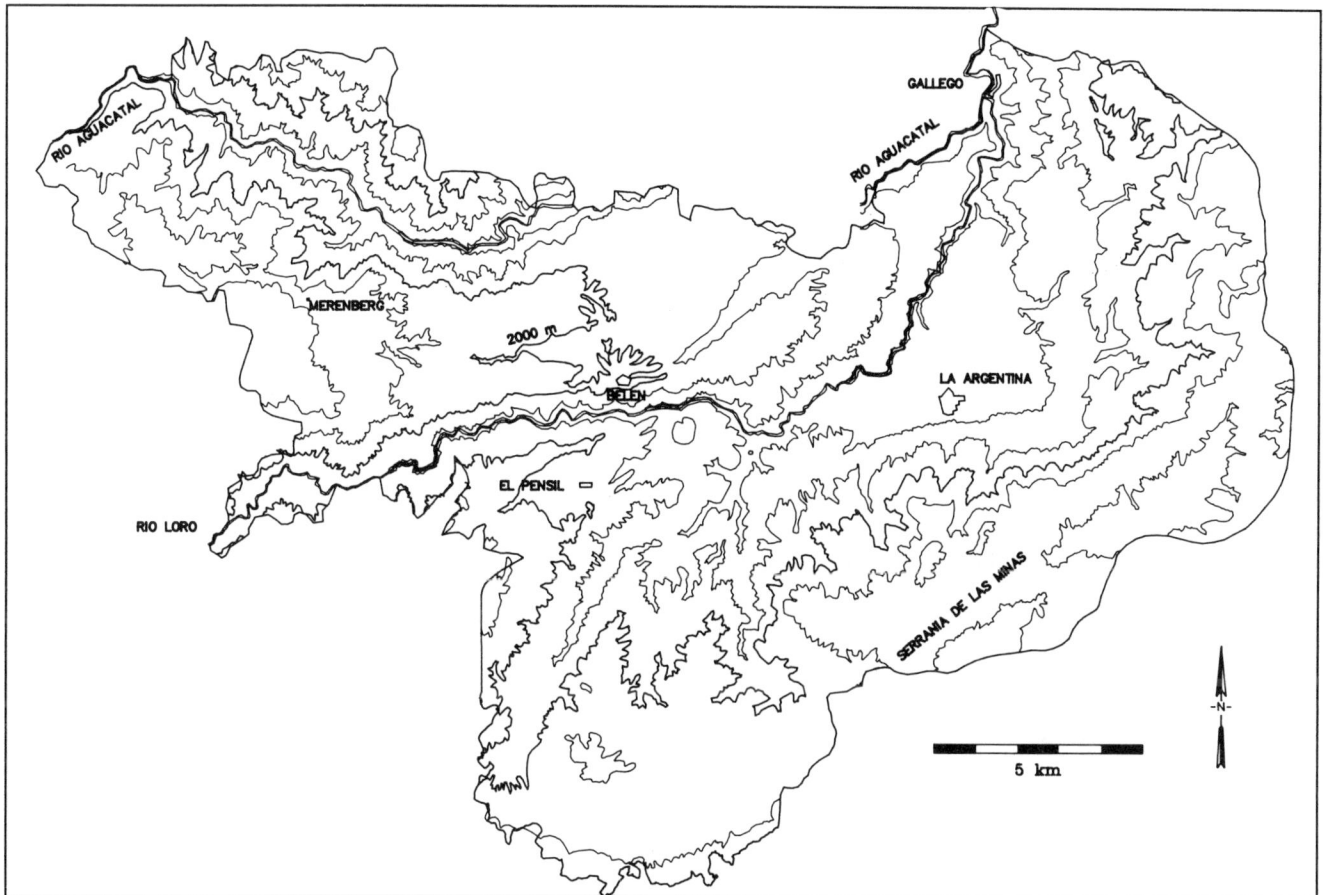

Figure 2.1. Topographic map of the study area.—Figura 2.1. Mapa topográfico del área de estudio.

(see Drennan 1985). We followed this procedure to ensure comparability with the data already gathered through the systematic regional survey and with other similar research projects (Blick 1993, Quattrin in preparation) concerning variables such as density and proportion of ceramics and other classes of materials across the region.

In testing the sites, the rule followed was to establish a north to south oriented magnetic grid and place sticks or flags 5m apart to show the locations of shovel probes. A spacing of probes of this size was considered reliable enough for the task of locating dense accumulations of Lourdes Red Slipped ceramics and/or deposits from this period without severe disturbance, since the size of houses and *tambos* in the Alto Magdalena is, on average, well within this size range (see Blick 1993:257–264; see also discussion in Chapter 3). Moreover, we knew from Blick's (1993) research that this system was successful in locating house-related debris and remains.

The number of excavated probes at each site depended on the size and characteristics of the site (i.e., whether a tambo or an open flat area). Sometimes, the spacing between shovel probes was reduced or enlarged to accommodate the testing program to specific characteristics of the site (such as trees,

rocks, etc.) which did not allow a perfect overall spacing of probes.

To control the testing program, a general sketch map of each site was made, using tapes and the north-south magnetic grid already established. In addition, one schematic drawing of one profile from a shovel probe was recorded to gain some additional information about the site. This was not done for each shovel probe at each site, especially if there were no significant variations. Materials from shovel probes were not separated according to stratigraphic units (see Drennan et al. 1989b:124).

When possible, bank cuts from roads, pathways or any other disturbance that provided an insight to the stratigraphy and/or material content of the site were investigated, but the shovel probes were taken as the main data set for evaluation of the sites. Surface collections were thought to be less reliable for the task at hand, particularly for assessing the relative density of the different ceramic types—that is to say, since shovel probes are of a uniform size, it was easy to calculate volumes and artifact densities. Besides, most of the sites of interest were in pasture, where extensive surface collecting is impossible.

Each shovel probe (or surface collection) was given a unique "lot" number and general information about the site and the collection or probe was recorded. Materials from each

aspecto logístico fue un criterio importante en la selección de algunos de éstos.

En resumen, tenemos que aunque algunos de los sitios seleccionados estaban lejos de ser casos ideales porque varios de éstos no eran sitios "puros" del Formativo 3, el razonamiento fue que la excavación de un alto número de pruebas de pala en cualquiera de éstos, revelaría al menos, aún en el peor de los casos, una sección del sitio con evidencia de poca alteración. Puesto que la mayoría de las colecciones originales de estos sitios fueron recolecciones superficiales, esperábamos también con la prospección intensiva evaluar con mayor precisión la densidad relativa de las cerámicas Lourdes Rojo Engobado en cada uno de los sitios. De hecho, sólo 13 de los casos seleccionados entre los 69 prospectados, habían sido originalmente prospectados con pruebas de pala (ver Tablas 2.1 y 2.2).

Metodología y Sistema de Registro

El programa de prospección intensiva se adelantó mediante la excavación de pequeñas pruebas con pala. Este sistema de prospección con pruebas de pala sigue los parámetros establecidos por el Proyecto Arqueológico Valle de la Plata (ver Drennan 1985). Este procedimiento se siguió con el propósito de obtener información que fuera comparable con aquella existente recogida en el reconocimiento regional sistemático y en otros proyectos de investigación similares (Blick 1993, Quattrin en preparación) respecto a variables tales como la densidad y la proporción de cerámicas y otras clases de materiales a través de la región.

La regla seguida en la prospección de los sitios fue establecer un sistema de coordenadas orientadas magnéticamente de norte a sur y colocar banderas o varas a intervalos de 5 m para indicar la localización de las pruebas de pala. Un intervalo de este tamaño se consideró suficientemente apropiado para localizar acumulaciones densas de cerámicas Lourdes Rojo Engobado y/o depósitos de este período poco alterados, puesto que el tamaño de las casas y los tambos en el Alto Magdalena está, en promedio, dentro del rango de este intervalo (ver Blick 1993:257–264; ver también la discusión en el Capítulo 3). Mas aún, sabíamos ya por la investigación de Blick (1993), que este sistema funcionaba bien para localizar restos y basuras relacionadas con las casas.

El número de pruebas excavadas en cada sitio dependió del tamaño y características de éstos (i.e., dependiendo de si era un tambo o un área plana). Algunas veces, el intervalo entre pruebas fue reducido o ampliado para ajustar el programa de prospección a las características específicas del sitio (como

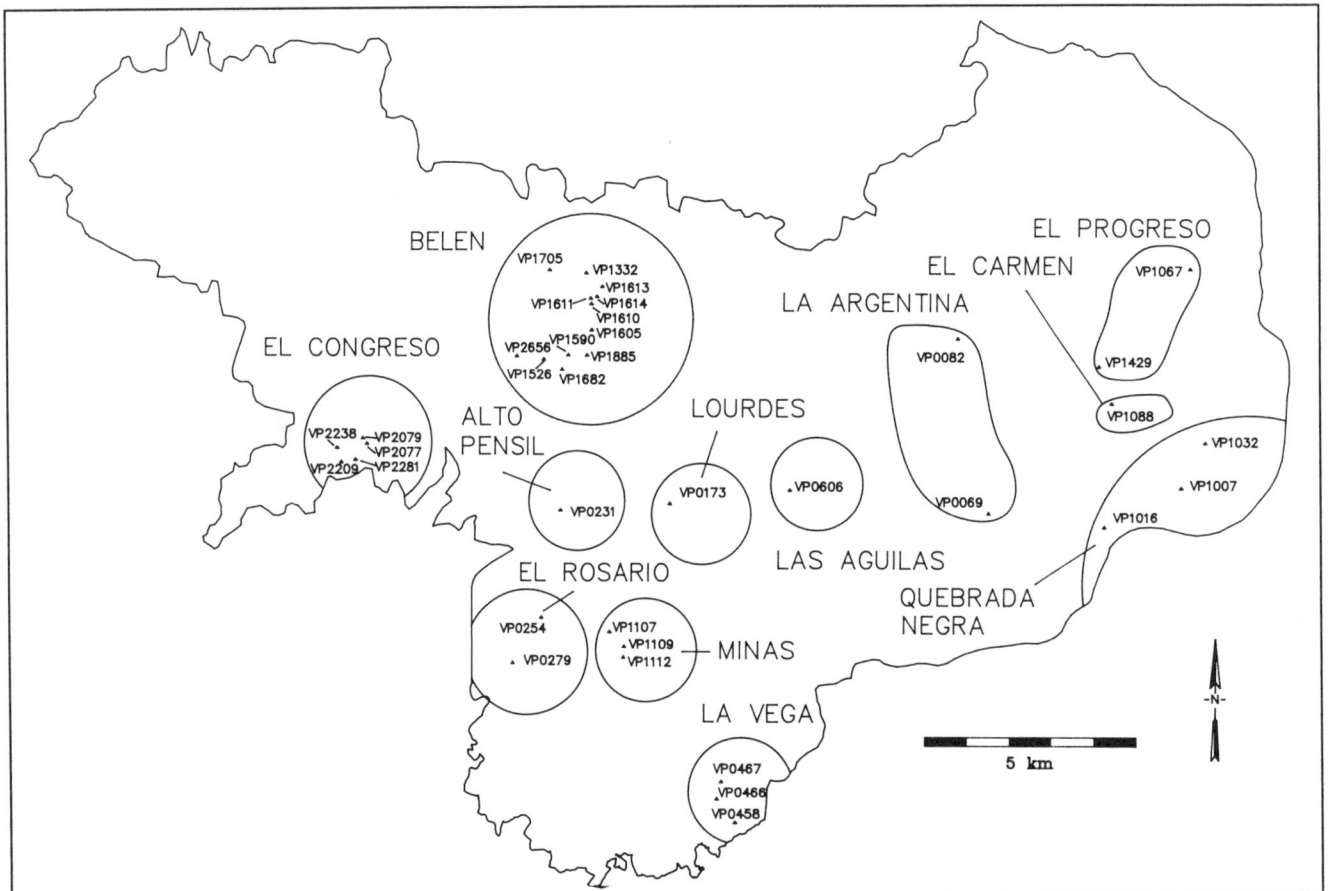

Figura 2.2. Mapa del área del estudio con la localización de los sitios investigados.
Figure 2.2. Map of the study area with location of sites investigated.

TABLE 2.1. NUMBERS OF SHERDS BY CERAMIC TYPE RECOVERED BY REGIONAL SURVEY FROM LOTS NOT INTENSIVELY TESTED.
TABLA 2.1. NUMERO DE TIESTOS POR TIPO CERÁMICO RECOBRADOS EN EL RECONOCIMIENTO REGIONAL DE LOS LOTES QUE NO SE PROSPECTARON INTENSIVAMENTE.

Site Sitio	Lot Lote	Barranquilla Buff/Crema	Guacas Red. Br./ Café Rojizo	Lourdes Red Sl./ Rojo Engobado	Planaditas Burn. Red/Rojo Pulido	Tachuelo Burn./Pulido	Collection Method Método de Colección
VP0287	CS/0062	28	25	31	0	0	Surface/Superficie
VP0005	84/0005	24	18	20	0	1	Surface/Superficie
VP1449	87/0688	0	0	1	0	0	Surface/Superficie
VP0054	84/0115	0	0	21	0	0	Surface/Superficie
VP1232	87/0604	3	1	3	0	1	Surface/Superficie
VP0070	84/0064	0	0	1	0	0	Surface/Superficie
VP0216	GJ/0137	0	0	9	0	0	Surface/Superficie
VP0098	84/0307	0	0	1	0	0	Shovel probe/Prueba de pala
VP0619	LA/0269	2	1	2	0	0	Surface/Superficie
VP1517	BE/0101	73	16	2	1	1	Surface/Superficie
VP1331	BE/0001	11	2	2	0	0	Surface/Superficie
VP1331	BE/0002	232	8	6	15	2	Surface/Superficie
VP1331	BE/0012	177	120	23	25	0	Surface/Superficie
VP1331	BE/0013	37	8	3	0	0	Surface/Superficie
VP1331	BE/0014	215	120	8	16	0	Surface/Superficie
VP1346	BE/0015	82	12	2	4	0	Surface/Superficie
VP1518	BE/0104	50	31	1	1	0	Surface/Superficie

collection were separated in the field according to class (ceramic, lithic, obsidian, etc.) and each bag was labeled with the corresponding lot number. Lot numbers are preceded by the sequence *J91* or *J92* to distinguish the materials of this project from others of the Proyecto Arqueológico Valle de la Plata, which will bear different sequences of identification or *Series* codes (Tables 2.3 and 2.4).

Test pits and large open excavation areas were identified with Roman numerals from I to XIII. This number is preceded by the capital letter *C* which stands for "corte," indicating "test pit," and separated from the number by a hyphen. *C-I* to *C-X* are all 1 by 2 m test units, while *C-XI* to *C-XIII* are the three large open excavation areas that will be the main concern of Chapter 3.

In the test pits and the large open excavations, excavation was controlled by artificial levels of 10 cm within natural strata. Sometimes levels of 20 cm were excavated but this was not common (see discussion of C-I, C-II and C-XII in Chapter 3). Excavation of the artificial levels was done with flat shovels removing layers of about 3 cm thick all across the area before a new one was excavated. When features or dense concentrations of material were found, we changed to trowels and other small tools. Measurements were taken to the nearest centimeter with a tape measure and line level attached to a datum point. All soil, in principle, was passed through a mesh of 4 or 6 mm. However, this was not always possible due to the wet and clayey nature of the soils (see Drennan 1993:27).

Excavation of C-XI, C-XII and C-XIII was additionally controlled by setting a grid system of 2 by 2 m units. Square units at each excavation were labeled with a capital letter beginning with *A*. Cultural materials from each square and excavation level were recorded with a unique lot number. In these three cases, as with the smaller stratigraphic excavations, the test unit designation became the "series" for these lot numbers. Thus, the lot number "C-XI/0278," for example, refers uniquely to materials recovered from "Corte" XI, square A, level one. However, for the purpose of presenting and discussing the results of these excavations, the data will be presented by reference to stratigraphic units (see Table 2.5), unless otherwise noted. For the small test pits, data will be presented according to artificial levels.

Every time a feature was uncovered, whether it produced materials or samples of any kind, a lot number was assigned. This holds true also for post molds, which include a variety of features exhibiting a definitely circular shape and typical size although some of them may not be true post molds (see Chapter 3 for a discussion). Soil samples for flotation were taken from features and other contexts of interest. Flotation samples were processed in the lab as described by Pearsall (1989:35–55).

Sites are here identified by the numbers assigned by the Proyecto Arqueológico Valle de la Plata. Since a site may contain more than one collection or lot, the area of intensive testing is indicated by the series code and the lot number. At site VP1088, for example, the area of interest was a *tambo* that corresponded to the original survey lot 87/0288. Thus the area of intensive shovel probes is identified as "VP1088/87/0288." When there is more than one area of interest from a single site, each is described independently.

When it was not possible to be confident that the areas tested were in the same exact locations as the original survey collections, we tested the area or areas that seemed to be places of habitation within the approximate boundaries of the earlier collection. In several instances, for example, an original surface collection was made in a path below a *tambo* where surface collection was possible but which was not appropriate for the intensive shovel probes. In such cases, the area of shovel probes is indicated by the site number followed by a

árboles, rocas, etc), las cuales no permitían conservar un patrón perfecto en dicho intervalo entre pruebas.

Para controlar el programa de prospección se hizo un mapa esquemático de cada sitio, usando cintas métricas y el sistema de coordenadas previamente establecido. Para obtener alguna información adicional sobre el sitio, se hizo un dibujo esquemático de un perfil de una prueba de pala. Esto no se hizo para cada prueba de pala en cada sitio, especialmente si no habían variaciones significativas. Los materiales recobrados en las pruebas de pala no fueron separados de acuerdo con las unidades estratigráficas (ver Drennan et al. 1989b:124).

Aunque las pruebas de pala fueron asumidas como el cuerpo de información principal para la evaluación de los sitios, cada vez que fue posible se investigaron también las bancas de las carreteras, los caminos o cualquier otra perturbación que permitiera obtener una aproximación a la estratigrafía y/o contenido material del sitio. Dados nuestros propósitos específicos, las recolecciones de superficie se consideraron menos confiables, particularmente para determinar la densidad relativa de los diferentes tipos cerámicos. Es decir, que por ser todas las pruebas de pala de un tamaño uniforme, el cálculo de los volúmenes y las densidades de artefactos resulta más fácil. Además, la mayoría de los sitios que nos interesaban estaban localizados en áreas de pastos en donde es imposible hacer una recolección superficial exhaustiva.

A cada prueba de pala (o recolección de superficie) se le dio un número de "lote" único y se registró la información general sobre el sitio y la recolección o la prueba de pala. Los materiales de cada colección se separaron en el campo de acuerdo con la clase (cerámica, lítico, obsidiana, etc), y cada bolsa fue marcada con el número de lote correspondiente. Los números de los lotes están precedidos de las secuencias *J91* o *J92* para distinguir los materiales recobrados en este proyecto de otros recobrados por el Proyecto Arqueológico Valle de la Plata, los cuales tienen secuencias de identificación diferentes o códigos de *Serie* (Tablas 2.3 y 2.4).

Los cortes estratigráficos y las excavaciones en área se identificaron con números romanos entre el I y el XIII. Este número está precedido de la letra mayúscula *C* la cual es aquí la abreviatura de "corte" y separada del número por un guión. *C-I* a *C-X* corresponden todos a cortes estratigráficos de 1 por 2 m, mientras que *C-XI* a *C-XIII* son las tres excavaciones en área que serán el tema principal del Capítulo 3.

Tanto en los cortes como en las excavaciones en área, la excavación se controló con niveles artificiales de 10 cm dentro de cada estrato natural. Algunas veces se excavaron niveles de 20 cm, pero estos casos no fueron muy comunes (ver la discusión de C-I, C-II y C-XII en el Capítulo 3). La excavación de los niveles artificiales se hizo con palas planas, removiendo capas de 3 cm de grueso aproximadamente en toda el área excavada antes de remover una nueva capa. Al encontrarse rasgos o concentraciones de materiales, se cambió a palustre y otras herramientas pequeñas. Las medidas se tomaron al centímetro, con cinta métrica y un nivel de cuerda atado a un punto de referencia. Toda la tierra, en principio, fue pasada a través de una malla de 4 o 6 mm. No obstante, debido a la naturaleza arcillosa y húmeda de los suelos, esto no fue siempre posible (ver Drennan 1993:27).

La excavación de C-XI, C-XII y C-XIII se controló adicionalmente con un sistema de cuadrículas de 2 por 2 m. En cada una de estas excavaciones se les asignó a las cuadrículas una letra mayúscula comenzando con la A. Los materiales culturales provenientes de cada cuadrícula y nivel de excavación fueron registrados con un número de lote único. En estos tres casos, así como con los cortes estratigráficos, el número de la excavación es también la "serie" para estos lotes. Así, por ejemplo, el lote C-XI/0278, se refiere exclusivamente a los materiales recobrados en el "Corte" XI, cuadrícula A, nivel uno. No obstante, para el propósito de la presentación y discusión de los resultados de estas excavaciones, la información será presentada con referencia a las unidades estratigráficas (ver Tabla 2.5), a menos que se indique lo contrario. Para los cortes pequeños, la información será presentada de acuerdo a los niveles artificiales.

A cada rasgo encontrado se le asignó un número de lote, independientemente de si éste produjo materiales o de si se tomaron muestras de cualquier clase. Esto es también cierto para las huellas de poste, las cuales incluyen una variedad de rasgos con una forma circular y tamaño típico, aunque algunos de éstos podrían no ser huellas de poste propiamente dichas (ver el Capitulo 3 para una discusión). Muestras de suelos para flotación fueron tomadas de los rasgos y otros contextos de interés. Las muestras para flotación fueron procesadas en el laboratorio de la manera descrita por Pearsall (1989:35–55).

En este reporte, los sitios se identifican con los números asignados por el Proyecto Arqueológico Valle de la Plata. Puesto que un sitio puede contener más de una colección o lote, el área de la prospección intensiva se indica por la serie y el número de lote. En el sitio VP1088, por ejemplo, el área de interés fue un tambo que corresponde al lote originalmente marcado en el reconocimiento como 87/0288. Por lo tanto, el área prospectada intensivamente con las pruebas de pala se identifica como VP1088/87/0288. En los casos en que hay más de una área de interés en un mismo sitio, cada una se describe independientemente.

En los casos en que no fue posible estar seguros que las áreas prospectadas correspondían exactamente con aquellas de las colecciones originales del reconocimiento, la norma fue prospectar el área o áreas que parecían corresponder con lugares de habitación dentro de los límites aproximados de la colección original. En varios casos, por ejemplo, la recolección de superficie original fue hecha en un camino, abajo de un tambo, en donde era posible recolectar material en la superficie, pero que no era apropiado para localizar las pruebas de pala de la fase de prospección intensiva. En estos casos, el área de las pruebas de pala se indica con el número del sitio, seguido de un guión y una letra mayúscula. En el caso de VP1088, por ejemplo, además del lote 87/0288 se prospectaron otras dos áreas adyacentes. Ya que no existían lotes específicos del Proyecto Arqueológico Valle de la Plata para estas áreas, se

TABLE 2.2. NUMBERS OF SHERDS BY CERAMIC TYPE RECOVERED BY REGIONAL SURVEY IN LOTS INTENSIVELY TESTED.
TABLA 2.2. NUMERO DE TIESTOS POR TIPO CERÁMICO RECOBRADOS EN EL RECONOCIMIENTO REGIONAL EN LOTES PROSPECTADOS INTENSIVAMENTE.

Site Sitio	Lot Lote	Barranquilla Buff/Crema	Guacas Red. Br./ Café Rojizo	Lourdes Red Sl./ Rojo Engobado	Plan. Burn. Red/ Rojo Pulido	Tachuelo Burn./Pulido	Total Total	Collection Method Método de Colección
VP0069	84/0061	3	0	3	0	1	7	Shovel probe/Prueba de pala
VP0082	84/0305	1	0	7	0	0	8	Shovel probe/Prueba de pala
VP0173	GJ/0058	5	35	22	0	0	62	Surface/Superficie
VP0231	CS/0003	10	0	30	0	0	40	Surface/Superficie
VP0245	CS/0042	0	6	6	0	0	12	Surface/Superficie
VP0279	CS/0084	0	2	1	0	0	3	Shovel probe/Prueba de pala
VP0458	LA/0056	0	0	1	0	0	1	Shovel probe/Prueba de pala
VP0466	LA/0073	8	0	4	0	0	4	Surface/Superficie
VP0466	LA/0001	195	37	63	25	10	330	Surface/Superficie
VP0466	LA/0002	16	0	0	9	0	25	Surface/Superficie
VP0466	LA/0080	11	23	11	3	0	48	Surface/Superficie
VP0466	LA/0031	54	13	9	1	2	79	Surface/Superficie
VP0466	LA/0079	7	8	4	5	0	24	Surface/Superficie
VP0467	LA/0075	0	0	1	5	0	6	Surface/Superficie
VP0606	LA/0232	1	1	1	0	0	3	Surface/Superficie
VP1007	87/0376	0	0	1	2	2	5	Surface/Superficie
VP1007	87/0381	2	0	2	0	5	9	Shovel probe/Prueba de pala
VP1016	87/0357	1	0	1	0	0	2	Shovel probe/Prueba de pala
VP1032	87/0390	2	0	2	2	0	6	Surface/Superficie
VP1067	87/0568	0	1	1	0	0	2	Shovel probe/Prueba de pala
VP1088	87/0288	0	3	2	0	0	5	Surface/Superficie
VP1107	87/0456	4	3	4	0	0	11	Surface/Superficie
VP1109	87/0463	6	0	3	0	0	9	Surface/Superficie
VP1112	87/0469	3	0	5	0	0	8	Shovel probe/Prueba de pala
VP1332	BE/0006*	83	0	3	11	3	101	Surface/Superficie
VP1332	BE/0007	48	5	2	5	0	60	Surface/Superficie
VP1332	BE/0008	82	75	8	31	0	196	Surface/Superficie
VP1429	87/0644	0	0	1	5	0	6	Surface/Superficie
VP1526	BE/0145	49	40	3	0	0	92	Surface/Superficie
VP1590	BE/0340	145	24	12	28	1	210	Surface/Superficie
VP1590	BE/0401	209	43	26	23	6	307	Surface/Superficie
VP1590	BE/0402	0	18	1	2	3	24	Surface/Superficie
VP1605	BE/0319	25	0	3	6	2	36	Surface/Superficie
VP1605	BE/0318	63	8	0	17	6	94	Surface/Superficie
VP1610	BE/0362	28	7	2	0	0	37	Surface/Superficie
VP1611	BE/0365	98	2	3	11	0	114	Surface/Superficie
VP1613	BE/0413	2	21	2	1	2	28	Surface/Superficie
VP1614	BE/0417	33	9	1	16	2	61	Surface/Superficie
VP1614	BE/0418	26	34	7	6	5	78	Surface/Superficie
VP1682	BE/0515	10	8	2	0	0	20	Surface/Superficie
VP1705	BE/0745	214	139	6	6	21	386	Surface/Superficie
VP1885	BE/0809	48	3	4	0	0	55	Surface/Superficie
VP2077	BE/2075	2	0	2	0	0	4	Shovel probe/Prueba de pala
VP2079	BE/2085	33	3	3	0	0	39	Surface/Superficie
VP2079	BE/2086	9	0	2	0	0	11	Shovel probe/Prueba de pala
VP2209	BE/1188	1	0	2	2	0	5	Surface/Superficie
VP2281	BE/2093	20	0	4	0	0	24	Surface/Superficie
VP2281	BE/2094	30	9	1	5	0	45	Surface/Superficie
VP2238	BE/1213	6	8	1	0	0	15	Surface/Superficie
VP2238	BE/1214	1	0	2	0	0	3	Shovel probe/Prueba de pala
VP2238	BE/1215	27	2	8	0	0	37	Shovel probe/Prueba de pala
VP2656	BE/2213	2	3	6	0	0	11	Surface/Superficie

* A modern fragment is included in the total.
* Un fragmento moderno se incluye en el total.

SELECCION DE SITIOS DEL FORMATIVO 3 PARA EL ESTUDIO

TABLE 2.3. NUMBERS OF SHERDS BY CERAMIC TYPE RECOVERED IN INTENSIVE TESTING.
TABLA 2.3. NUMERO DE TIESTOS POR TIPO CERAMICO RECOBRADOS EN LA PROSPECCION INTENSIVA.

Site Sitio	Lot Lote	Sector Sector	Barranquilla Buff/Crema	Guacas Red. Br./Café Rojizo	Lourdes Red Sl./ Rojo Engobado	Plan. Burn. Red/Rojo Pul.	Tachuelo Burn./Pul.	Total Total	# Probes # Pruebas	Vol. Excav. (m³)	Density/Densidad (sherds/m³) (tiestos/m³)
VP0069	—	A	5	29	0	40	27	101	15	.960	105
VP0069	—	B	0	4	0	12	32	48	7	.448	107
VP0069	—	C	2	1	3	22	12	40	2	.160	250
VP0069	—	D	0	0	0	13	28	41	3	.192	214
VP0082	84/0305	—	5	9	0	0	0	14	3	.192	73
VP0173	GJ/0058	—	35	265	14	38	0	352	8	.528	667
VP0231	—	A	0	16	0	0	0	16	5	.320	50
VP0245	—	A	16	59	6	62	2	145	12	.816	178
VP0245	—	B	32	70	16	35	0	153	5	.384	398
VP0245	—	C	4	4	1	7	0	16	3	.192	83
VP0279	—	A	3	24	1	9	0	37	5	.320	116
VP0279	—	B	15	6	2	62	5	90	6	.384	234
VP0458	LA/0056	—	0	2	0	4	0	6	10	.640	9
VP0466	LA/0073	A	10	1	24	76	16	127	33	2.112	60
VP0466	LA/0073	B	0	0	0	1	0	1	6	.384	3
VP0466	—	A	63	23	38	376	150	650	18	1.248	521
VP0466	—	B	0	0	3	4	0	7	2	.128	55
VP0466	—	C	41	20	35	190	81	367	9	.600	612
VP0466	—	D	143	37	42	567	255	1044	19	1.416	737
VP0467	LA/0075	A	1	1	2	45	7	56	12	.816	69
VP0467	LA/0075	B	6	2	2	38	21	69	13	.832	83
VP0606	—	A	8	38	1	13	0	60	3	.192	313
VP0606	—	B	4	44	0	2	0	50	5	.320	156
VP1007	87/0376	—	0	2	1	82	41	126	12	.944	133
VP1007	87/0381	—	0	4	0	21	0	25	10	.752	33
VP1016	87/0357	—	0	0	0	5	0	5	6	.416	12
VP1032	87/0390	—	0	0	0	13	1	14	7	.448	31
VP1032	87/0402	—	0	0	0	8	0	8	8	.592	14
VP1067	—	A	0	0	0	4	2	6	6	.384	16
VP1067	—	B	9	49	1	11	0	70	3	.192	365
VP1067	—	C	23	242	11	112	15	403	6	.384	1049
VP1067	—	D	4	23	0	4	0	31	5	.320	97
VP1088	87/0288	—	0	11	0	2	0	13	5	.320	41
VP1088	—	A	0	0	0	3	3	6	6	.384	16
VP1088	—	B	0	1	0	3	1	5	6	.384	13
VP1107	—	A	9	1	3	32	0	45	7	.488	100
VP1107	—	B	14	5	4	28	3	54	5	.320	169
VP1109	—	A	0	19	1	23	0	43	5	.320	134
VP1109	—	B	7	0	0	0	0	7	2	.128	55
VP1112	87/469	—	1	0	0	3	0	4	1	.064	63
VP1332	—	A	2	2	0	1	0	5	4	.256	20
VP1429	87/0644	—	0	12	0	0	1	13	9	.576	23
VP1526	BE/0145	—	111	14	0	81	4	210	16	1.024	205
VP1590	BE/0340*	—	145	52	0	0	0	197	25	1.600	123
VP1605	BE/0318*	—	699	227	28	117	17	1088	49	3.136	347
VP1610	BE/0362	—	31	2	1	70	17	121	12	.912	133
VP1610	—	A	20	3	0	62	1	86	5	.376	229
VP1610	—	B	23	1	3	54	3	84	4	.320	263
VP1611	—	A	32	2	4	14	0	52	8	.544	96
VP1611	—	B	68	5	0	35	1	109	8	.592	184
VP1613	—	A	46	5	2	74	4	131	10	.768	171
VP1613	—	B	22	0	0	6	0	28	5	.352	80
VP1614	BE/0417	—	422	52	11	203	1	689	45	3.280	210
VP1682	—	A	10	3	1	15	1	30	9	.576	52
VP1682	—	B	0	0	0	4	0	4	1	.064	63
VP1705	—	A	2	9	0	9	1	21	5	.320	66
VP1705	—	B	61	27	2	22	0	112	6	.464	241
VP1885	BE/0809	—	139	48	9	4	0	200	19	1.216	164
VP2077	BE/2075	—	58	64	6	12	2	142	21	1.344	106
VP2079	BE/2085	—	106	72	7	32	3	220	9	.576	382
VP2079	BE/2086	—	104	100	30	27	0	261	13	.832	314
VP2209	BE/1188	—	147	86	19	42	4	298	19	1.216	245

TABLE 2.3 (CONT.)—TABLA 2.3 (CONT.)

Site Sitio	Lot Lote	Sector Sector	Barranquilla Buff/Crema	Guacas Red. Br./Café Rojizo	Lourdes Red Sl./ Rojo Engobado	Plan. Burn. Red/Rojo Pul.	Tachuelo Burn./Pul.	Total Total	# Probes # Pruebas	Vol. Excav. (m³)	Density/Densidad (sherds/m³) (tiestos/m³)
VP2238	BE/1213	—	243	251	32	17	0	543	12	.768	707
VP2238	BE/1214	—	1007	749	93	112	9	1970	42	2.688	733
VP2238	BE/1215	—	140	94	21	19	0	274	10	.640	428
VP2238	—	A	41	57	5	4	0	107	7	.448	239
VP2281	—	A	222	76	23	116	3	440	18	1.152	382
VP2281	—	B	31	12	2	5	0	50	4	.256	195
VP2281	—	C	30	14	4	28	2	78	6	.384	203
VP2656	BE/2213	—	16	4	0	38	0	58	8	.512	113

Note: Total reflects the combined result of all probes at each site/area.
Nota: Total refleja el resultado combinado de todas las pruebas en cada sitio/area.

* Total count of probes at areas formerly recorded as: VP1590/BE/340, BE/401 and BE/402 and VP1614/BE/417 and BE/418.
* Número total de pruebas en las áreas originalmente registradas como: VP1590/BE/340, BE/401 y BE/402 y VP1614/BE/417 y BE/418.

hyphen and a capital latter. For instance, at VP1088 two adjacent areas were tested in addition to that of lot 87/0288. Since there were no specific lots from the Proyecto Arqueológico Valle de la Plata for these areas, they are referred to as VP1088-A and VP1088-B. The same type of notation was used when we distinguished two or more discrete areas within a former lot unit.

The comparisons we will make between the original regional survey data for a given lot and the findings of our intensive testing program are very general. Only very approximate correspondence is to be expected between these two sources of information for several reasons. It is not always possible to relocate precisely the area where a regional survey collection was made. Many of the regional survey materials came from surface collections, which do not provide comparable information on density. Two or more discrete areas producing differing results were sometimes distinguished where only one regional survey collection was made.

Intensive Site Testing Program

A total of 69 lots representing 49 different sites were selected for intensive testing (see Table 2.1 and Table 2.2). The locations of the sites are presented in Figure 2.2.

We will begin by discussing those sites that were either not fully investigated or which presented problems that made them not worth investigating further. Table 2.1 presents the data from the Proyecto Arqueológico Valle de la Plata regional survey collections for these sites.

Sites Examined Briefly

Three interesting areas were not tested at all since permission from land owners was not forthcoming. Lot CS/0062 at VP0287 and lot 84/0005 at VP0005 were interesting because, although Barranquilla Buff, Guacas Reddish Brown and Lourdes Red Slipped (Figure 1.3) were present, the proportion of

each one was about the same and, more important, because the count of Lourdes Red Slipped was high (31 and 20 sherds respectively). The third lot, 87/0688 at VP1449, is relatively close to the others but at a much higher altitude and was one of the few 100% Lourdes Red Slipped collections (although it is only one sherd).

The area of lot 84/0115 at VP0054 was selected because the survey data indicated this was a 21-sherd surface collection dating to the Formative 3 period (i.e., Lourdes Red Slipped). After inspection of the collection, however, it was evident that the ceramic fragments were Barranquilla Buff and that a mistake in the data entry process had occurred.

At VP1232, the area of lot 87/0604 was such a small *tambo* that the modern house at the spot occupies almost the whole area, so any excavation of meaningful size was not possible.

The next three areas were selected because they were 100% Lourdes Red Slipped collections. At VP0070, a site where large rocks from old landslides are found, the area of interest was lot 84/0064; four shovel probes and a surface inspection of a coffee field were made and no cultural materials were found. At VP0216, where the area of interest was lot GJ/0137, 10 shovel probes were dug, but the materials were so few and eroded that it was eliminated from consideration. The original collection from this site was made around a looted tomb. At site VP0098 the area of lot 84/0307 was also visited but no materials were found; large rocks from old landslides were everywhere.

The area of LA/0269 at VP0619 had been recently intensively tested by Dale W. Quattrin (University of Pittsburgh) during his own research on Formative 1 occupation, and the collection was essentially of Planaditas Burnished Red sherds.

At VP1517, an unfinished modern construction located in the *tambo* of BE/0101 did not offer any possibilities for our research. A new surface collection (J92/0345) produced five Planaditas Burnished Red sherds and one of Guacas Reddish Brown.

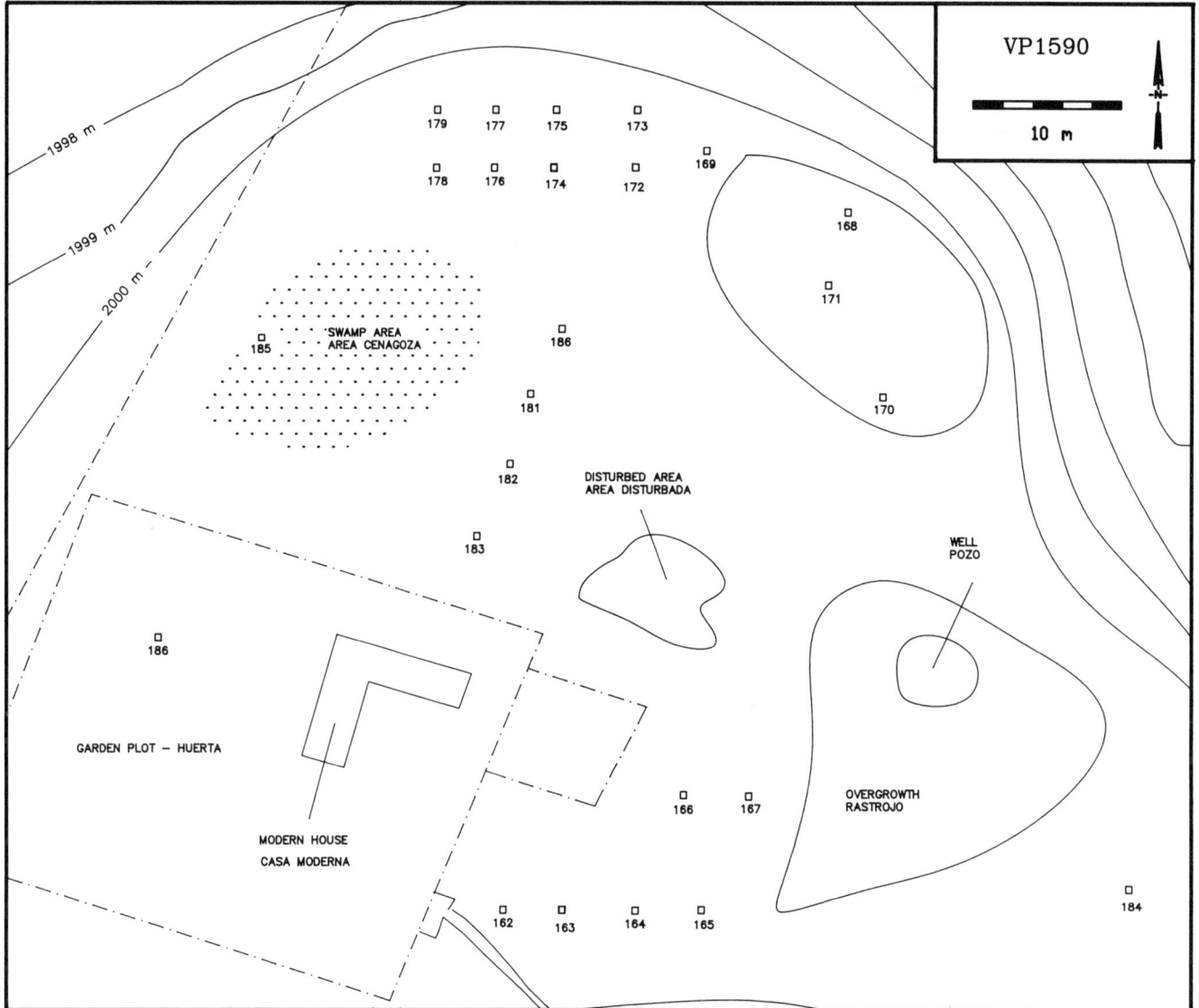

Figura 2.3. Mapa de VP1590 en la concentración de sitios en Belén con la localización de las pruebas de pala.
Figure 2.3. Map of VP 1590 in the Belén site concentration with location of shovel probes.

identificaron como VP1088-A y VP1088-B. El mismo tipo de notación se usó en los casos en que distinguimos dos o más áreas discretas dentro de los límites de un lote anteriormente establecido.

Las comparaciones que se harán entre la información original del reconocimiento regional para un determinado lote y los resultados de nuestro programa de prospección intensiva, son de carácter muy general. Existen varias razones para esperar solo una correspondencia aproximada entre estas dos fuentes de información. Por una parte, no es posible siempre relocalizar con precisión el área donde se hizo una colección durante el reconocimiento regional. Por otra parte, muchos de los materiales del reconocimiento regional vienen de recolecciones de superficie, las cuales no proporcionan información comparable en cuanto a la densidad. Algunas veces, dos o más

áreas discretas, con resultados diferentes, fueron definidas donde sólo se hizo una colección durante el reconocimiento regional.

Programa de Prospección Intensiva de Sitios

Un total de 69 lotes representando 49 sitios diferentes fueron seleccionados para ser prospectados intensivamente (ver Tabla 2.1 y Tabla 2.2). La localización de estos sitios se presenta en la Figura 2.2.

Comenzaremos esta presentación con la discusión de aquellos sitios que no se investigaron exhaustivamente o que presentaron problemas como para no merecer una investigación a fondo. La Tabla 2.1 presenta la información de las

TABLE 2.4. PERCENTAGES OF SHERDS BY CERAMIC TYPE RECOVERED IN INTENSIVE TESTING
(TOTAL OF ALL SHOVEL PROBES AT EACH SITE/AREA).
TABLA 2.4. PORCENTAJES DE TIESTOS POR TIPO CERAMICO RECOBRADOS EN LA PROSPECCION INTENSIVA
(TOTAL DE TODAS LAS PRUEBAS DE PALA EN CADA SITIO/AREA)

Site Sitio	Lot Lote	Barranquilla Buff/Crema	Guacas Red. Br. Café Rojizo	Lourdes Red. Sl./ Rojo Engobado	Planaditas Burn. Red/ Rojo Pulido	Tachuelo Burn./ Pulido
VP0069	A	4.95	28.71	.00	39.60	26.73
VP0069	B	.00	8.33	.00	25.00	66.67
VP0069	C	5.00	2.50	7.50	55.00	30.00
VP0069	D	.00	.00	.00	31.71	68.29
VP0082	0305	35.71	64.29	.00	.00	.00
VP0173	0058	9.94	75.28	3.98	10.80	.00
VP0231	A	.00	100.00	.00	.00	.00
VP0245	A	11.03	40.69	4.14	42.76	1.38
VP0245	B	20.92	45.75	10.46	22.88	.00
VP0245	C	25.00	25.00	6.25	43.75	.00
VP0279	A	.00	100.00	.00	.00	.00
VP0279	B	8.11	64.86	2.70	24.32	.00
VP0279	C	17.05	4.55	2.27	70.45	5.68
VP0458	0056	.00	33.33	.00	66.67	.00
VP0466	0073-A	7.87	.79	18.90	59.84	12.60
VP0466	0073-B	.00	.00	.00	100.00	.00
VP0466	A	9.69	3.54	5.85	57.85	23.08
VP0466	B	.00	.00	42.86	57.14	.00
VP0466	C	11.17	5.45	9.54	51.77	22.07
VP0466	D	13.70	3.54	4.02	54.31	24.43
VP0467	A	1.79	1.79	3.57	80.36	12.50
VP0467	B	8.70	2.90	2.90	55.07	30.43
VP0606	A	13.33	63.33	1.67	21.67	.00
VP0606	B	8.00	88.00	.00	4.00	.00
VP1007	0376	.00	1.59	.79	65.08	32.54
VP1007	0381	.00	16.00	.00	84.00	.00
VP1016	0357	.00	.00	.00	100.00	.00
VP1032	0390	.00	.00	.00	92.86	7.14
VP1032	0402	.00	.00	.00	100.00	.00
VP1067	A	.00	.00	.00	66.67	33.33
VP1067	B	12.86	70.00	1.43	15.71	.00
VP1067	C	5.70	60.00	2.73	27.80	3.72
VP1067	D	12.90	74.19	.00	12.90	.00
VP1088	0288	.00	84.62	.00	15.38	.00
VP1088	A	.00	.00	.00	50.00	50.00
VP1088	B	.00	20.00	.00	60.00	20.00
VP1107	A	20.00	2.22	6.67	71.11	.00
VP1107	B	25.93	9.26	7.41	51.85	5.56
VP1109	A	.00	44.19	2.33	53.49	.00
VP1109	B	100.00	.00	.00	.00	.00
VP1112	0469	25.00	.00	.00	75.00	.00
VP1332	A	40.00	40.00	.00	20.00	.00
VP1429	0644	.00	92.31	.00	.00	7.69
VP1526	0145	52.86	6.67	.00	38.57	1.90
VP1590	340*	73.60	26.40	.00	.00	.00
VP1605	0318*	64.25	20.86	2.57	10.75	1.56
VP1610	0362	25.62	1.65	.83	57.85	14.05
VP1610	A	23.26	3.49	.00	72.09	1.16
VP1610	B	27.38	1.19	3.57	64.29	3.57
VP1611	A	61.54	3.85	7.69	26.92	.00
VP1611	B	62.39	4.59	.00	32.11	.92
VP1613	A	35.11	3.82	1.53	56.49	3.05
VP1613	B	78.57	.00	.00	21.43	.00
VP1614	0417	61.25	7.55	1.60	29.46	.15
VP1682	A	33.33	10.00	3.33	50.00	3.33
VP1682	B	.00	.00	.00	100.00	.00
VP1705	A	9.52	42.86	.00	42.86	4.76
VP1705	B	54.46	24.11	1.79	19.64	.00
VP1885	0809	69.50	24.00	4.50	2.00	.00
VP2077	2075	41.43	45.72	4.29	8.58	1.43
VP2079	2085	48.18	32.73	3.18	14.55	1.36
VP2079	2086	39.85	38.31	11.49	10.34	.00
VP2209	1188	49.33	28.86	6.38	14.09	1.34
VP2238	1213	44.75	46.22	5.89	3.13	.00
VP2238	1214	51.12	38.02	4.72	5.69	.46
VP2238	1215	51.09	34.31	7.66	6.93	.00
VP2238	A	38.32	53.27	4.67	3.74	.00
VP2281	A	50.45	17.27	5.23	26.36	.68
VP2281	B	62.00	24.00	4.00	10.00	.00
VP2281	C	38.46	17.95	5.13	35.90	2.56
VP2656	2213	27.59	6.90	.00	65.52	.00

* This reflects total count of probes at formerly recorded areas as: VP1590/BE/340, BE/401 and BE/402 and VP1614/BE/417 and BE/418.
* Número total de pruebas en las áreas registradas originalmente como: VP1590/BE/340, BE/401 y BE/402 y VP1614/BE/417 y BE/418.

At VP1331, five lots were of interest (see Table 2.1). However, only one new surface collection was made (J92/266) since the owners did not allow us to perform any systematic testing. The collection produced 167 Barranquilla Buff, 12 Guacas Reddish Brown, 18 Planaditas Burnished Red sherds, and 1 Lourdes Red Slipped sherd.

At site VP1346, located within the town of Belén, two new shovel probes (J91/260 and J91/261) did not produce archaeological materials. A surface collection (J92/259) produced 10 Barranquilla Buff, 13 Guacas Reddish Brown, and 3 Planaditas Burnished Red sherds; these, however, were mixed with large quantities of modern garbage.

At VP1518, lot BE/0104 was the area of interest, but it was not easy to relocate precisely. A surface inspection of the gardening areas around a modern house did not indicate Lourdes Red Slipped materials. A shovel probe (J92/344) produced 2 Barranquilla Buff and 3 Planaditas Burnished Red sherds.

Sites Explored with Shovel Probes

We now concentrate on the remaining 36 sites (Tables 2.2 and 2.3 and Figure 2.2). We will begin our discussion with the sites where only shovel probes were excavated because the small quantity of Lourdes Red Slipped ceramics the probes produced did not justify further investigation. Subsequent

TABLE 2.5. NUMBERS OF SHERDS BY CERAMIC TYPE IN STRATIGRAPHIC EXCAVATIONS.
TABLA 2.5. NUMERO DE TIESTOS POR TIPO CERAMICO DE LAS EXCAVACIONES ESTRATIGRAFICAS.

	Barranquilla Buff/Crema	Guacas Red. Br./Café Rojizo	Lourdes Red Sl./ Rojo Engobado	Plan. Burn. Red/ Rojo Pulido	Tachuelo Burn./Pulido	Total Total	Vol. Excav. (m^3)	Density/Densidad (sherds/tiestos/m^3)
C-I								
1999.70	0	4	8	13	2	27	.180	150
1999.60	23	40	16	114	31	224	.189	1185
1999.50	17	22	4	157	30	230	.193	1192
1999.45	10	0	0	82	35	127	.122	1041
1999.33	6	0	5	119	34	164	.208	788
1999.24	0	0	4	87	49	140	.195	718
1999.13	0	0	5	110	53	168	.205	820
1999.04	0	0	3	30	24	57	.199	286
1998.94	0	0	0	0	13	13	.186	70
1998.84	0	0	0	0	1	1	.105	10
1998.74	0	0	0	0	1	1	.100	10
C-II								
1999.19	5	2	2	19	1	29	.195	149
1999.08	162	51	23	123	14	373	.220	1695
1998.98	110	49	19	255	37	470	.220	2136
1998.89	0	0	13	298	62	373	.185	2016
1998.78	12	5	7	230	98	352	.215	1637
1998.68	0	0	0	23	31	54	.250	216
1998.58	0	0	0	0	0	0	.200	0
1998.52	0	0	0	0	0	0	.120	0
1998.46	0	0	0	0	0	0	.105	0
1998.36	0	0	0	0	0	0	.100	0
C-III								
1999.84	206	67	0	0	0	273	.200	1638
1999.74	172	36	1	0	0	209	.201	1040
1999.65	64	17	1	0	0	82	.180	456
1999.55	0	4	0	0	0	4	.202	20
C-IV								
1999.90	182	50	0	1	0	233	.190	1226
1999.80	287	29	0	0	0	316	.210	1505
1999.72	262	79	0	0	0	341	.190	1795
1999.66	53	15	0	18	0	86	.190	453
1999.00	0	0	0	0	0	0	.218	0
C-V								
1949.84	24	13	3	0	1	41	.200	205
1949.81	0	3	0	6	0	9	.650	138
1949.71	12	8	0	6	5	31	.200	155
1949.61	50	10	0	37	8	105	.200	525
1949.51	20	15	2	148	3	188	.205	917
1949.41	5	4	0	118	9	136	.195	697
1949.30	7	0	0	48	23	78	.220	354
C-VI								
1949.93	47	15	3	4	4	73	.195	374
1949.83	91	12	3	17	4	127	.195	651
1949.73	56	0	4	63	14	137	.200	685
1949.64	20	8	0	38	8	74	.200	370
1949.52	3	2	0	15	7	27	.200	135
1949.43	0	0	0	0	0	0	.170	0
1948.84✠	3	0	1	19	2	25	.057	438
C-VII								
1999.63	163	21	0	39	15	238	.200	1190
1999.53	214	30	0	124	5	373	.200	1865
1999.47	44	9	0	97	27	177	.120	1475
1999.37	31	12	0	147	77	267	.200	1335
1999.27	19	9	3	102	81	214	.205	1044
1999.18	0	0	9	60	49	118	.193	611
1999.08	0	0	7	56	22	85	.209	407
1998.99	0	0	5	45	12	62	.182	341

✠ Feature beginning in 1949.3.—Rasgo que empieze en 1949.3.

TABLE 2.5. (CONT.)—TABLA 2.5 (CONT.)

	Barranquilla Buff/Crema	Guacas Red. Br./Café Rojizo	Lourdes Red Sl./ Rojo Engobado	Plan. Burn. Red/ Rojo Pulido	Tachuelo Burn./Pulido	Total Total	Vol. Excav. (m³)	Density/Densidad (sherds/tiestos/m³)
C-VII (CONT.)								
1998.88	0	0	0	0	1	1	.177	6✤
1998.55	0	0	4	135	42	181	.120	1508
C-VIII								
1995.72	18	17	24	11	0	70	.200	350
1995.62	51	42	31	25	16	165	.200	825
1995.52	0	0	3	5	0	8	.199	40
1995.55	0	0	34	0	0	34✤		
1995.42	0	0	0	0	0	0	.095	0
1995.07	0	0	0	0	0	0	.032	0
C-IX								
2000.03	21	12	0	0	0	33	.200	165
1999.92	217	31	0	53	0	301	.215	1400
1999.83	206	33	5	264	0	508	.190	2674
1999.73	543	62	3	345	0	953	.198	4813
1999.63	253	68	0	239	0	560	.200	2800
1999.53	7	0	0	15	0	22	.205	107
1999.43	0	0	0	0	0	0	.200	0
C-X								
1999.70	131	21	0	36	0	188	.200	940
1999.60	513	67	15	130	0	725	.210	3452
1999.54	44	9	0	13	0	66	.120	550
1999.44	13	14	0	58	0	85	.200	425
1999.33	11	8	3	29	0	51	.098	561✱
1999.24	6	8	0	26	0	40	.094	426
1999.04	2	4	11	46	0	63	.168	375
1998.00	0	0	6	52	0	58	.192	302
C-XI								
I	237	170	12	917	7	1343	3.850	349
II	281	240	102	2202	60	2885	3.846	750
III	0	26	28	716	29	799	10.159	79
C-XII								
I	1151	252	28	1078	264	2809	4.808	584
II	398	140	21	878	412	1849	2.398	771
III	40	1	17	2477	2033	4568	8.262	552
IV	0	0	10	1852	1843	3705	5.950	622
V	0	0	0	5	78	82	3.381	24
C-XII Square B								
I	267	96	18	167	85	633	.700	904
II	53	13	0	113	198	377	.384	981
III	0	0	0	93	106	199	1.190	167
IV	0	0	0	0	1	1	.216	5
C-XIII								
I	61	47	4	355	40	509*	4.480	114
II	15	14	0	157	26	212	1.605	132
III	82	39	19	1092	147	1389†	5.641	246
IV	9	11	4	202	45	272✝	3.009	90
V	0	0	0	22	15	37	3.174	12
VI	11	3	0	67	3	84	0.260	323

✤Feature—Rasgo.
✱Disturbed area—Area disturbada.
*Level I includes 2 unclassified painted sherds (see text). —Nivel I incluye 2 tiestos pintados sin clasificación (ver texto).
†Level III includes 10 unclassified painted sherds (see text).—Nivel III incluye 10 tiestos pintados sin clasificación (ver texto).
✝Level IV includes 2 unclassified painted sherds (see text).—Nivel IV incluye 2 tiestos pintados sin clasificación (ver texto).

colecciones para estos sitios, recuperada en el reconocimiento regional del Proyecto Arqueológico Valle de la Plata.

Sitios Examinados Brevemente

Tres áreas interesantes no fueron prospectadas por falta de permiso de los propietarios. El lote CS/0062 en VP0287 y el lote 84/0005 en VP0005 eran interesantes porque, aunque Barranquilla Crema, Guacas Café Rojizo y Lourdes Rojo Engobado (Figura 1.3) estaban presentes, la proporción de cada uno era más o menos la misma y, más importante, porque el total de Lourdes Rojo Engobado era alto (31 y 20 tiestos respectivamente). El tercer lote, 87/0688 en VP1449, está relativamente cerca a los otros, pero a una mayor altura y era una de las pocas colecciones 100% Lourdes Rojo Engobado (aunque se trata de un solo tiesto).

El área del lote 84/0115 en VP0054 fue seleccionada porque la información del reconocimiento indicaba que ésta era una recolección de superficie con 21 tiestos pertenecientes al período Formativo 3 (i.e., Lourdes Rojo Engobado). No obstante, después de revisar esta colección se comprobó que estos fragmentos eran Barranquilla Crema y que había ocurrido un error en el proceso de la entrada de datos.

En VP1232, el área del lote 87/0604 era la de un tambo tan pequeño, que la casa moderna edificada en éste cubría casi la totalidad del área, siendo imposible realizar una excavación de un tamaño significativo.

Las tres áreas siguientes fueron seleccionadas porque eran colecciones 100% Lourdes Rojo Engobado. En VP0070, un sitio donde se encuentran grandes rocas de antiguas avalanchas, el área de interés fue el lote 84/0064; se realizaron cuatro pruebas de pala y una inspección superficial de un cafetal, pero no se encontraron materiales. En VP0216, donde el área de interés fue el lote GJ/0137, se excavaron 10 pruebas de pala pero los materiales fueron tan pocos y tan erosionados que el sitio se eliminó. La colección original de este sitio se hizo alrededor de una tumba guaqueada. En el sitio VP0098 el área del lote 84/0307 fue también visitada, pero no se encontraron materiales; grandes rocas producto de antiguas avalanchas se encuentran en todas partes.

El área de LA/0269 en VP0619, había sido recientemente prospectada con intensidad por Dale W. Quattrin (Universidad de Pittsburgh) en el curso de su propia investigación sobre ocupaciones del Formativo 1 y la colección de materiales fue esencialmente de tiestos Planaditas Rojo Pulido.

En VP1517, una construcción inconclusa localizada en el tambo de BE/0101, no ofrecía mayores posibilidades para nuestra investigación. Una nueva recolección de superficie (J92/0345) produjo cinco tiestos Planaditas Rojo Pulido y un tiesto Guacas Café Rojizo.

En VP1331 cinco lotes fueron de interés (ver Tabla 2.1). No obstante, sólo se hizo una nueva recolección de superficie (J92/266), puesto que los propietarios no permitieron hacer una prospección sistemática. La recolección produjo 167 tiestos Barranquilla Crema, 12 Guacas Café Rojizo, 18 Planaditas Rojo Pulido y 1 Lourdes Rojo Engobado.

En el sitio VP1346, localizado dentro del pueblo de Belén, dos nuevas pruebas de pala (J91/260 y J91/261) no produjeron materiales arqueológicos. Una recolección de superficie (J92/259) produjo 10 tiestos Barranquilla Crema, 13 Guacas Café Rojizo y 3 Planaditas Rojo Pulido; estos tiestos, no obstante, estaban mezclados con grandes cantidades de basura moderna.

En el sitio VP1518, el área de interés fue el lote BE/0104, pero su relocalización con precisión no fue fácil. La inspección superficial de las huertas alrededor de una casa moderna, no indicaron la presencia de materiales Lourdes Rojo Engobado. Una prueba de pala (J92/344) produjo 2 tiestos Barranquilla Crema y 3 Planaditas Rojo Pulido.

Sitios Explorados con Pruebas de Pala

Ahora nos concentraremos en los 36 sitios restantes (Tablas 2.2 y 2.3 y Figura 2.2). Comenzaremos nuestra discusión con los sitios en donde sólo se excavaron pruebas de pala, debido a que las pocas cantidades de tiestos Lourdes Rojo Engobado que produjeron, no ameritaban una investigación más a fondo. Luego discutiremos aquellos sitios en donde, además de las pruebas de pala, se excavaron cortes estratigráficos. Finalmente se discutirán las áreas en donde, además de pruebas de pala y cortes estratigráficos, también se realizaron excavaciones en área.

Sitios que no Produjeron Tiestos Lourdes Rojo Engobado

Los tres primeros sitios para ser discutidos están localizados en el área de Belén (Figura 2.2), a una altura aproximada de 2000 m sobre el nivel del mar (tanto las alturas sobre el nivel del mar como el tamaño de los sitios son aproximados y por eso en adelante se omite esta aclaración). El sitio VP1590 está localizado en la cima de una colina y cubre un área de 2 ha. El sitio fue seleccionado para ser prospectado porque aunque los lotes BE/0340, BE/0401 y BE/0402 fueron recolecciones de superficie en áreas de huertas, el total combinado de los tiestos Lourdes Rojo Engobado parecía relativamente alto para un solo sitio (Tabla 2.2).

Un total de 25 pruebas de pala fueron excavadas (Figura 2.3). El patrón de distribución de estas pruebas no es tan regular como lo habíamos propuesto, debido a las muchas alteraciones causadas por las personas que viven en el sitio. De las 25 pruebas de pala, cuatro (J91/180, J91/184, J91/185 y J91/186) no produjeron ningún material cerámico. Las 21 pruebas de pala restantes, sorprendentemente, no produjeron ningún material Formativo. Los materiales recobrados fueron Barranquilla Crema y Guacas Café Rojizo, en proporciones que reflejan aquellas encontradas durante el reconocimiento inicial.

La ausencia de materiales Formativos en las pruebas de pala puede indicar que el centro de la ocupación Formativa estuvo restringido al área en donde se encuentran la casa moderna y la huerta y que éste ha sido obliterado.

En VP1526, un sitio que cubre 3 ha, el área de interés fue el lote 87/0145. Esta es una zona plana con dos depresiones

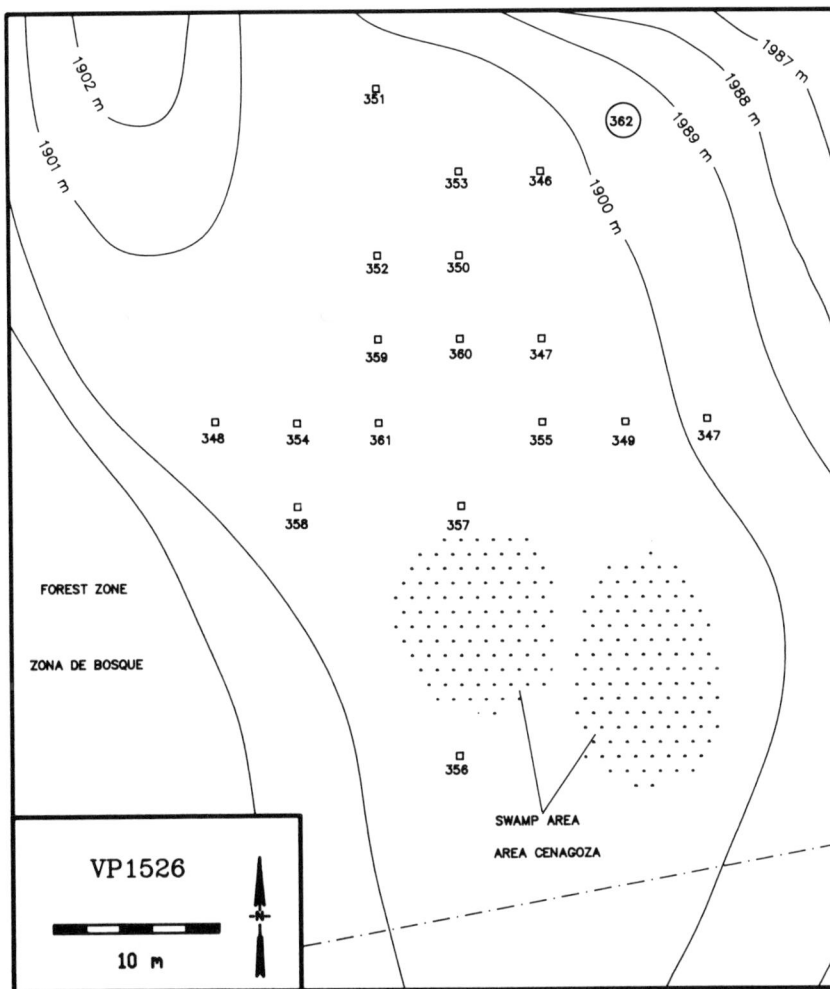

Figure 2.4. Map of VP1526 in the Belén site concentration with location of shovel probes.

Figura 2.4. Mapa de VP1526 en la concentración de sitios en Belén con la localización de las pruebas de pala.

sections cover sites where, in addition to the shovel probes, test pits were excavated, and those where, in addition to shovel probes and test pits, large open areas were also excavated.

Sites with No Lourdes Red-Slipped Ceramics

The first three sites to be discussed are located in the Belén area (Figure 2.2) at about 2000m above sea level. Site VP1590, is located on the top of a hill and covers an area of about 2 ha. The site was selected for testing because, even though lots BE/0340, BE/0401 and BE/0402 were surface collections coming from gardening areas, the combined count of Lourdes Red Slipped ceramics seemed relatively high for a single site (Table 2.2).

Twenty-five shovel probes were dug (Figure 2.3). The pattern of these is not as regularly spaced as we intended on account of modern use of the site. Of the 25 shovel probes, four (J91/180, J91/184, J91/185 and J91/186) did not produce

any ceramics at all. The remaining 21, surprisingly, did not produce any Formative material. The recovered materials were Barranquilla Buff and Guacas Reddish Brown in proportions that reflect those found during the initial survey.

The absence of Formative materials in the shovel probes may indicate that the locus of the Formative occupation was restricted to the area where the modern house and garden plot are located, and its traces have become obliterated.

At VP1526, a site covering 3 ha, the area of interest was lot 87/0145. This is a flat zone with two oval depressions (possible *tambos*, Figure 2.4), where a surface collection indicated the presence of Barranquilla Buff, Guacas Reddish Brown and Lourdes Red Slipped. Sixteen shovel probes were excavated and, instead of Lourdes Red Slipped, a large count of Planaditas Burnished Red as well as a few Tachuelo Burnished sherds were found (Table 2.2). Barranquilla Buff and Guacas Reddish Brown were, however, also present as expected. A surface collection (J92/362) on an area probably disturbed as a result of looting produced 7 Barranquilla Buff and 14 Planaditas Burnished Red sherds and 1 Tachuelo Burnished sherd. In the northern section of the site, Planaditas Burnished Red sherds are concentrated (see J92/346, 350, 351 and 352), possibly indicating the location of a household during the Formative 2 period.

Site VP2656, which covers about .4 ha, was tested because, although at lot BE/2213, Barranquilla Buff and Guacas Reddish Brown were present, the percentage of Lourdes Red Slipped was larger (Table 2.2).

Eight shovel probes at the *tambo* were excavated and no Lourdes Red Slipped was found (Figure 2.5). Instead, besides Barranquilla Buff and Guacas Reddish Brown, Planaditas Burnished Red was the most abundant ceramic type (Table 2.2).

Two shovel probes (J92/341 and J92/338) produced the three ceramic types; three more (J92/335, J92/336 and J92/342) produced only Barranquilla Buff and Planaditas Burnished Red. The other three collections (J92/337, J92/339 and J92/340) produced only Planaditas Burnished Red. A surface collection (J92/343) on a garden plot near the modern house produced 4 Planaditas Burnished Red sherds.

At site VP0082, a site located in the La Argentina area (Figure 2.2), at about 1500m above sea level and covering an area of about 2.7 ha, the area of interest was lot 84/0305. This

ovaladas (posiblemente tambos, Figura 2.4), en donde una recolección superficial indicaba la presencia de Barranquilla Crema, Guacas Café Rojizo y Lourdes Rojo Engobado. Dieciséis pruebas de pala fueron excavadas y en lugar de Lourdes Rojo Engobado, se encontró un gran número de tiestos Planaditas Rojo Pulido y unos pocos tiestos Tachuelo Pulido (Tabla 2.2). No obstante, y como se esperaba, también se encontraron tiestos Barranquilla Crema y Guacas Café Rojizo. Una recolección superficial (J92/362) en un área probablemente alterada como resultado de una guaquería, produjo 7 tiestos Barranquilla Crema, 14 Planaditas Rojo Pulido y 1 Tachuelo Pulido. Los tiestos Planaditas Rojo Pulido están concentrados sobre la parte norte del sitio (ver J92/346, 350, 351 y 352), posiblemente indicando la localización de una unidad doméstica durante el período Formativo 2.

El sitio VP2656, el cual cubre un área de .4 ha, fue prospectado porque aunque en el lote BE/2213 están presentes tiestos Barranquilla Crema y Guacas Café Rojizo, el porcentaje de los tiestos Lourdes Rojo Engobado fue más grande (Tabla 2.2).

Se excavaron ocho pruebas de pala en el tambo, pero no se encontraron tiestos Lourdes Rojo Engobado (Figura 2.5). En su lugar, además de Barranquilla Crema y Guacas Café Rojizo, el tipo cerámico más abundante fue Planaditas Rojo Pulido (Tabla 2.2).

De las pruebas de pala, dos (J92/341 y J92/338) produjeron los tres tipos cerámicos y otras tres (J92/335, J92/336 y J92/342) produjeron solamente Barranquilla Crema y Planaditas Rojo Pulido. Las otras tres colecciones (J92/337, J92/339 y J92/340) produjeron solamente Planaditas Rojo Pulido. Una recolección superficial (J92/343) en una huerta cerca a la casa moderna, produjo 4 tiestos Planaditas Rojo Pulido.

En el sitio VP0082, localizado en el área de La Argentina (Figura 2.2) a una altura de 1.500 m sobre el nivel del mar y cubriendo un área de 2.7 ha, el área de interés fue el lote 84/0305. Este lote indicaba la presencia exclusiva de tiestos Barranquilla Crema y Lourdes Rojo Engobado; este último tipo aparentemente ocurría en una proporción alta (Tabla 2.2). Puesto que una parte del sitio estaba cultivada (Figura 2.6), está se revisó buscando tiestos Lourdes Rojo Engobado, pero no se encontraron. En consecuencia, algunas pruebas de pala fueron excavadas en una zona de pastos. De las pruebas de pala excavadas, J92/213 no produjo materiales culturales. Las otras pruebas de pala, mientras que confirmaron la presencia de Barranquilla Crema, también indicaron la presencia del tipo Guacas Café Rojizo (Tabla 2.3).

Los siguientes sitios están localizados en el área de El Carmen (Figura 2.2), a una elevación de 2.000 m sobre el nivel del mar, en las laderas norteñas de la Serranía de las Minas.

En el sitio VP1088, que cubre un área de .5 ha, el área de interés fue el lote 87/0288. Este es un tambo de 4 por 8 m, en el que una recolección de superficie hecha en una tumba recientemente guaqueada había producido una muestra de tiestos Guacas Café Rojizo y Lourdes Rojo Engobado (Figura 2.7). De las cinco pruebas de pala excavadas, tres produjeron exclusivamente materiales Guacas Café Rojizo (J92/179, J92/181 y J92/182), una produjo Planaditas Rojo Pulido (J92/180) y la otra (J92/178) produjo ambos tipos, Guacas Café Rojizo y Planaditas Rojo Pulido.

Otras dos áreas que no habían sido previamente prospectadas y para las que no había información especifica del reconocimiento del Proyecto Arqueológico Valle de la Plata, fueron también prospectadas. La primera de éstas, VP1088-A, es un área

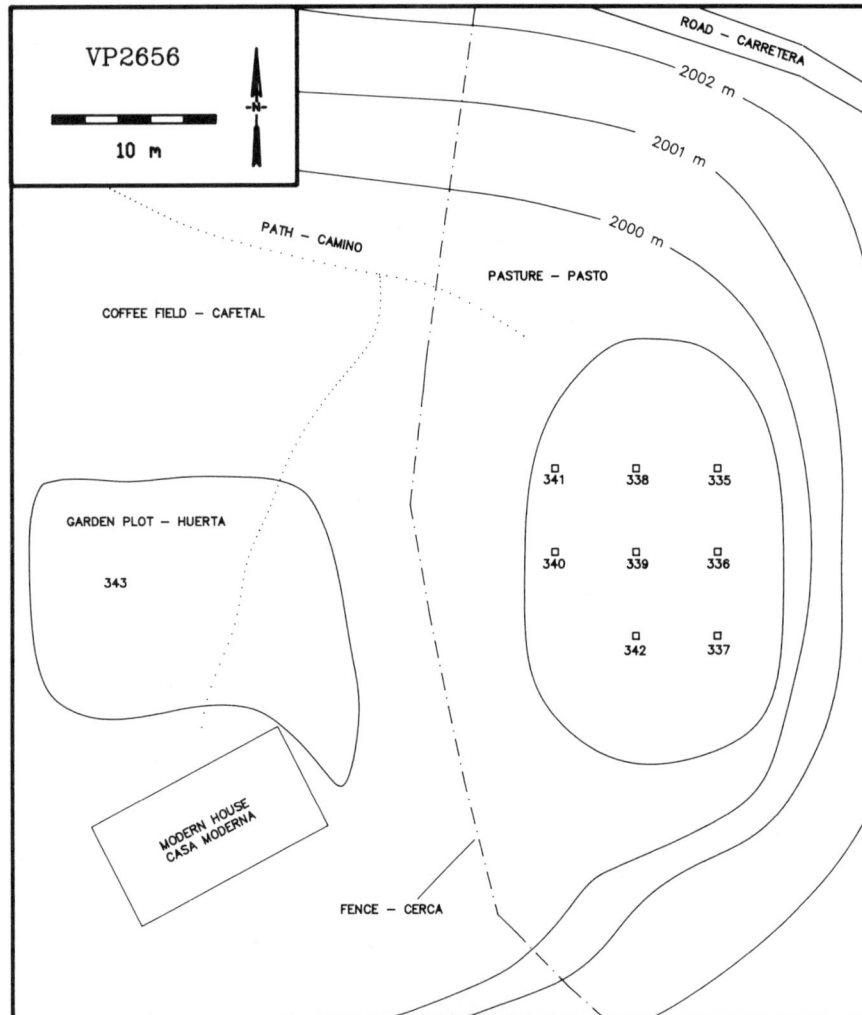

Figura 2.5. Mapa de VP2656 en la concentración de sitios en Belén con la localización de las pruebas de pala.
Figure 2.5. Map of VP2656 in the Belén site concentration with location of shovel probes.

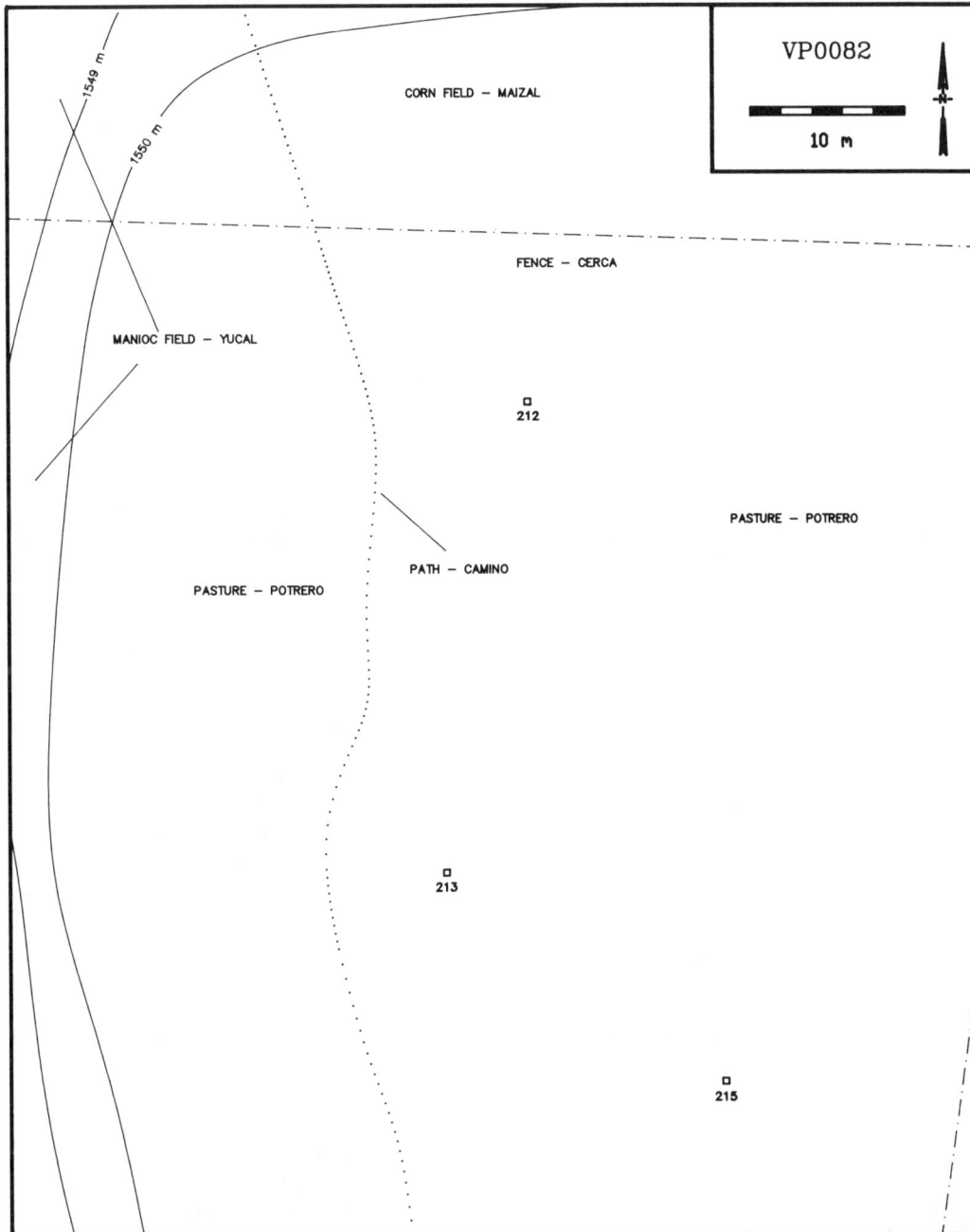

Figure 2.6
Map of VP0082 in the La Argentina site concentration with location of shovel probes.

Figura 2.6
Mapa de VP0082 en la concentración de sitios en La Argentina con la localización de las pruebas de pala.

lot indicated the presence of only Barranquilla Buff and Lourdes Red Slipped ceramics; this last type seemed to occur in a large proportion (Table 2.2). Since a sector of the site was under cultivation (Figure 2.6), we checked that area for Lourdes Red Slipped ceramics but they were not found. Thus we placed some shovel probes in a pasture sector. Of the shovel probes excavated, J92/213 did not produce cultural materials. The other shovel probes, while confirming the presence of Barranquilla Buff, also indicated the presence of Guacas Reddish Brown ceramics (Table 2.3).

The next sites are located in the El Carmen area (Figure 2.2), at an elevation of about 2000m above sea level, on the northern slopes of the Serranía de las Minas.

At site VP1088, covering about .5 ha, the area of interest was lot 87/0288. This is a *tambo* about 4 by 8m, from which a surface collection made at a recently looted tomb produced a sample of Guacas Reddish Brown and Lourdes Red Slipped ceramics (Figure 2.7). Of the five shovel probes excavated, three produced exclusively Guacas Reddish Brown materials (J92/179, J92/181 and J92/182), one produced Planaditas

plana arriba del tambo anteriormente descrito (Figura 2.7). De las seis pruebas de pala excavadas, sólo dos produjeron materiales (J92/183 y 187); estos fueron tiestos Planaditas Rojo Pulido y Tachuelo Pulido.

La segunda área, VP1088-B (Figura 2.8), es un tambo de 8 por 16 m, bien arriba y al este del primero (afuera del límite del sitio en una zona recientemente talada). Seis pruebas de pala fueron excavadas y sólo tres produjeron tiestos. Las pruebas de pala J92/189 y J92/193 produjeron tiestos Planaditas Rojo Pulido y Tachuelo Pulido, mientras que J92/194, produjo solamente un fragmento Guacas Café Rojizo.

En el sitio VP1429, localizado en el área de El Progreso (Figura 2.2), el cual es una planada que cubre .10 ha, la única colección del reconocimiento regional (87/0644) contenía tiestos Lourdes Rojo Engobado y Planaditas Rojo Pulido. Nueve pruebas de pala fueron excavadas (Figura 2.9), pero sólo dos produjeron tiestos. La prueba de pala J92/205 produjo 12 tiestos Guacas Café Rojizo mientras que la prueba J92/211 produjo 1 tiesto Tachuelo Pulido.

En VP0458, un sitio localizado en la zona de La Vega (Figura 2.2), a una altura de 2.000 m sobre el nivel del mar y cubriendo un área de 3.38 ha, el área de interés fue el lote LA/0056. Este es un tambo o planada natural de 35 por 20 m, en donde una prueba de pala había producido sólo un fragmento Lourdes Rojo Engobado. De diez pruebas de pala excavadas (Figura 2.10), sólo 3 produjeron material. La prueba de pala J92/004 produjo tiestos Guacas Café Rojizo, la prueba J92/008 Guacas Café Rojizo y Planaditas Rojo Pulido y la prueba J92/010 sólo tiestos Planaditas Rojo Pulido.

Los siguientes sitios para ser discutidos están localizados en el área de Quebrada Negra (Figura 2.2), en la Serranía de las Minas, a una altura de 2.150 m sobre el nivel del mar. En VP1016, un sitio que cubre un área de 2 ha, el área de interés fue el lote 87/0357 el cual indicaba la presencia de Barranquilla Crema y Lourdes Rojo Engobado solamente. Un total de seis pruebas de pala fueron excavadas (Figura 2.11) y sólo una (J92/497) produjo cinco tiestos Planaditas Rojo Pulido (Tabla 2.3).

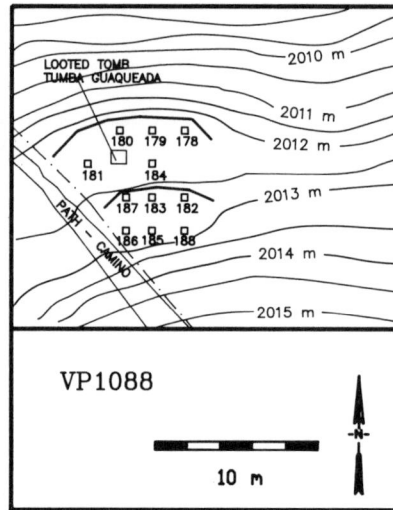

Figura 2.7. Mapa de VP1088 en la concentración de sitios en el Carmen con la localización de las pruebas de pala (área A es el tambo en la parte inferior de la figura).
Figure 2.7. Map of VP 1088 in the El Carmen site concentration with location of shovel probes (area A is the southern *tambo*).

En VP1032, un sitio que cubre un área de 1.5 ha, el área de interés fue el lote 87/0390. Este es un área plana natural en donde una recolección superficial indicó la presencia de tiestos Barranquilla Crema, Lourdes Rojo Engobado y Planaditas Rojo Pulido. Cinco pruebas de pala (de entre siete excavadas) produjeron materiales; todos los tiestos fueron Planaditas Rojo Pulido, excepto en J92/482, donde además de dos tiestos Planaditas Rojo Pulido, también se encontró un fragmento Tachuelo Pulido (Figura 2.12).

El lote 87/0402, también parte del sitio VP1032, fue prospectado aunque no había indicación de la presencia de Lourdes Rojo Engobado en la información del reconocimiento regional. De nueve pruebas de pala excavadas (Figura 2.13), cinco (J92/467, 472, 473, 474 y 476) no produjeron tiestos, aunque J92/467 produjo materiales líticos. Las otras cuatro pruebas produjeron exclusivamente tiestos Planaditas Rojo Pulido. Tenemos entonces que la localización de las pruebas de pala con artefactos, aunado a la topografía del sitio, sugiere la parte esté de la zona prospectada como el asiento más probable para una unidad doméstica del Formativo 2. Este caso se utilizará en el Capítulo 4 para el análisis comparativo de las unidades domésticas.

En VP1112, un sitio del área de Minas (Figura 2.2) localizado a 1.850 m. sobre el nivel del mar, la única colección previa (87/0469) proviene de un tambo de 10 por 7 m, que indicaba la presencia de Barranquilla Crema y Lourdes Rojo Engobado exclusivamente. El sitio es de muy difícil acceso y solo tuvimos la oportunidad de excavar una prueba de pala (J92/264) que produjo 1 tiesto Barranquilla Crema y 3 Planaditas Rojo Pulido.

Discusión

Los resultados obtenidos en los diez sitios (13 áreas discretas) arriba discutidos, pueden resumirse de la siguiente manera. En primer lugar, no se encontró ningún fragmento Lourdes Rojo Engobado. Por lo tanto, si el tipo Lourdes Rojo Engobado está presente en estos sitios, éste debe ocurrir en frecuencias extremadamente bajas. Si el tipo cerámico Lourdes Rojo Engobado fue el tipo cerámico más abundante,

Figura 2.8. Mapa de VP1088-B en la concentración de sitios en El Carmen con la localización de pruebas de pala.
Figure 2.8. Map of VP1088-B in the El Carmen site concentration with location of shovel probes.

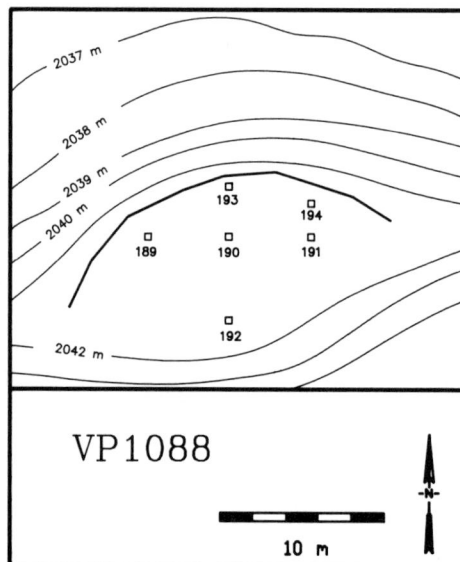

Burnished Red (J92/180) and the other (J92/178) both Guacas Reddish Brown and Planaditas Burnished Red.

Two other areas, not previously investigated and for which there were no specific data from the Proyecto Arqueológico Valle de la Plata survey, were also tested. The first one VP1088-A is a flat area above the *tambo* just described (Figure 2.7). Of the six shovel probes excavated, only two produced materials (J92/183 and 187); these are Planaditas Burnished Red and Tachuelo Burnished ceramics.

The second area, VP1088-B (Figure 2.8), is a *tambo* about 8 by 16m well above and to the east of the first (outside the border of the site in a zone were the forest had recently been cleared). Six shovel probes were excavated and only three produced ceramics. Shovel probes J92/189 and J92/193 produced Planaditas Burnished Red and Tachuelo Burnished while J92/194 produced only one Guacas Reddish Brown fragment.

Figure 2.9. Map of VP1429 in the El Progreso site concentration with location of shovel probes.
Figura 2.9. Mapa de VP1429 en la concentración de sitios de El Progreso con la localización de las pruebas de pala.

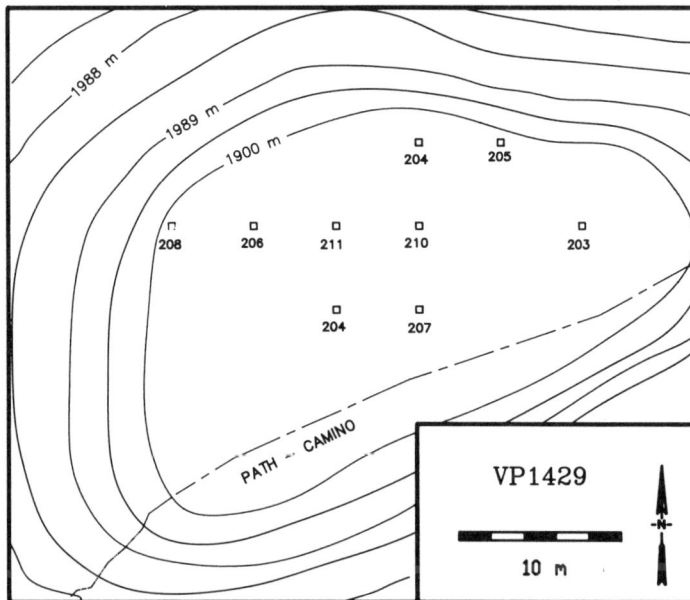

At site VP1429 in the El Progreso area (Figure 2.2), which is a natural *planada* (flat area) covering about .10 ha, the only regional survey collection (87/0644) contained Lourdes Red Slipped and Planaditas Burnished Red ceramics. Nine shovel probes were excavated (Figure 2.9) but only two produced ceramics. Shovel probe J92/205 produced 12 Guacas Reddish Brown sherds while probe J92/211 produced 1 Tachuelo Burnished sherd.

At VP0458, a site located in the La Vega zone (Figure 2.2), at about 2000m above see level and covering an area of about 3.38 ha, the area of interest was lot LA/0056. This is a *tambo* or natural *planada* about 35 by 20m, where a shovel probe had produced only one Lourdes Red Slipped fragment. Of ten shovel probes excavated (Figure 2.10), only three produced material. Shovel probe J92/004 produced Guacas Reddish Brown, J92/008 Guacas Reddish Brown and Planaditas Burnished Red and J92/010 only Planaditas Burnished Red ceramics.

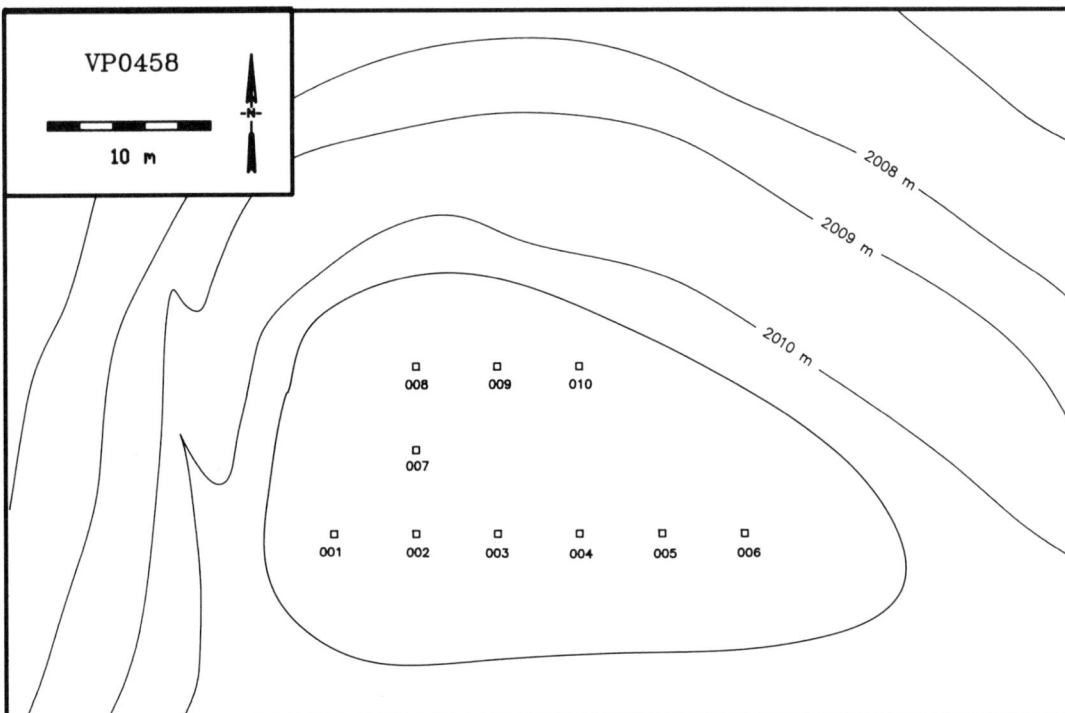

Figure 2.10 Map of VP0458 in the La Vega site concentration with the location of shovel probes.

Figura 2.10 Mapa de VP0458 en la concentración de sitios en La Vega con la localización de las pruebas de pala.

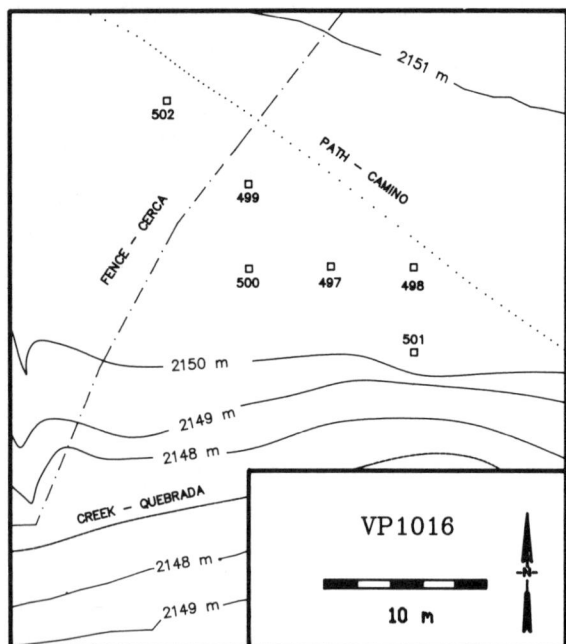

Figura 2.11 (izquierda). Mapa de VP1016/0357 en la concentración de sitios en Quebrada Negra con la localización de las pruebas de pala.
Figure 2.11 (left). Map of VP1016/0357 in the Quebrada Negra site concentration with location of shovel probes.

Figura 2.12 (abajo). Mapa de VP1032/0390 en la concentración de sitios en Quebrada Negra con la localización de las pruebas de pala.
Figure 2.12 (below). Map of VP1032/0390 in the Quebrada Negra site concentration with location of shovel probes.

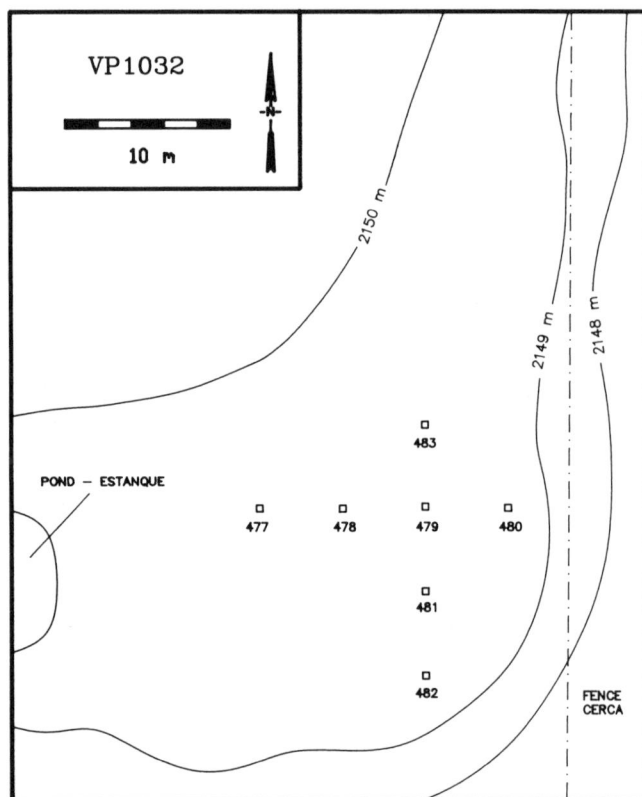

producido durante algún período de tiempo específico, es posible entonces que algunos sitios lo tengan en frecuencias altas. Los diez sitios discutidos, claro está, no son ejemplos de dichos sitios.

En segundo lugar, tenemos que las colecciones del reconocimiento regional produjeron Planaditas Rojo Pulido en tres de los diez sitios. El estudio más intensivo aquí descrito, sólo produjo Planaditas Rojo Pulido en uno de estos tres casos. Por otra parte, se encontraron tiestos Planaditas Rojo Pulido en seis sitios en los que este tipo no se había encontrado durante el reconocimiento regional. Los tiestos Planaditas Rojo Pulido están presentes en proporciones mayores del 50% en ocho de las 13 áreas discretas prospectadas, donde se esperó que los tiestos Lourdes Rojo Engobado aparecieran en alguna cantidad (Tabla 2.3). Estas 13 áreas, que habían mostrado potencial para recobrar tiestos Lourdes Rojo Engobado en abundancia, produjeron en su lugar una cantidad considerable de tiestos Planaditas Rojo Pulido.

Sitios con Cerámicas Lourdes Rojo Engobado

Los sitios que se discutirán a continuación, son aquellos donde se encontraron tiestos Lourdes Rojo Engobado pero en donde algunas sub-áreas no produjeron este tipo. Debe aclararse aquí, que las áreas que no produjeron Lourdes Rojo Engobado fueron siempre sub-áreas, las cuales, como se explicará en cada caso, no eran las áreas de interés principal.

En VP0231, un sitio con un área de 4 ha, localizado en el área del Alto Pensil (Figura 2.2) a una altura de 2.000 m sobre el nivel del mar, el área de interés fue el lote CS/0003. Este lote se seleccionó porque tenía solamente tiestos Barranquilla Crema y Lourdes Rojo Engobado y, aún más importante, porque el total de tiestos Lourdes Rojo Engobado era muy alto (30 tiestos, Tabla 2.2). Este lote fue una recolección superficial en

el camino de herradura severamente erosionado que cruza el sitio. Después de inspeccionar los perfiles sin encontrar evidencia de Lourdes Rojo Engobado, decidimos concentrarnos en el área localizada al sureste del camino (Figura 2.14).

Tres recolecciones superficiales fueron hechas. De estas, dos (J92/135 y J92/136) se hicieron en un tambo y produjeron dos tiestos Barranquilla Crema, nueve Guacas Café Rojizo y cinco Planaditas Rojo Pulido. La tercera recolección superficial (J92/137) se hizo en un tambo en construcción. Esta produjo dos tiestos Barranquilla Crema, seis Guacas Café Rojizo, cinco Planaditas Rojo Pulido y tres Lourdes Rojo Engobado. Debido a las alteraciones producidas por la construcción del nuevo tambo, no se realizó ninguna prospección adicional en esta área. En su lugar, se prospectó un área plana (posiblemente un tambo) localizada entre el área de J92/137 y el camino de herradura, de donde proviene la colección

The next sites to be discussed are located in the Quebrada Negra area (Figure 2.2) in the Serranía de las Minas, at about 2150m above sea level. At VP1016, a site covering an area of 2 ha, the area of interest was lot 87/0357 which indicated the presence of only Barranquilla Buff and Lourdes Red Slipped. A total of six shovel probes were dug (Figure 2.11) and only one (J92/497) produced five Planaditas Burnished Red sherds (Table 2.3).

At VP1032, a site covering an area of 1.5 ha, the area of interest was lot 87/0390. This is a natural flat area where a surface collection indicated the presence of Barranquilla Buff, Lourdes Red Slipped and Planaditas Burnished Red ceramics. Five shovel probes (out of seven excavated) produced materials; all ceramics were Planaditas Burnished Red except at J92/482 where besides two Planaditas Burnished Red fragments, one Tachuelo Burnished fragment was also recovered (Figure 2.12).

Lot 87/0402, also part of VP1032, was also tested even though there was no indication of Lourdes Red Slipped from the regional survey data. Of nine shovel probes excavated (Figure 2.13), five (J92/467, 472, 473, 474 and 476) did not produce ceramics, although J92/467 produced lithic material. The other four probes produced Planaditas Burnished Red sherds exclusively. Thus, the location of the shovel probes with artifacts, linked to the topography of the site suggests the eastern section of the tested area as the likely location of a Formative 2 household. This case will be used in Chapter 4 for the comparative analysis of households.

Figure 2.13. Map of VP1032/0402 in the Quebrada Negra site concentration with location of shovel probes. Figura 2.13. Mapa de VP1032/0402 en la concentración de sitios en Quebrada Negra con la localización de las pruebas de pala.

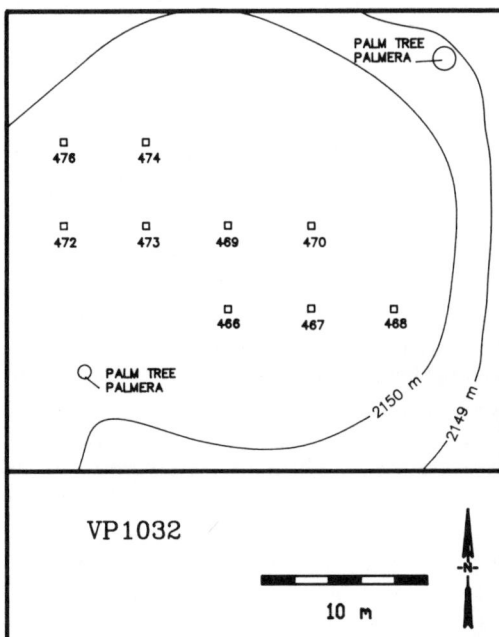

At VP1112, a site from the Minas area (Figure 2.2), located at about 1850m above see level, the only previous collection (87/0469) came from a *tambo* about 10 by 7m, which indicated the presence of only Barranquilla Buff and Lourdes Red Slipped. The site is of very difficult access and we had the opportunity of excavating just one shovel probe (J92/264) which produced 1 Barranquilla Buff and 3 Planaditas Burnished Red sherds.

Discussion

The results from the above ten sites (13 discrete areas) can be summarized as follows. First, no Lourdes Red Slipped ceramics were found. Thus, if Lourdes Red Slipped is present at these locations at all, it must occur in extremely low frequencies. If Lourdes Red Slipped was the most abundant ceramic type produced during any specific period of time, then at least some sites are likely to have it in high frequencies. The ten sites just discussed are clearly not examples of such sites.

Second, Planaditas Burnished Red was in regional survey collections from three of these ten sites. The more intensive study described here yield Planaditas Burnished Red in only one of these three sites. On the other hand, Planaditas Burnished Red ceramics were found in six sites where this type had not been found during the regional survey. Planaditas Burnished Red ceramics are present in proportions above 50% in eight of the 13 discrete areas tested where Lourdes Red Slipped ceramics were expected to show up in some quantity (Table 2.3). These 13 areas that showed promise for abundant Lourdes Red Slipped, then, produced instead considerable abundance of Planaditas Burnished Red.

Sites with Lourdes Red Slipped Ceramics

The next sites to be discussed are those where Lourdes Red Slipped was found but where some sub-areas did not produce Lourdes Red Slipped. It should be noted that it was always the sub-areas that did not produce Lourdes Red Slipped and which were not the main areas of interest, as will be explained for each case.

At VP0231, a 4-ha site in the area of Alto Pensil (Figure 2.2) at about 2000 m above sea level, the area of interest was lot CS/0003. This lot was selected because it had only Barranquilla Buff and Lourdes Red Slipped and, more important, because the total count of Lourdes Red Slipped was very high (30 sherds, Table 2.2). This lot was a surface collection in the severely eroded horse trail that crosses the site. After inspecting the profiles and not finding any evidence of Lourdes Red Slipped, we decided to concentrate in the area to the southeast (Figure 2.14).

Three surface collections were made. Two of them (J92/135 and J92/136) were in a *tambo* and produced two Barranquilla Buff, nine Guacas Reddish Brown and five Planaditas Burnished Red sherds. The third surface collection (J92/137) was made on a *tambo* being built. This one produced two Barranquilla Buff, six Guacas Reddish Brown, five Planaditas Burnished Red and three Lourdes Red Slipped sherds. Because of

original del reconocimiento regional. Esta área se denomina como VP0231-A. De cinco pruebas de pala excavadas (Figura 2.14), todas menos dos (J92/138 y J92/142 que no produjeron materiales) produjeron solamente tiestos Guacas Café Rojizo (Tabla 2.3).

En consecuencia, parece que Lourdes Rojo Engobado está presente en densidades más bajas que las indicadas inicialmente por el reconocimiento regional. El alto número de tiestos Lourdes Rojo Engobado encontrados durante el reconocimiento regional, podría ser el resultado de una sola vasija rota, en lugar de ser una representación apropiada de los materiales presentes en el sitio. Esta posibilidad se explorará en detalle más adelante.

Los cinco sitios siguientes están todos localizados en El Congreso (Figura 2.2), un pequeño valle intermontano, a altitudes que oscilan entre los 1.900 y 2.000 m sobre el nivel del mar.

En VP2281, un sitio que cubre 2 ha, dos lotes fueron de interés. El lote BE/2093 tenía sólo tiestos Barranquilla Crema y Lourdes Rojo Engobado, mientras que el lote BE/2094 tenía tiestos Lourdes Rojo Engobado y tiestos de todos los otros períodos (Tabla 2.2). En este sitio se prospectaron tres áreas discretas (Figura 2.15).

VP2281-A es un tambo de 22 por 15 m. Un total de 18 pruebas de pala fueron excavadas, produciendo 440 fragmentos cerámicos. Aquí encontramos que los cinco tipos cerámicos estaban presentes, pero que la proporción de Lourdes Rojo Engobado era considerablemente mas baja que la de Planaditas Rojo Pulido (Tabla 2.3). La distribución espacial de las pruebas de pala con tiestos Lourdes Rojo Engobado no indica la presencia clara de un área discreta de concentración de este tipo de materiales (ver Apéndice).

La segunda área prospectada (VP2281-B) es una zona plana localizada unos 60 cm más arriba que la anterior. La tercera es un tambo adyacente (de 17 por 10 m) registrado como VP2281-C. Un total de 10 pruebas de pala fueron excavadas en estas dos áreas y, en general, confirman la presencia de los tipos Guacas Café Rojizo, Planaditas Rojo Pulido y Lourdes Rojo Engobado, teniendo el tipo Planaditas Rojo Pulido una proporción mayor que Lourdes Rojo Engobado. No obstante, la diferencia en las proporciones en el caso de VP2281-B (Tabla 2.3), no es muy grande.

En síntesis, Lourdes Rojo Engobado está presente en VP2281 en proporciones muy bajas. El tipo Planaditas Rojo Pulido es más abundante que el Lourdes Rojo Engobado o el Guacas Café Rojizo (Tablas 2.2 y 2.3).

En VP2238, un sitio de 3 ha, cuatro áreas fueron prospectadas. El sitio está localizado en una pendiente bien inclinada que tiene varios tambos y una zona plana natural (de 20 m de ancho por 45 m de largo), correspondiendo al lote BE/1214 del reconocimiento regional. Este lote fue nuestro objetivo principal porque contenía solo Barranquilla Crema y Lourdes Rojo Engobado. Siendo esta una extensa área, esperábamos que con la prospección intensiva se podrían aislar algunas concentraciones de tiestos Lourdes Rojo Engobado. Un total de 42 pruebas de pala fueron excavadas (Figura 2.16). Los resultados, no obstante, fueron ambiguos.

En contraste con la colección del reconocimiento regional, que produjo solamente tiestos Lourdes Rojo Engobado y Barranquilla Crema, el estudio más intensivo produjo tiestos de los cinco tipos cerámicos definidos. Los tipos Guacas Café Rojizo y Planaditas Rojo Pulido están presentes en proporciones altas (Tabla 2.3). Esto indica que el sitio estuvo ocupado a través de casi toda la secuencia o al menos, desde el Formativo 2. Los tiestos Lourdes Rojo Engobado no ocurren en concentraciones claras. De las 31 pruebas de pala donde se encontraron tiestos Lourdes Rojo Engobado, el tipo Planaditas Rojo Pulido estuvo presente en todos los casos, con excepción de siete. Los tiestos Guacas Café Rojizo y Barranquilla Crema se encontraron en todas las pruebas de pala. Las frecuencias generales de los tiestos Planaditas Rojo Pulido y Lourdes Rojo Engobado fueron muy similares (Tabla 2.3 y Apéndice).

Las otras tres áreas de VP2238 fueron tambos; dos de éstas se prospectaron porque las colecciones del reconocimiento regional contenían Lourdes Rojo Engobado, pero ninguno de los otros tipos cerámicos del Formativo (Tabla 2.2). Este fue el caso en el lote BE/1213, un tambo de 12 por 25 m (Figura 2.17). En las 12 pruebas excavadas se encontraron tiestos Barranquilla Crema y Guacas Café Rojizo. Seis pruebas produjeron tiestos Lourdes Rojo Engobado y sólo en dos de éstas (J91/115 y J91/119) no se encontraron tiestos Planaditas Rojo Pulido. La frecuencia general de los tiestos Lourdes Rojo Engobado es aproximadamente el doble de la de los tiestos Planaditas Rojo Pulido. Una prueba de pala (J91/120) produjo un alto número (15) de tiestos Lourdes Rojo Engobado, además de 4 tiestos Planaditas Rojo Pulido, 42 Guacas Café Rojizo, y 56 Barranquilla Crema.

El lote BE/1215, un tambo de 11 por 18 m (Figura 2.18), es la otra área con indicación de ocupación en todos los períodos, con excepción del Formativo 1 y 2. En este caso, como en el de BE/1213, la prospección intensiva produjo tiestos del tipo Planaditas Rojo Pulido. Aunque el total de tiestos Lourdes Rojo Engobado es también mayor que el de los tiestos Planaditas Rojo Pulido, la diferencia entre estos tipos es menor que la observada en el caso de BE/1213 (Tabla 2.3 y Apéndice).

La cuarta área prospectada se registró como VP2238-A ya que no existía información especifica del reconocimiento regional para ésta (Figura 2.19). La razón para prospectarlo fue su cercanía al lote BE/1214. No obstante, la prospección no se completó dadas las evidencias de alteración en la estratigrafía que son probablemente el resultado de la acción del ganado en este tambo que se utilizó como saladero. En las pruebas de pala excavadas, sin embargo, los tiestos Lourdes Rojo Engobado están representados por cinco fragmentos y los tiestos Planaditas Rojo Pulido por cuatro fragmentos. Los tipos Barranquilla Crema y Guacas Café Rojizo también se encontraron.

En todas estas áreas se encontraron los tipos cerámicos Lourdes Rojo Engobado y Planaditas Rojo Pulido. En las tres últimas áreas (BE/1213, BE/1215 y VP2238-A), el total de tiestos Lourdes Rojo Engobado fue mayor que el total de los

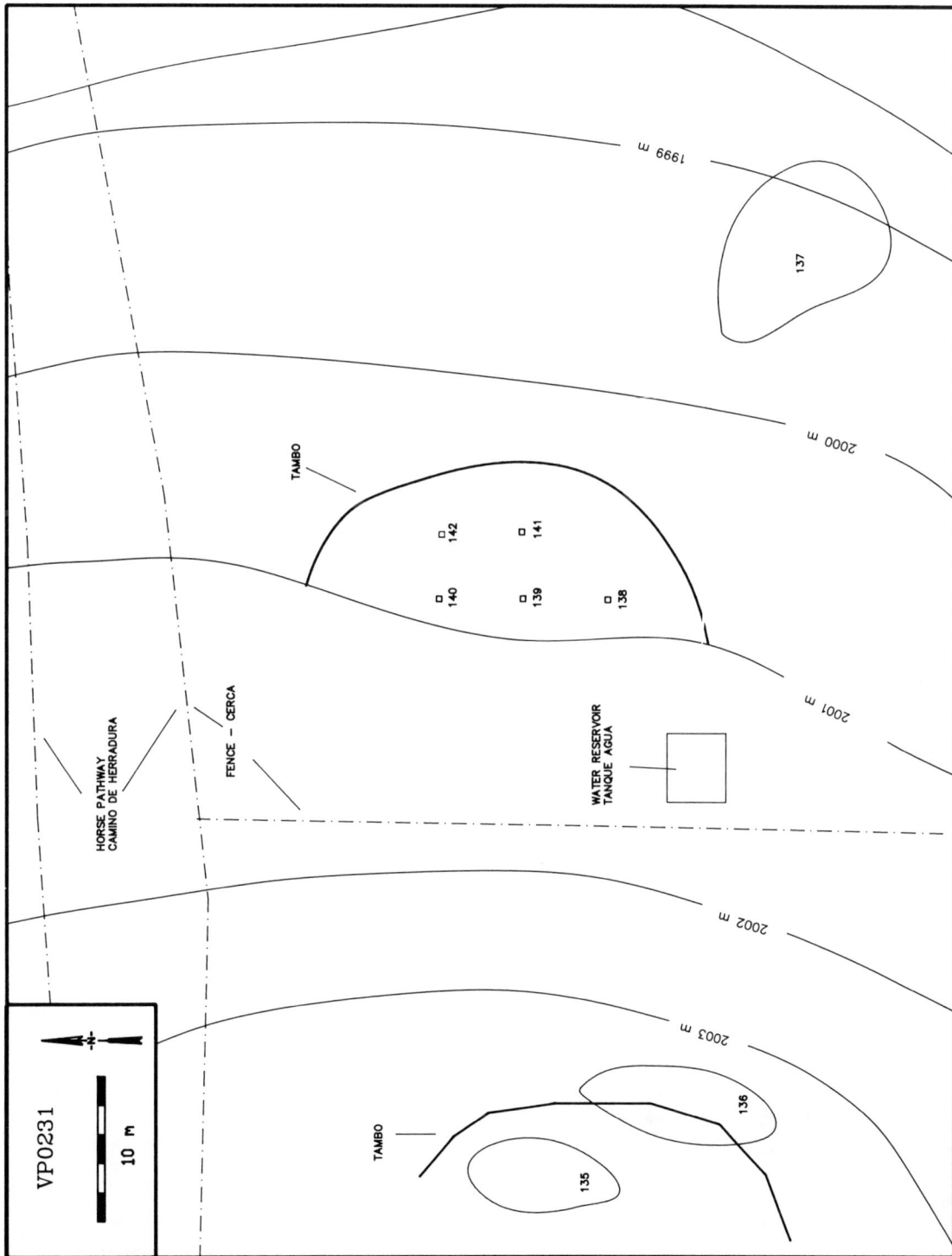

Figure 2.14. Map of VP0231 in the Alto Pensil site concentration with location of shovel probes.
Figura 2.14. Mapa de VP0231 en la concentración de sitios en Alto Pensil con la localización de las pruebas de pala.

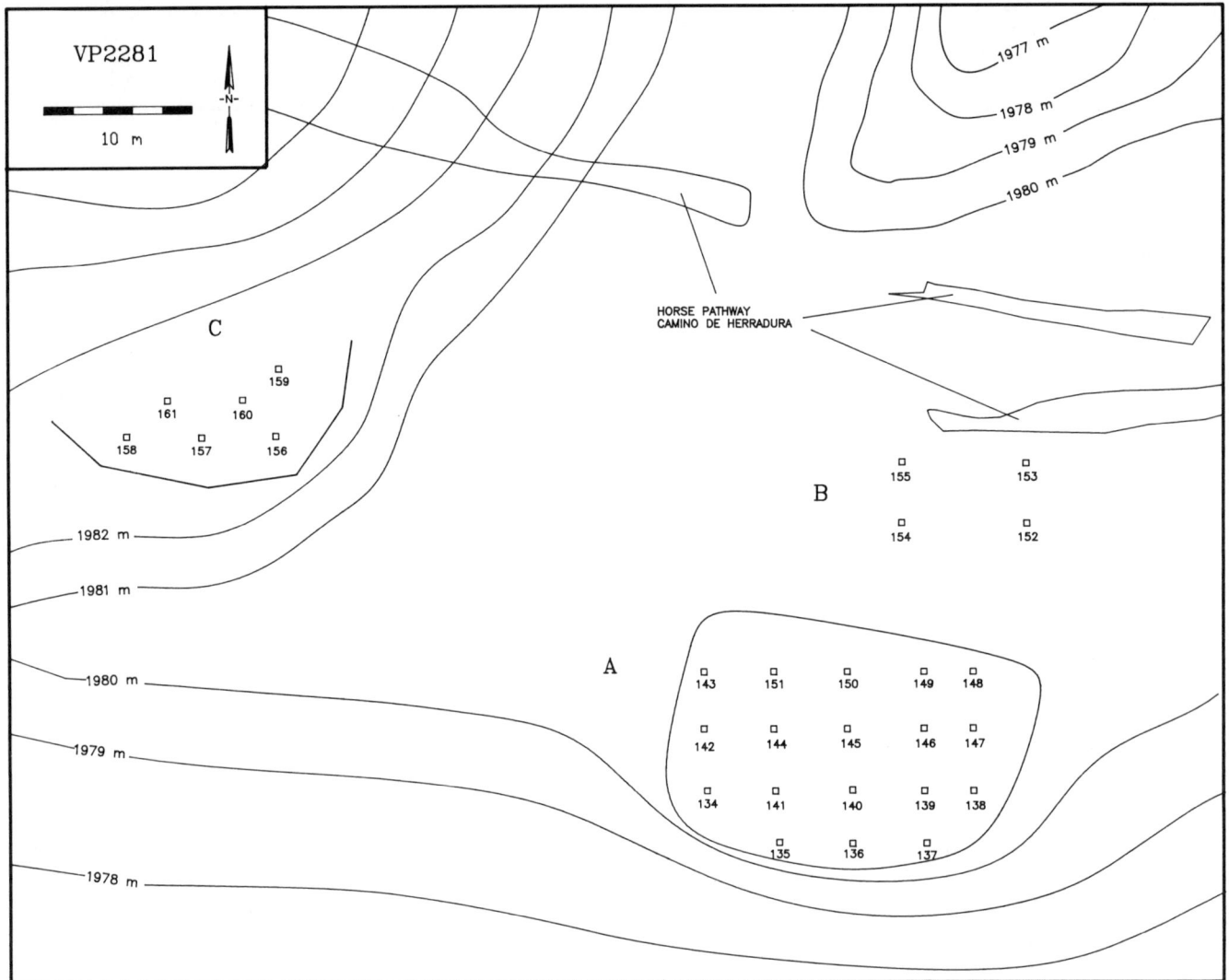

Figura 2.15. Mapa de VP2281 en la concentración de sitios en El Congreso con locaclización de pruebas de pala.
Figure 2.15. Map of VP2281 in the El Congreso site concentration with location of shovel probes.

tiestos Planaditas Rojo Pulido, aunque la diferencia en las dos últimas áreas no fue muy grande (Tabla 2.3).

El tercer sitio de la zona de El Congreso es VP2077, el cual tiene 2.6 ha (Figura 2.2). El área de interés fue el lote BE/2075, el cual es un área plana, probablemente una antigua terraza cortada por el Río Loro, el cual demarca el límite del sitio en la parte sur. Al norte, el sitio está demarcado por terreno ascendente muy empinado. Una parte de la zona plana es un terreno cenagoso que resulta de la acumulación de aguas que descienden de la parte norte. En el terreno seco, los elementos mas sobresalientes son dos rocas grandes. Este sitio se escogió porque la colección del reconocimiento regional había producido exclusivamente Barranquilla Crema y Lourdes Rojo Engobado.

De un total de 21 pruebas de pala excavadas, sólo la prueba J91/008 no produjo fragmentos cerámicos (Figura 2.20). Como se ve en la Tabla 2.3, se encontraron materiales de cada una de las cinco fases de la secuencia. Los tipos Guacas Café Rojizo y Barranquilla Crema fueron muy abundantes. Los tiestos Planaditas Rojo Pulido fueron dos veces más abundantes que los Lourdes Rojo Engobado. Sólo una prueba de pala (J91/011) produjo tiestos Lourdes Rojo Engobado, exclusivamente, pero se trató de un solo fragmento. En las otras pruebas donde se encontraron tiestos Lourdes Rojo Engobado, estos estaban siempre asociados con tiestos Guacas Café Rojizo y/o Planaditas Rojo Pulido.

El cuarto sitio en la zona de la concentración de sitios en El Congreso es VP2079, el cual cubre un área de 2.2 ha (Figura 2.2). Dentro de este sitio dos áreas fueron de interés. El lote BE/2085, un tambo de 8 m de ancho por 16 m de largo (Figura 2.21) fue seleccionado porque la colección del reconocimiento regional tenía tiestos Lourdes Rojo Engobado, pero no Planaditas Rojo Pulido o Tachuelo Pulido. Un total de 9 pruebas de pala se excavaron, produciendo una muestra de 220

Figure 2.16
Map of VP2238 (lot
BE/1214) in the El
Congreso site
concentration with
location of shovel
probes.

Figura 2.16
Mapa de VP2238
(lote BE/1214) en
la concentración de
sitios en El
Congreso con la
localización de las
pruebas de pala.

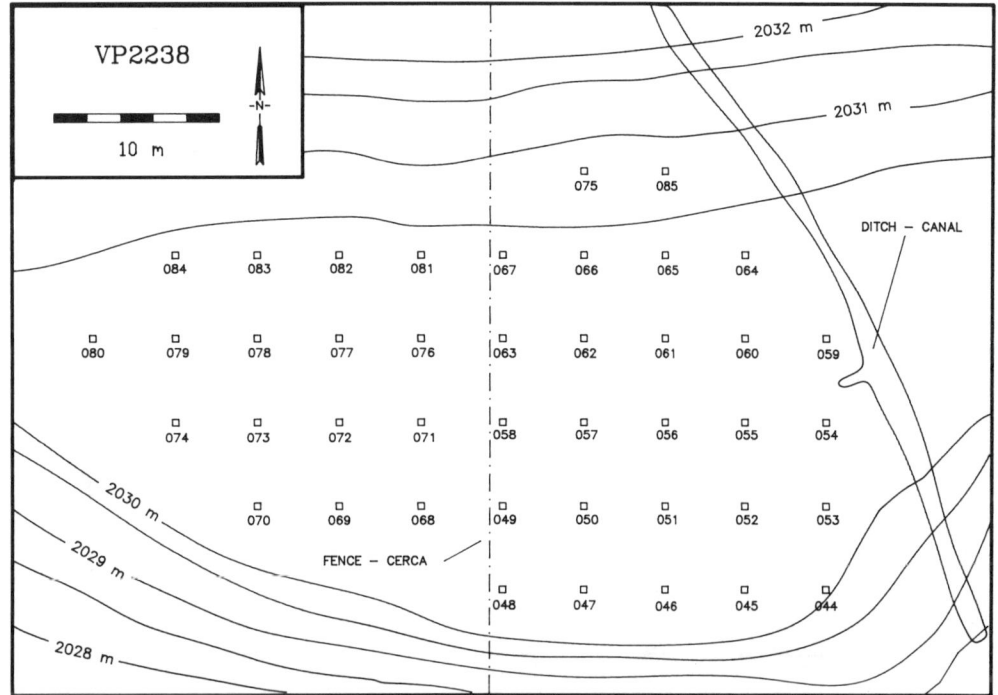

the disturbance caused by the new *tambo*, no further testing was performed here. Instead, we tested a flat area (possibly a *tambo*) located in the area between J92/137 and the horse trail from which the regional survey collection came. This area is referred to as VP0231-A. Five shovel probes were excavated (Figure 2.14) and all but two (J92/138 and J92/142 which produced no materials) produced only Guacas Reddish Brown fragments (Table 2.3).

Thus Lourdes Red Slipped seems present in densities much lower than initially indicated by the regional survey. The high count of Lourdes Red Slipped found during the regional survey may be the result of a single broken pot instead of being broadly representative of the artifacts at the site. We will explore this possibility later.

The following five sites are all located in El Congreso (Figure 2.2), a small intermontane valley, at altitudes between 1900 and 2000m above sea level.

At VP2281, a site covering about 2 ha, two lots were of interest. Lot BE/2093 had only Barranquilla Buff and Lourdes Red Slipped, while lot BE/2094 had Lourdes Red Slipped as well as ceramics of all other periods (Table 2.2). Three discrete areas were tested in this site (Figure 2.15).

VP2281-A is a *tambo* about 22 by 15m. A total of 18 shovel probes were excavated, producing 440 ceramic fragments. Here we found that all five ceramic types were present but that the proportion of Lourdes Red Slipped was considerably lower than that of Planaditas Burnished Red (Table 2.3). The spatial distribution of the shovel probes with Lourdes Red Slipped ceramics does not indicate a clear discrete area where this type was concentrated (see Appendix).

The second area tested (VP2281-B) is a flat area about 60 cm higher than the previous one. The third is an adjacent *tambo*

(about 17 by 10 m) called VP2281-C. A total of 10 shovel probes was placed in these two areas and, in general, they confirm that Guacas Reddish Brown, Planaditas Burnished Red and Lourdes Red Slipped ceramics were present, with Planaditas Burnished Red in higher proportions than Lourdes Red Slipped. The difference in proportions, however, is not very large in the case of VP2281-B (Table 2.3).

In sum, at VP2281 Lourdes Red Slipped is present only in low proportions. Planaditas Burnished Red is more common than either Lourdes Red Slipped or Guacas Reddish Brown (Tables 2.2 and 2.3).

At VP2238, a site that covers about 3 ha, four areas were tested. The site is on a steep slope with several *tambo*s and a large natural flat area (about 20m wide by 45m long), corresponding to regional survey lot BE/1214. This lot was our main target, because it contained only Barranquilla Buff and Lourdes Red Slipped. We hoped that in this large area, intensive testing would isolate some Lourdes Red Slipped concentrations. A total of 42 shovel probes was dug (Figure 2.16). The results, however, were ambiguous.

In contrast to the regional survey collection, which yielded only Lourdes Red Slipped and Barranquilla Buff, more intensive study produced all five defined types. Guacas Reddish Brown and Planaditas Burnished Red were present in large proportions (Table 2.3). This indicates that the site was occupied for much of the sequence—at least from Formative 2 times on. Lourdes Red Slipped ceramics did not occur in clear concentrations. Out of 31 shovel probes where Lourdes Red Slipped was present, Planaditas Burnished Red was also present in all cases but seven. Guacas Reddish Brown and Barranquilla Buff ceramics were present in all shovel probes. The

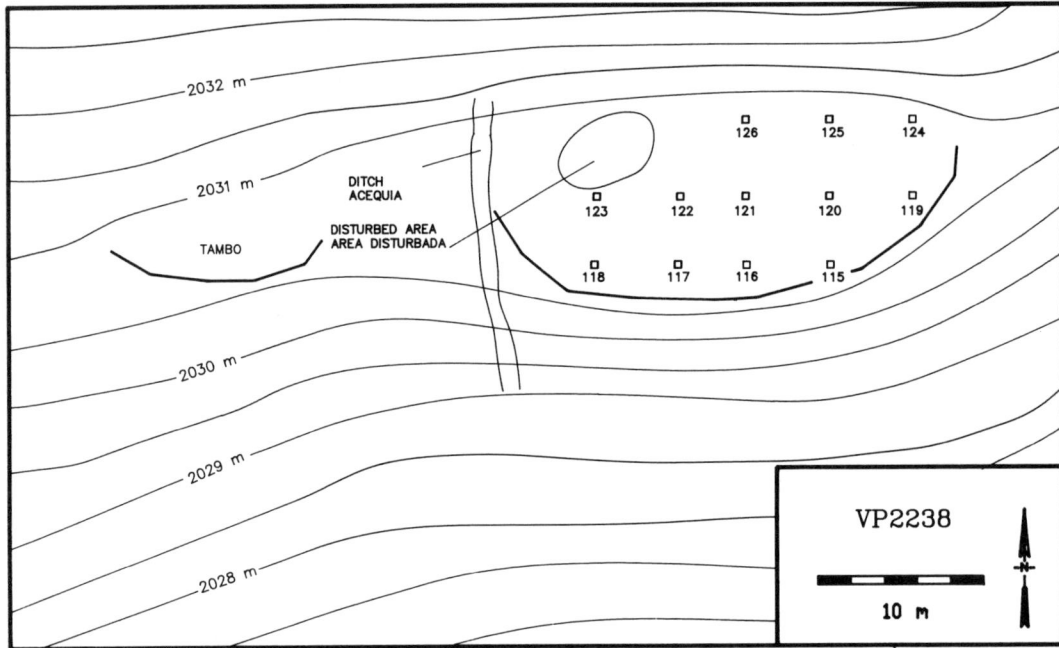

Figura 2.17. Mapa de VP2238 (lote BE/1213) en la concentración de sitios en El Congreso con localización de las pruebas de pala.
Figure 2.17. Map of VP2238 (lot BE/1213) in the El Congreso site concentration with location of shovel probes.

fragmentos cerámicos. Nuestra muestra no sólo produjo tiestos Tachuelo Pulido y Planaditas Rojo Pulido, sino que, además, indicó que el tipo Planaditas Rojo Pulido es más abundante que el tipo Lourdes Rojo Engobado (Tabla 2.3). Las pruebas de pala con tiestos Lourdes Rojo Engobado (J91/22, 23, 24 y 30) no indican ninguna área clara de concentración.

La otra área prospectada en VP2079 fue el lote BE/2086, un tambo de 8 m de ancho por 21 m de largo (Figura 2.22). La colección del reconocimiento regional sólo contenía tiestos Barranquilla Crema y Lourdes Rojo Engobado. Un total de 13 pruebas de pala se excavaron, produciendo una muestra de 261

tiestos. Todos los tipos cerámicos están representados con la excepción de Tachuelo Pulido. Los tipos Planaditas Rojo Pulido y Lourdes Rojo Engobado se encontraron en proporciones aproximadamente iguales. Los tiestos Lourdes Rojo Engobado se encontraron en nueve pruebas, de las cuales sólo tres (J91/037, J91/039 y J91/043) contenían Planaditas Rojo Pulido también. No obstante, estas pruebas también contenían tiestos Guacas Café Rojizo.

Figura 2.18. Mapa de VP2238 (lote BE/1215) en la concentración de sitios en El Congreso con localización de las pruebas de pala.
Figure 2.18. Map of VP2238 (lot BE/1215) in the El Congreso site concentration with location of shovel probes.

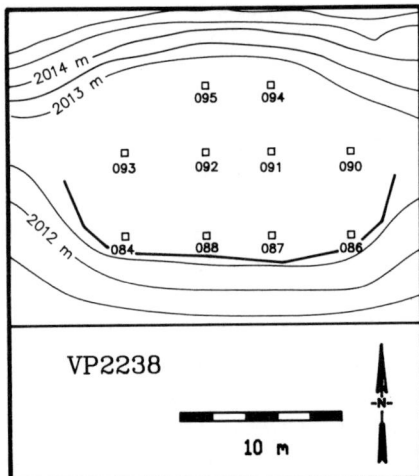

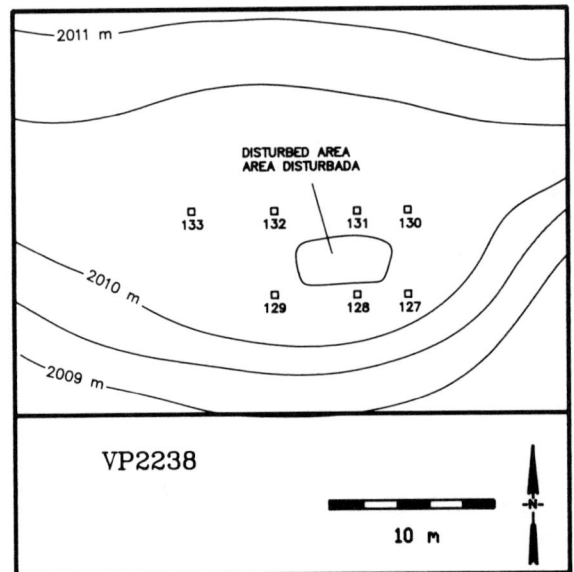

Figura 2.19. Mapa de VP2238-A en la concentración de sitios en El Congreso con localización de las pruebas de pala.
Figure 2.19. Map of VP2238-A in the El Congreso site concentration with location of shovel probes.

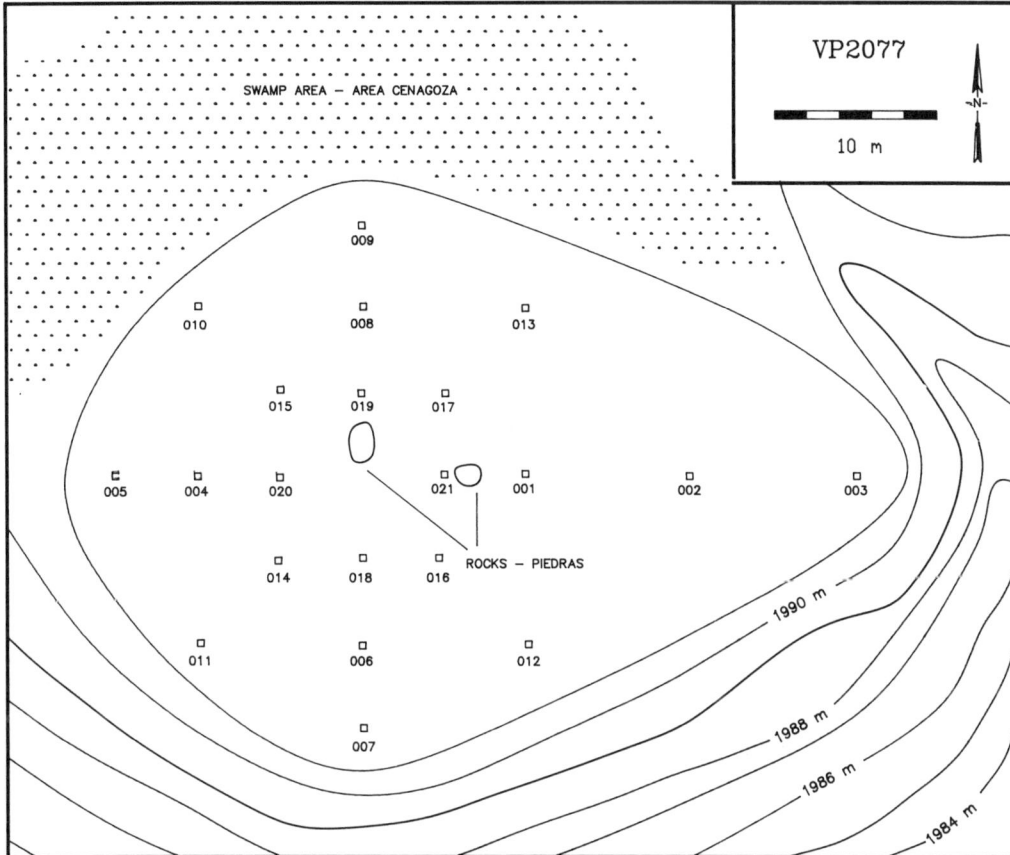

Figure 2.20
Map of VP2077 in the
El Congreso site
concentration with
location of shovel
probes.

Figura 2.20
Mapa de VP2077 en la
concentración de sitios
en El Congreso con la
localización de las
pruebas de pala.

overall frequencies of Planaditas Burnished Red and Lourdes Red Slipped are very similar (Table 2.3 and Appendix).

The other three areas at VP2238 were all *tambos*; two of these were tested because regional survey collections contained Lourdes Red Slipped but none of the other Formative ceramic types (Table 2.2). This was the case at lot BE/1213, a *tambo* about 12 by 25m (Figure 2.17). Barranquilla Buff and Guacas Reddish Brown were found in all 12 new shovel probes excavated. Lourdes Red Slipped occurred in six probes, and Planaditas Burnished Red was absent from only two of these six (J91/115 and J91/119). The overall frequency of Lourdes Red Slipped is about twice that of Planaditas Burnished Red. One shovel probe in particular (J91/120) produced a large number (15) of Lourdes Red Slipped sherds, as well as 4 Planaditas Burnished Red, 42 Guacas Reddish Brown, and 56 Barranquilla Buff sherds.

The other area which the regional survey collection indicated had all periods of occupation except Formative 1 and 2 was lot BE/1215, a *tambo* about 11 by 18m (Figure 2.18). Here, as at BE/1213, Planaditas Burnished Red was also found in more intensive testing. Here the total count of Lourdes Red Slipped is also greater than that of Planaditas Burnished Red, although the difference is smaller than at BE/1213 (Table 2.3 and Appendix).

The fourth area tested is referred to as VP2238-A since there was not specific data for it from the regional survey (Figure 2.19). It was tested because it was close to BE/1214. The

testing was not completed, however, because of stratigraphic disturbances, probably the product of providing salt for cattle on this *tambo*. In the shovel probes excavated, nevertheless, Lourdes Red Slipped ceramics are represented by five fragments and Planaditas Burnished Red by four fragments. Barranquilla Buff and Guacas Reddish Brown are also present.

Both Lourdes Red Slipped and Planaditas Burnished Red ceramics were present in all these areas. In the three latter areas (BE/1213, BE/1215 and VP2238-A), the total counts of Lourdes Red Slipped were greater than the counts of Planaditas Burnished Red, although the differences in the two latter areas were not very great (Table 2.3).

The third site from the El Congreso area is VP2077, which covers about 2.6 ha (Figure 2.2). The area of interest was lot BE/2075, which is a flat area, probably an old natural terrace cut by the Río Loro which sets the boundary of the site to the south. To the north, the site is bounded by very steeply raising terrain. Part of the flat area is swampy as the result of runoff from above. In the dryer area, the major features are two large rocks. The site was chosen because its regional survey collection contained only Barranquilla Buff and Lourdes Red Slipped.

Of a total of 21 shovel probes excavated, all but J91/008, produced ceramic fragments (Figure 2.20). As seen in Table 2.3, materials representing all five phases of the sequence were found. Guacas Reddish Brown was very abundant as was Barranquilla Buff. Planaditas Burnished Red ceramics were

El último sitio de la zona de El Congreso es VP2209 (Figura 2.23). Este está localizado en una pendiente pronunciada y tiene un área de 2 ha. El área escogida para la prospección fue el lote BE/1188 que produjo en la colección del reconocimiento regional tiestos Barranquilla Crema, Lourdes Rojo Engobado y Planaditas Rojo Pulido pero no Guacas Café Rojizo (Tabla 2.2). Esta es una zona plana de 20 por 30 m, aunque no es claro si se trata de una terraza natural o artificial. La parte sur está cortada por un camino de herradura de donde proviene la colección del reconocimiento regional. Un total de 19 pruebas de pala fueron excavadas. En éstas se recobraron tiestos Guacas Café Rojizo, Tachuelo Pulido y Planaditas Rojo Pulido; estos últimos fueron aproximadamente dos veces más abundantes que los Lourdes Rojo Engobado. En todas las pruebas en que se encontró Lourdes Rojo Engobado, con excepción de una (J91/106), también se encontraron tiestos Planaditas Rojo Pulido (ver Apéndice). No se encontró ninguna concentración clara de pruebas que produjeran Lourdes Rojo Engobado.

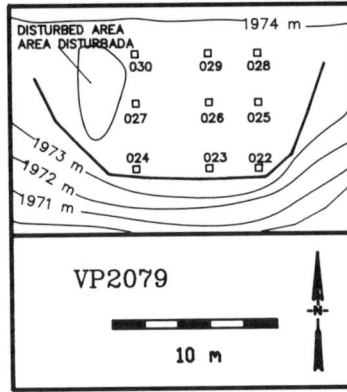

VP2079

10 m

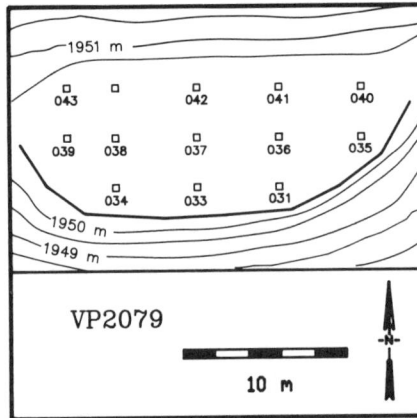

VP2079

10 m

Figura 2.21 (arriba). Mapa de VP2079 (lote BE/2085) en la concentración de sitios en El Congreso con la localización de las pruebas de pala.
Figure 2.21 (above). Map of VP2079 (lot BE/2085) in the El Congreso site concentration with location of shovel probes.

Figura 2.22 (abajo). Mapa de VP2079 (lote BE/2086) en la concentración de sitios en El Congreso con la localización de las pruebas de pala.
Figure 2.22 (below). Map of VP2079 (lot BE/2086) in the El Congreso site concentration with location of shovel probes.

En el sitio VP1007, localizado en el área de Quebrada Negra (Figura 2.2), en las elevaciones superiores de la Serranía de las Minas, a una altura aproximada de 2.150 m sobre el nivel del mar y cubriendo un área de .30 ha, dos áreas fueron de interés. En el lote 87/0376, que sólo produjo tiestos Formativos durante el reconocimiento regional (Tabla 2.2), se excavaron un total de 13 pruebas de pala (Figura 2.24). La prueba J92/495 no produjo ningún tipo de artefacto, mientras

Figura 2.23. Mapa de VP2209 en la concentración de sitios en El Congreso con la localización de las pruebas de pala.
Figure 2.23. Map of VP2209 in the El Congreso site concentration with location of shovel probes.

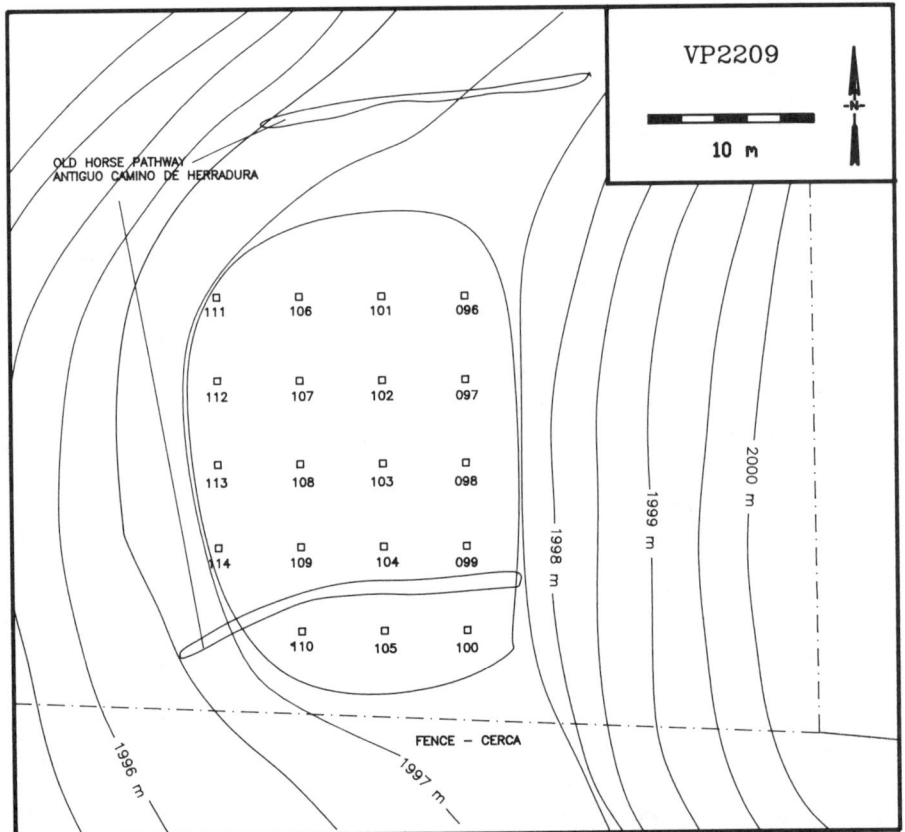

VP2209

10 m

Figure 2.24 (above). Map of VP1007 (lot BE/0376) in the Quebrada Negra site concentration with location of shovel probes.

Figura 2.24 (arriba). Mapa de VP1007 (lote BE/0376) en la concentración de sitios en Quebrada Negra con la localización de las pruebas de pala.

Figure 2.25 (below). Map of VP1007 (lot BE/0381) in the Quebrada Negra site concentration with location of shovel probes.

Figura 2.25 (abajo). Mapa de VP1007 (lote BE/0381) en la concentración de sitios en Quebrada Negra con la localización de las pruebas de pala.

twice as abundant as Lourdes Red Slipped. One shovel probe (J91/011) produced only Lourdes Red Slipped, a single fragment. In the other probes where Lourdes Red Slipped was present, it was associated with Guacas Reddish Brown and/or Planaditas Burnished Red.

The fourth site from the El Congreso cluster is VP2079, a site covering about 2.2 ha (Figure 2.2). Two areas within VP2079 were of interest. Lot BE/2085, a *tambo* about 8m wide by 16m long (Figure 2.21), was selected because the regional survey collection had Lourdes Red Slipped but no Planaditas Burnished Red or Tachuelo Burnished. Nine shovel probes were excavated, producing a sample of 220 ceramic fragments. Both Tachuelo Burnished and Planaditas Burnished Red were present in this larger sample, and Planaditas Burnished Red was more abundant than Lourdes Red Slipped (Table 2.3). The shovel probes with Lourdes Red Slipped ceramics (J91/22, 23, 24 and 30) did not indicate any clear area of concentration.

The other area tested at VP2079 was lot BE/2086, a *tambo* about 8m wide by 21m long (Figure 2.22). The regional survey collection contained only Barranquilla Buff and Lourdes Red Slipped. Thirteen shovel probes were excavated, producing a sample of 261 ceramic sherds. All ceramic types but Tachuelo Burnished were present. Planaditas Burnished Red and Lourdes Red Slipped were found in about the same proportions. Lourdes Red Slipped ceramics occurred in nine probes, all but three of which (J91/037, J91/039 and J91/043) contained Planaditas Burnished Red as well. These probes, however, did contain Guacas Reddish Brown.

The last site from the El Congreso zone is VP2209 (Figure 2.23). The site is on a steep slope and covers an area of 2 ha. The area chosen for testing was lot BE/1188 which had Barranquilla Buff, Lourdes Red Slipped and Planaditas Burnished Red but not Guacas Reddish Brown in the regional survey collection (Table 2.2). This is a flat area about 20 by 30m, although it is not clear whether it is a natural or a manmade terrace. Its southern section is cut by a horse trail from which the regional survey collection came. A total of 19 new shovel probes were excavated. Guacas Reddish Brown and Tachuelo Burnished ceramics were both present, and Planaditas Burnished Red was about two times more abundant than Lourdes Red Slipped. In all probes where Lourdes Red Slipped was present except one (J91/106), Planaditas Burnished Red was

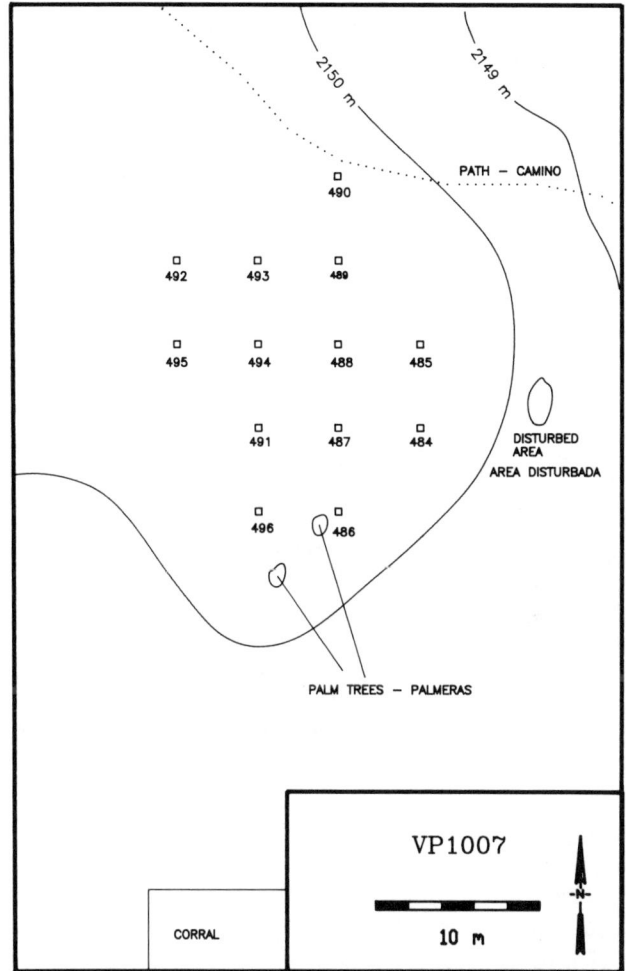

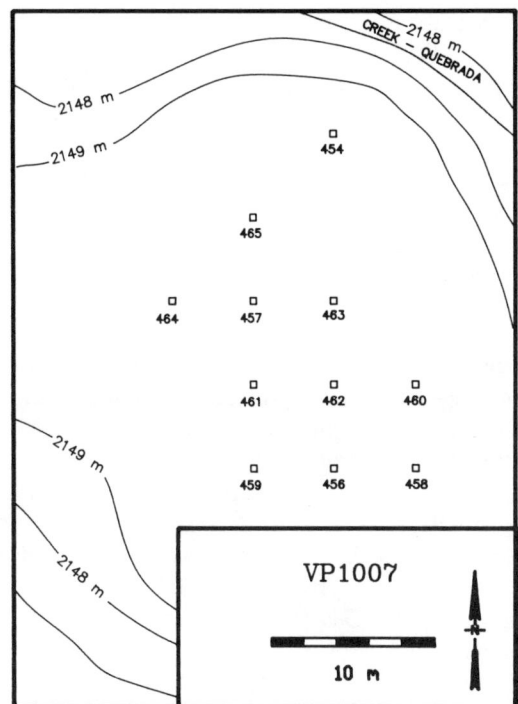

que la prueba J92/489 produjo sólo líticos. Las otras pruebas de pala produjeron todas tiestos. Sólo se encontraron dos tiestos Guacas Café Rojizo en la prueba de pala J92/494 (junto con ocho tiestos Planaditas Rojo Pulido). Sólo se recuperó un tiesto Lourdes Rojo Engobado—en la prueba J92/493 (acompañado de cinco tiestos Planaditas Rojo Pulido) (Tabla 2.3 y Apéndice). Como lo indica la Tabla 2.3, el tipo cerámico más abundante es Planaditas Rojo Pulido, seguido de Tachuelo Pulido (82 y 41 respectivamente). La información proporcionada por las pruebas de pala en VP1007 será utilizada en el Capítulo 4 en la comparación de las unidades domésticas Formativas.

En el lote 87/0381, la segunda de las áreas de interés en el sitio VP1007, la colección del reconocimiento regional produjo tiestos Barranquilla Crema, Lourdes Rojo Engobado y Tachuelo Pulido. De las 11 nuevas pruebas de pala, cuatro (J92/454, J92/456, J92/460 y J92/465) no produjeron artefactos, mientras que la prueba J92/458 produjo sólo obsidiana (Figura 2.25). Las otras pruebas produjeron sólo tiestos Planaditas Rojo Pulido, con excepción de la prueba J92/461, que produjo, además de nueve tiestos Planaditas Rojo Pulido, cuatro tiestos Guacas Café Rojizo (Tabla 2.3).

En el sitio VP1067, localizado en el área de El Progreso (Figura 2.2), a una altura de 2.250 m sobre el nivel del mar y cubriendo un área de 1.2 ha, el área de interés fue el lote 87/0568. Este lote produjo solamente tiestos Guacas Café Rojizo y Lourdes Rojo Engobado en la colección del reconocimiento regional. En el área del lote 87/0568, se definieron y prospectaron cuatro áreas discretas. La primera, es una zona plana natural registrada como VP1067-A (Figura 2.26). De seis pruebas de pala excavadas, sólo dos produjeron artefactos (la prueba J92/155 produjo dos tiestos Tachuelo Pulido y la prueba J92/156 produjo cuatro tiestos Planaditas Rojo Pulido). Una recolección superficial (J92/162) en un camino abajo de la zona prospectada produjo tres tiestos Guacas Café Rojizo y cuatro tiestos Planaditas Rojo Pulido.

La segunda área fue un tambo de 8 por 12 m registrado como VP1067-B (Figura 2.27). De tres pruebas de pala excavadas, sólo una (J92/166) produjo tiestos Lourdes Rojo Engobado (un fragmento acompañado de nueve tiestos Planaditas Rojo Pulido, 28 Guacas Café Rojizo, y cinco Barranquilla Crema).

La tercera y cuarta áreas están localizadas en la misma zona plana, arriba del tambo (Figura 2.27). La zona VP1067-C es

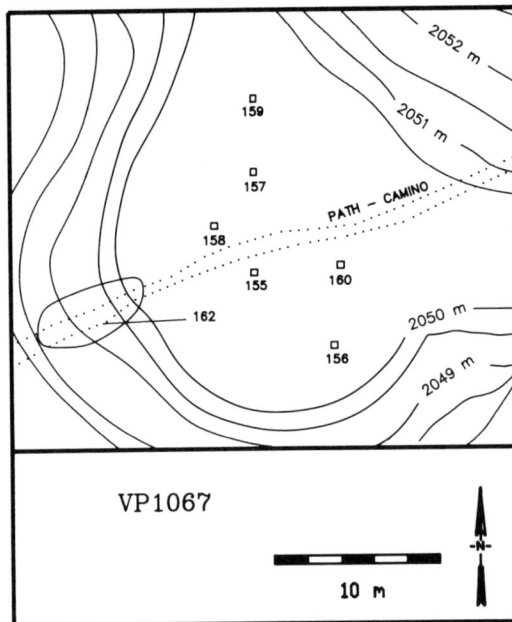

Figura 2.26. Mapa de VP1067-A en la concentración de sitios en El Progreso con la localización de las pruebas de pala.
Figure 2.26. Map of VP1067-A in the El Progreso site concentration with location of shovel probes.

una concavidad circular. De las seis pruebas de pala excavadas, sólo dos (J92/164 y 176) produjeron materiales Lourdes Rojo Engobado. En la zona VP1067-D ninguna de las cinco pruebas de pala produjo tiestos Lourdes Rojo Engobado. De estas pruebas, tres (J92/168, J92/169 y J92/173) produjeron sólo tiestos Guacas Café Rojizo, mientras que la prueba J92/171 produjo sólo tiestos Planaditas Rojo Pulido. En la prueba J92/172 se encontraron los tipos Barranquilla Crema, Guacas Café Rojizo y Planaditas Rojo Pulido. Tanto en la zona VP1067-B como en la zona VP1067-C, los tipos Planaditas Rojo Pulido y Guacas Café Rojizo se encontraron en proporciones más grandes que las del tipo Lourdes Rojo Engobado (ver Apéndice).

Los siguientes dos sitios a discutirse están localizados en el área de Minas (Figura 2.2), a una altura de 2.000 m sobre el nivel del mar. En el sitio VP1107, con un área de 1.2 ha, el área de interés fue el lote 87/0456 que produjo los tipos Barranquilla Crema, Guacas Café Rojizo y Lourdes Rojo Engobado en casi las mismas proporciones que en las colecciones del reconocimiento regional. Dos de los tres tambos presentes en el área de este lote fueron prospectados.

El área registrada como VP1107-A es un tambo de 20 por 10 m, en el que se excavaron siete pruebas de pala (Figura 2.28). De éstas, una (J92/248) no produjo tiestos y sólo una (J92/249) produjo tiestos Lourdes Rojo Engobado (tres fragmentos, acompañados de un tiesto Guacas Café Rojizo). Las otras pruebas produjeron tiestos Planaditas Rojo Pulido exclusivamente, con excepción de las pruebas J92/244 y J92/246 que produjeron algunos tiestos Barranquilla Crema. No obstante, los tiestos Planaditas Rojo Pulido fueron los más abundantes (Tabla 2.3).

En el área registrada como VP1107-B, un tambo de 15 por 10 m, se excavaron cinco pruebas de pala (Figura 2.28) y sólo dos produjeron tiestos Lourdes Rojo Engobado (J92/253 y 254—dos tiestos cada una). Los tipos Planaditas Rojo Pulido y Guacas Café Rojizo también están presentes en estas pruebas de pala. El mayor número de tiestos corresponde al tipo Planaditas Rojo Pulido (Tabla 2.3).

En el sitio VP1109, el cual tiene un área de .25 ha, la zona de interés fue el lote 87/0463 que produjo sólo los tipos Barranquilla Crema y Lourdes Rojo Engobado en las colecciones del reconocimiento regional (Tabla 2.2). En este lote se prospectaron dos áreas y se hizo una recolección superficial

also found (see Appendix). There was no clear concentration of probes that produced Lourdes Red Slipped.

At VP1007, a site located in the Quebrada Negra area (Figure 2.2), on the upper elevations of the Serranía de las Minas, at about 2150m above sea level and covering an area of about .3 ha, two areas were of interest. At lot 87/0376, where only Formative sherds appeared in the regional survey collection (Table 2.2), 13 shovel probes were excavated (Figure 2.24). J92/495 did not produce any artifacts, and J92/489 produced only lithics. All other shovel probes produced sherds. The only two Guacas Reddish Brown sherds were from J92/494 (together with eight Planaditas Burnished Red). Only one Lourdes Red Slipped sherd was recovered—from J92/493 (along with five Planaditas Burnished Red) (Table 2.3 and Appendix). As Table 2.3 indicates, Planaditas Burnished Red was the most abundant ceramic type, followed by Tachuelo Burnished (82 and 41 respectively). Data from the shovel probes at VP1007 will be used in Chapter 4 for comparison of Formative households.

At lot 87/0381, the second area of interest at VP1007, the regional survey collection produced Barranquilla Buff, Lourdes Red Slipped and Tachuelo Burnished. Of 11 new shovel probes, four (J92/454, J92/456, J92/460 and J92/465) produced no artifacts and J92/458 produced only obsidian (Figure

2.25). The others produced only Planaditas Burnished Red sherds, except for J92/461, which, besides nine Planaditas Burnished Red, also produced four Guacas Brown fragments (Table 2.3).

At VP1067, a site from the El Progreso area (Figure 2.2), located at about 2250m above sea level and covering an area of 1.2 ha, the area of interest was lot 87/0568. This lot contained only Guacas Reddish Brown and Lourdes Red Slipped ceramics in the regional survey collection. In the general area of 87/0568, we distinguished and tested four discrete areas. The first is a natural flat area designated VP1067-A (Figure 2.26). Two shovel probes, out of six excavated, produced artifacts (J92/155 produced two Tachuelo Burnished sherds and J92/156 four Planaditas Burnished Red sherds). A surface collection (J92/162) in a path below the tested area produced three Guacas Reddish Brown and four Planaditas Burnished Red fragments.

The second area was a *tambo* about 8 by 12m designated VP1067-B (Figure 2.27). Of three shovel probes, only one (J92/166) produced Lourdes Red Slipped ceramics (one fragment along with nine Planaditas Burnished Red, 28 Guacas Reddish Brown, and five Barranquilla Buff sherds).

The third and fourth areas are located on the same flat area above the *tambo* (Figure 2.27). VP1067-C is a circular

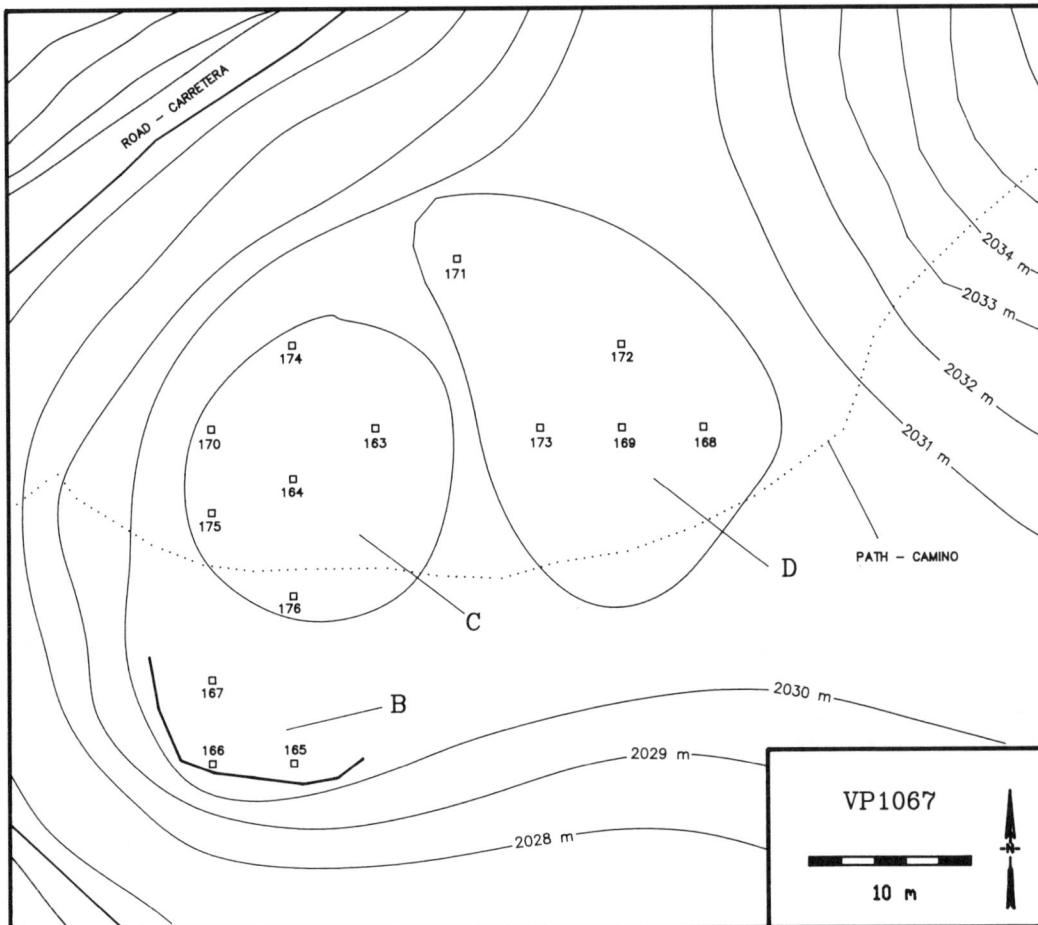

Figure 2.27 Map of VP1067-B, VP1067-C, and VP1067-D in the El Progreso site concentration with location of shovel probes.

Figura 2.27 Mapa de VP1067-B, VP1067-C y VP1067-D en la concentración de sitios en El Progreso con la localización de las pruebas de pala.

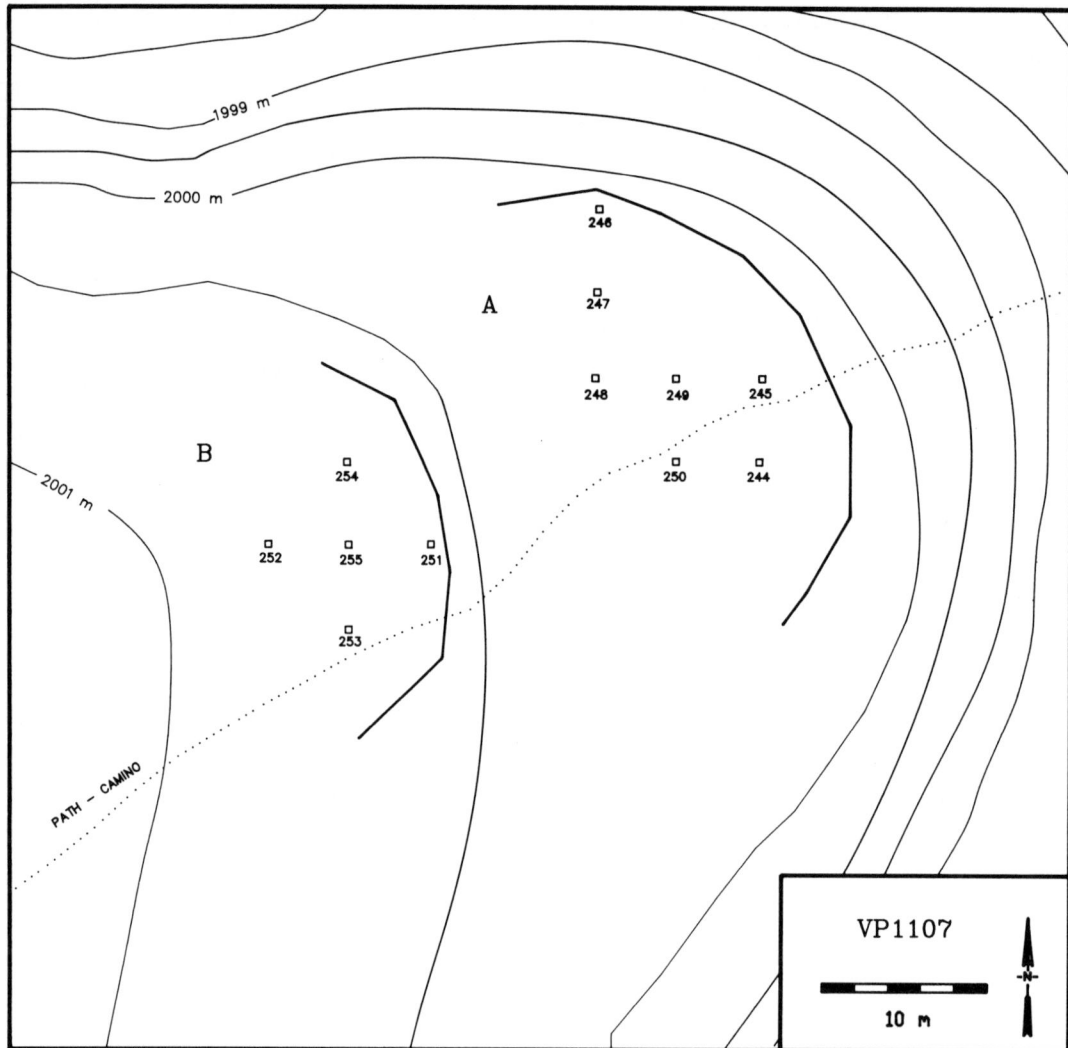

Figura 2.28. Mapa de VP1107 en la concentración de sitios en Minas con la localización de las pruebas de pala.
Figure 2.28. Map of VP1107 in the Minas site concentration with location of shovel probes.

(Figura 2.29); la recolección superficial (J92/263) produjo diez fragmentos Barranquilla Crema.

En la zona VP1109-A, cuatro de las cinco pruebas de pala produjeron tiestos. Dos de éstas (J92/259 y J92/260) produjeron solamente tiestos Guacas Café Rojizo, mientras que las otras dos (J92/256 y 257) produjeron 23 fragmentos Planaditas Rojo Pulido y sólo un fragmento Lourdes Rojo Engobado (ver Apéndice). En la zona VP1109-B se excavaron dos pruebas de pala y sólo una (J92/262) produjo siete fragmentos cerámicos Barranquilla Crema.

Los sitios siguientes son del área de Belén (Figura 2.2), con alturas aproximadas entre los 1.950 y 2.000 m sobre el nivel del mar. El sitio VP1332, de 2.5 ha, se seleccionó para la prospección intensiva, no por la alta proporción de tiestos Lourdes Rojo Engobado encontrados en la colección del reconocimiento regional, sino por su localización en el corazón de la concentración de población durante el Formativo 3 en la zona de Belén. Puesto que la mayor parte del sitio está culti-

vado, inicialmente se hicieron seis recolecciones superficiales (Figura 2.30).

Cinco de estas recolecciones (J92/267, J92/268, J92/269, J92/270 y J92/271) produjeron una muestra de 108 tiestos Barranquilla Crema, 21 tiestos Guacas Café Rojizo, 3 Lourdes Rojo Engobado, 74 Planaditas Rojo Pulido y 2 Tachuelo Pulido. La otra recolección superficial (J92/272) se compone de una muestra de 63 tiestos diagnósticos de unas pocas vasijas diferentes. Estos tiestos se recolectaron en un lugar donde, de acuerdo con los propietarios de la finca, una tumba había sido guaqueada. Aunque estos materiales presentan un estado avanzado de erosión, ninguno parece corresponder al tipo Lourdes Rojo Engobado.

En el sitio VP1332, además de las recolecciones superficiales, se excavaron cuatro pruebas de pala en una zona de pastos, con el propósito de investigar la naturaleza de los depósitos en áreas menos alteradas como resultado de la actividad agrícola reciente. Sólo dos pruebas produjeron artefactos. La prueba

concavity. Of six shovel probes excavated, two produced Lourdes Red Slipped materials (J92/164 and 176). At VP1067-D none of the five shovel probes produced Lourdes Red Slipped ceramics. Three probes (J92/168, J92/169 and J92/173) produced only Guacas Reddish Brown ceramics while J92/171 produced only Planaditas Burnished Red. At J92/172, Barranquilla Buff, Guacas Reddish Brown and Planaditas Burnished Red were present. At VP1067-B and VP1067-C, however, Planaditas Burnished Red and Guacas Reddish Brown were present in larger proportions than Lourdes Red Slipped (see Appendix).

The next two sites to be discussed are located in the Minas area (Figure 2.2), at about 2000m above sea level. At VP1107, a site covering 1.2 ha, the area of interest was lot 87/0456 which yielded Barranquilla Buff, Guacas Reddish Brown and Lourdes Red Slipped in about the same proportions as in regional survey collections. Two *tambos* out of the three from this lot area were tested.

VP1107-A is a *tambo* about 20 by 10m, in which seven shovel probes were dug (Figure 2.28). Of these, one (J92/248) did not produce ceramics; only one (J92/249) produced Lourdes Red Slipped (three, along with one Guacas Reddish Brown sherd). The other probes produced Planaditas Burnished Red fragments exclusively, except J92/244 and J92/246 which produced some Barran-

quilla Buff ceramics. Planaditas Burnished Red ceramics, were, however, the most common (Table 2.3).

At VP1107-B, a *tambo* 15 by 10m, five shovel probes were excavated (Figure 2.28) and only two produced Lourdes Red Slipped ceramics (J92/253 and 254—two sherds each). Planaditas Burnished Red and Guacas Reddish Brown were also present in these shovel probes. The total count of Planaditas

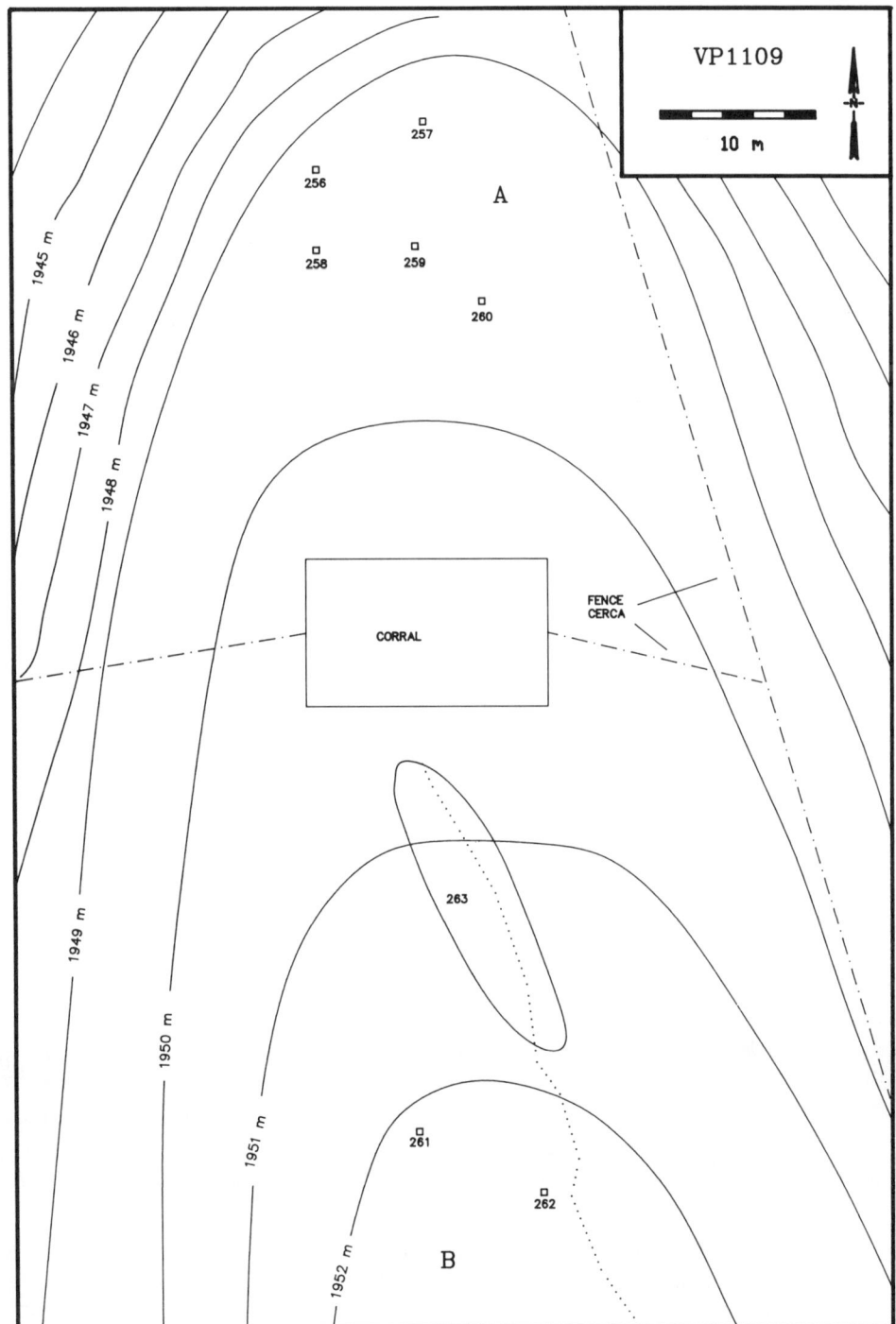

Figure 2.29
Map of VP1109 in the Minas site concentration with location of shovel probes.

Figura 2.29
Mapa de VP1109 en la concentración de sitios en Minas con la localización de las pruebas de pala.

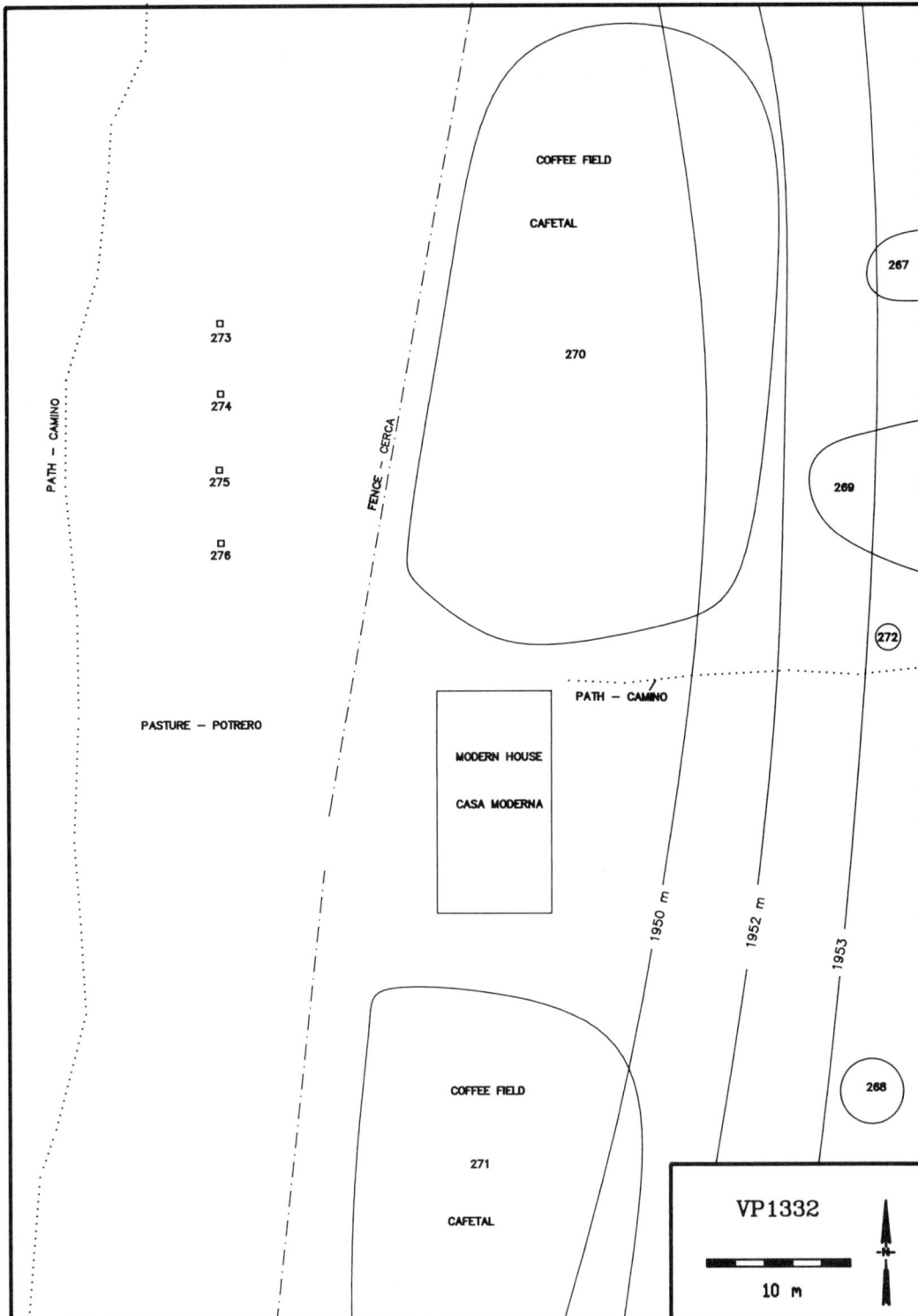

Figura 2.30. Mapa de VP1332 en la concentración de sitios en Belén con la localización de las pruebas de pala.
Figure 2.30. Map of VP1332 in the Belén site concentration with location of shovel probes.

J92/273 produjo dos fragmentos Guacas Café Rojizo y dos fragmentos Barranquilla Crema, mientras que la prueba J92/276 produjo un fragmento Planaditas Rojo Pulido. La evidencia indica que aún en este sitio, localizado en el corazón de una concentración regional de asentamiento durante el Formativo 3, las cerámicas Lourdes Rojo Engobado están presentes en muy bajas densidades.

Burnished Red was higher than that for any other type (Table 2.3).

At VP1109, a site covering about .25 ha, the zone of interest was lot 87/0463 which had only Barranquilla Buff and Lourdes Red Slipped in the regional survey collection (Table 2.2). Here, two areas were tested and a surface collection was made (Figure 2.29); the surface collection (J92/263) produced ten Barranquilla Buff fragments.

At VP1109-A, four out of five shovel probes produced ceramics. Two of these (J92/259 and 260) produced only Guacas Reddish Brown, while the other two (J92/256 and 257) produced 23 Planaditas Burnished Red fragments and one Lourdes Red Slipped fragment (see Appendix). At VP1109-B two shovel probes were excavated but only one (J92/262) produced seven Barranquilla Buff ceramic fragments.

The following sites are from the Belén area (Figure 2.2), at about 1950 to 2000m above sea level. Site VP1332, which covers about 2.5 ha, was selected for testing not because of the large proportion of Lourdes Red Slipped in the regional survey collection, but because of its location at the heart of the Formative 3 regional population concentration in the Belén zone. Since most of the area of this site is under cultivation, a total of six separate surface collections were initially made (Figure 2.30).

Five of these collections (J92/267, J92/268, J92/269, J92/270 and J92/271) produced a sample of 108 Barranquilla Buff, 21 Guacas Reddish Brown, 3 Lourdes Red Slipped, 74 Planaditas Burnished Red and 2 Tachuelo Burnished fragments. The other surface collection (J92/272) consists of a sample of 63 diagnostic sherds from only a few different vessels. These were collected in a spot where, according to the owners of the property, a single tomb had been looted. Although these materials are very weathered, none seems to be Lourdes Red Slipped.

In addition to the surface collections, four shovel probes were also excavated in VP1332 in an area of grassy pasture in order to examine deposits less disturbed from recent agricultural practices. Only two probes produced artifacts. J92/273 produced two Guacas Reddish Brown and two Barranquilla Buff fragments while J92/276 produced one Planaditas Burnished Red fragment. Even at this site, in the core of a Forma-

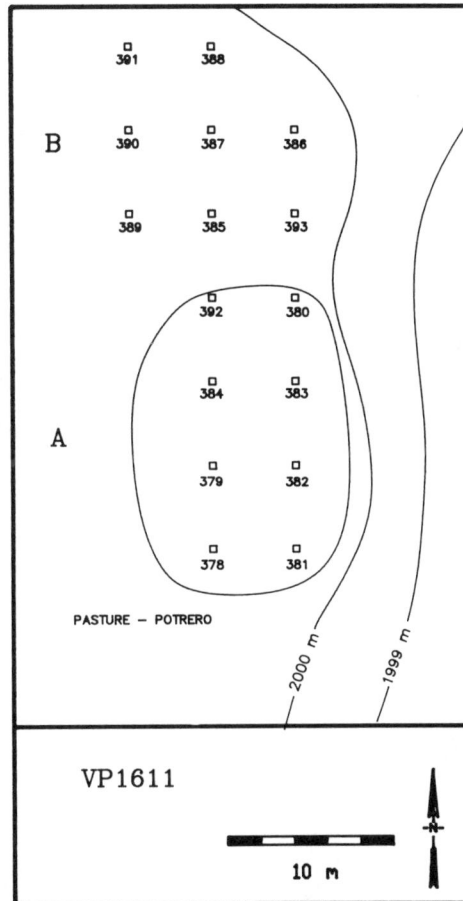

Figure 2.31. Map of VP1611 in the Belén site concentration with location of shovel probes.
Figura 2.31. Mapa de VP1611 en la concentración de sitios en Belén con la localización de las pruebas de pala.

tive 3 regional settlement concentration, then, Lourdes Red Slipped ceramics are present only in low densities.

The second site from the Belén area is VP1611 which covers an area of about 2 ha. The focus of interest was lot 87/0365. Two discrete zones were tested (Figure 2.31). At VP1611-A, one shovel probe, J92/384 (out of the eight excavated), did not produce artifacts. Probe J92/381, the only probe where Lourdes Red Slipped was recovered, produced four Lourdes Red Slipped ceramics and 16 Barranquilla Buff sherds. The most abundant type of ceramic after Barranquilla Buff was Planaditas Burnished Red (Table 2.3).

At VP1611-B, no Lourdes Red Slipped ceramics were found. Out of eight shovel probes (Figure 2.31) only J92/390 did not produce ceramics. Five more produced Planaditas Burnished Red, and only two, Guacas Reddish Brown ceramics (see Appendix). Planaditas Burnished Red was also the second largest ceramic type by proportion (Table 2.3 and Table 2.4).

The third site from the Belén area is VP1613. In this site, which covers about 3 ha, the area of interest was lot 87/0413. Even though all phases were represented in the regional survey collection, the site was studied more intensively because of its location in a regional concentration of Formative 3 settlement. Two adjacent *tambos*, located on the northern edge of lot 87/0413, were tested (Figure 2.32).

At VP1613-A, only one probe (J92/365) out of ten excavated produced two Lourdes Red Slipped ceramic fragments; these were found along with 16 Planaditas Burnished Red, 3 Guacas Reddish Brown and 6 Barranquilla Buff sherds. Planaditas Burnished Red was found in six shovel probes, and it represents the largest ceramic proportion at the site (Tables 2.3 and 2.4).

At VP1613-B, five shovel probes were excavated, but no Lourdes Red Slipped fragments were recovered. These probes produced Barranquilla Buff fragments exclusively, except for probe J92/374 which also produced six Planaditas Burnished Red sherds.

The fourth site from the Belén area is VP1682, which covers about 1.5 ha. The area of interest was lot 87/0515 where the regional survey collection contained all types but Tachuelo Burnished and Planaditas Burnished Red. Six shovel probes at VP1682-A (out of nine) produced ceramics. Only one Lourdes

El segundo sitio de la zona de Belén es el VP1611 que cubre un área de 2 ha. El foco de interés fue el lote 87/0365. Aquí, dos zonas discretas fueron prospectadas (Figura 2.31). En la zona VP1611-A, una prueba de pala, J92/384 (de las ocho excavadas), no produjo artefactos. La prueba J92/381, la única en que se recuperó material del tipo Lourdes Rojo Engobado, produjo cuatro tiestos Lourdes Rojo Engobado y 16 tiestos Barranquilla Crema. El tipo cerámico más abundante, después de Barranquilla Crema, fue el tipo Planaditas Rojo Pulido (Tabla 2.3).

En la zona VP1611-B, no se encontraron tiestos Lourdes Rojo Engobado. De ocho pruebas de pala (Figura 2.31) sólo la prueba J92/390 no produjo tiestos. Otras cinco produjeron el tipo Planaditas Rojo Pulido y sólo dos el tipo Guacas Café Rojizo (ver Apéndice). En este caso, la segunda proporción más alta de los tipos cerámicos le corresponde también al tipo Planaditas Rojo Pulido (Tabla 2.3 y Tabla 2.4).

El tercer sitio de la zona de Belén es VP1613. En este sitio de 3 ha, el área de interés fue el lote 87/0413. Aunque todas la fases estaban representadas en la colección del reconocimiento regional, el sitio se estudió en detalle dada su ubicación en una concentración regional de asentamientos del Formativo 3. Dos tambos adyacentes, localizados sobre el borde norte del lote 87/0413, fueron prospectados (Figura 2.32).

En el tambo VP1613-A, de las diez pruebas de pala excavadas sólo una (J92/365) produjo dos fragmentos cerámicos Lourdes Rojo Engobado; estos se encontraron acompañados por 16 tiestos Planaditas Rojo Pulido, 3 Guacas Café Rojizo y 6 Barranquilla Crema. El tipo Planaditas Rojo Pulido se encontró en seis pruebas de pala, y este representa la proporción más alta de los tipos cerámicos en este sitio (Tablas 2.3 y 2.4).

En VP1613-B, se excavaron cinco pruebas de pala, pero no se recobraron tiestos Lourdes Rojo Engobado. Estas pruebas produjeron fragmentos Barranquilla Crema exclusivamente, con excepción de la prueba J92/374 que produjo también seis tiestos Planaditas Rojo Pulido.

El cuarto sitio del área de Belén es VP1682, con un área de 1.5 ha. El área de interés fue el lote 87/0515, donde la colección del reconocimiento regional contenía todos los tipos, menos Tachuelo Pulido y Planaditas Rojo Pulido. De las nueve pruebas de pala excavadas en VP1682-A, seis produjeron tiestos. Sólo se encontró un tiesto Lourdes Rojo Engobado (en la prueba de pala J92/330, que produjo además, 11 tiestos Planaditas Rojo Pulido, 1 Tachuelo Pulido, 3 Guacas Café Rojizo, y 1 Barranquilla Crema). En la zona VP1682-B, una prueba de pala produjo cuatro tiestos Planaditas Rojo Pulido (Figura 2.33).

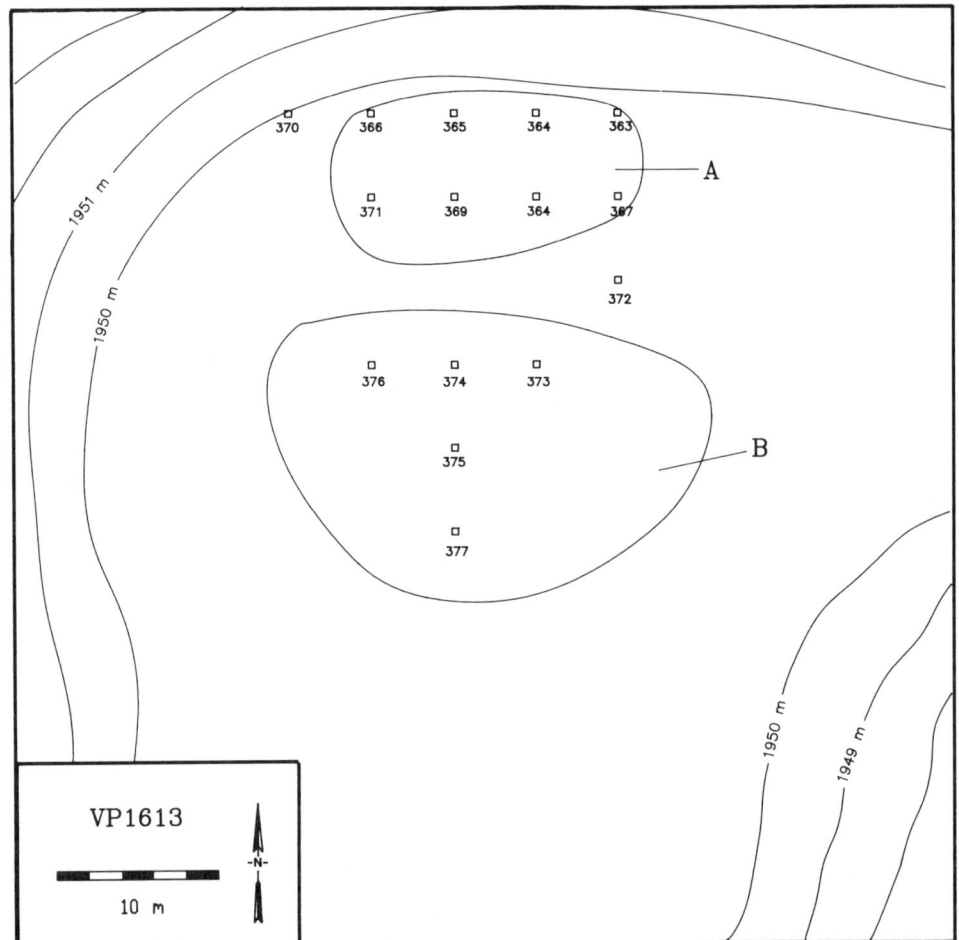

Figura 2.32
Mapa de VP1613 en la concentración de sitios en Belén con la localización de las pruebas de pala.

Figure 2.32
Map of VP1613 in the Belén site concentration with location of shovel probes.

Red Slipped fragment was recovered (in shovel probe J92/330, which also produced 11 Planaditas Burnished Red, 1 Tachuelo Burnished, 3 Guacas Reddish Brown, and 1 Barranquilla Buff fragment). At VP1682-B, one shovel probe produced four Planaditas Burnished Red sherds (Figure 2.33).

The fifth site from the Belén area is VP1705, which covers about 2 ha. The area of interest was lot 87/0745 which, although the regional survey collection contained all types, produced a high count of Lourdes Red Slipped (Table 2.2). The site is a natural *planada* about 100 by 35m (Figure 2.34). Two surface collections were made in corn and potato fields (J92/416 and J92/417) and only two Lourdes Red Slipped fragments were recovered. These collections also produced 34 Barranquilla Buff, 46 Guacas Reddish Brown, and 9 Planaditas Burnished Red fragments.

Two grassy zones designated VP1705-A and B were tested with 11 shovel probes. Although the evidence is not very clear, we think these zones represent two discrete areas of habitation, indicated by two roughly circular possible house depressions.

At VP1705-A, five shovel probes were excavated but J92/418 and J92/419 did not produce artifacts. The other probes did not produce Lourdes Red Slipped fragments (Table 2.3). At VP1705-B, probe J92/428 did not produce any artifacts at all. The only two Lourdes Red Slipped fragments were

found in J92/425, where 28 Barranquilla Buff, 13 Guacas Reddish Brown, and 2 Planaditas Burnished Red sherds were also found. At J92/227, a complete Barranquilla Buff vessel (at about 43 to 51 cm below the surface) was also recovered. As Table 2.4 shows, Guacas Reddish Brown and Planaditas Burnished Red are present in about the same proportions.

The sixth site from the Belén cluster is VP1885, which covers about 2 ha. Our focus of interest was lot BE/0809, which produced all ceramic types but Tachuelo Burnished and Planaditas Burnished Red in the regional survey collection (Table 2.2). The site is located at the bottom of a hill, on what seems to be a natural terrace cut by a small creek which defines the site boundary to the north (Figure 2.35). Of a total of 19 shovel probes, only one (J91/188) failed to produce artifacts. The results of the others indicate that Planaditas Burnished Red ceramics are also present although in a lower proportion than Lourdes Red Slipped (Table 2.4). Of the five probes with Lourdes Red Slipped (J91/192, J91/200, J91/201, J91/203 and J91/206), Planaditas Burnished Red fragments were found in only two (J91/201 and J91/203). Two surface collections (J91/189 and J91/204) produced a sample of 35 Barranquilla Buff, 32 Guacas Reddish Brown, 3 Lourdes Red Slipped and one Planaditas Burnished Red fragments.

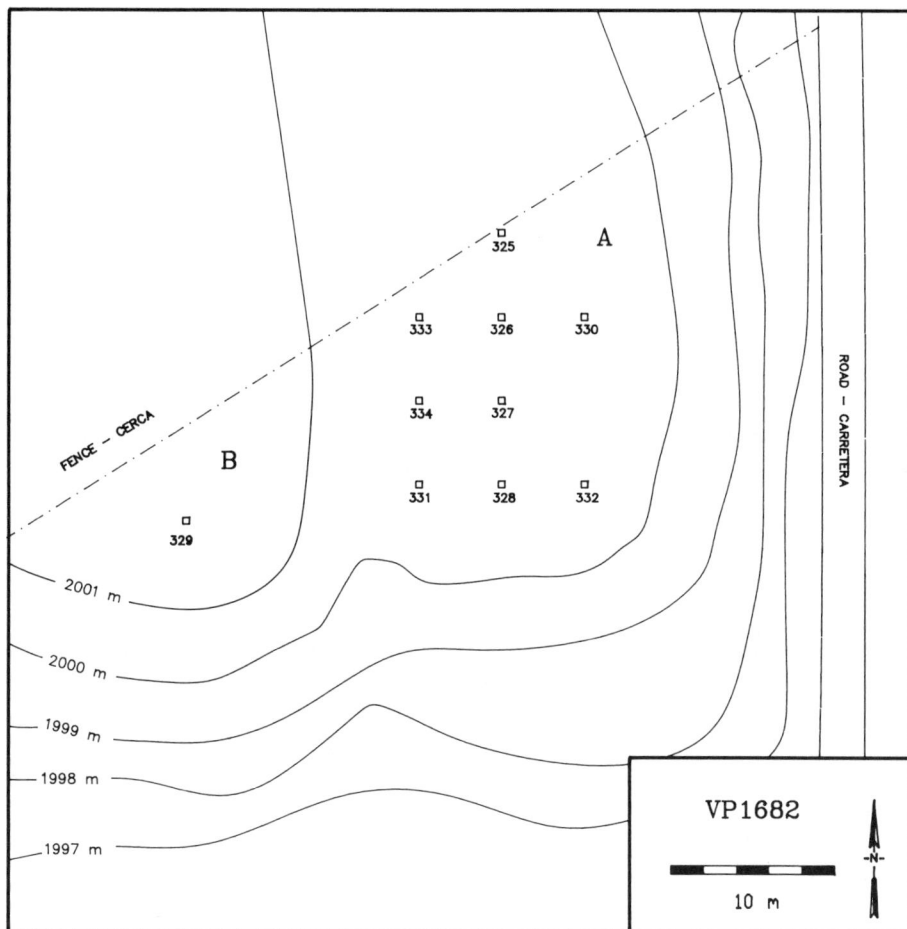

Figure 2.33
Map of VP1682 in the Belén site concentration with location of shovel probes.

Figura 2.33
Mapa de VP1682 en la concentración de sitios en Belén con la localización de las pruebas de pala.

Figura 2.34
Mapa de VP1705 en
la concentración de
sitios en Belén con
la localización de las
pruebas de pala.

Figure 2.34
Map of VP1705 in
the Belén site con-
centration with loca-
tion of shovel pro-
bes.

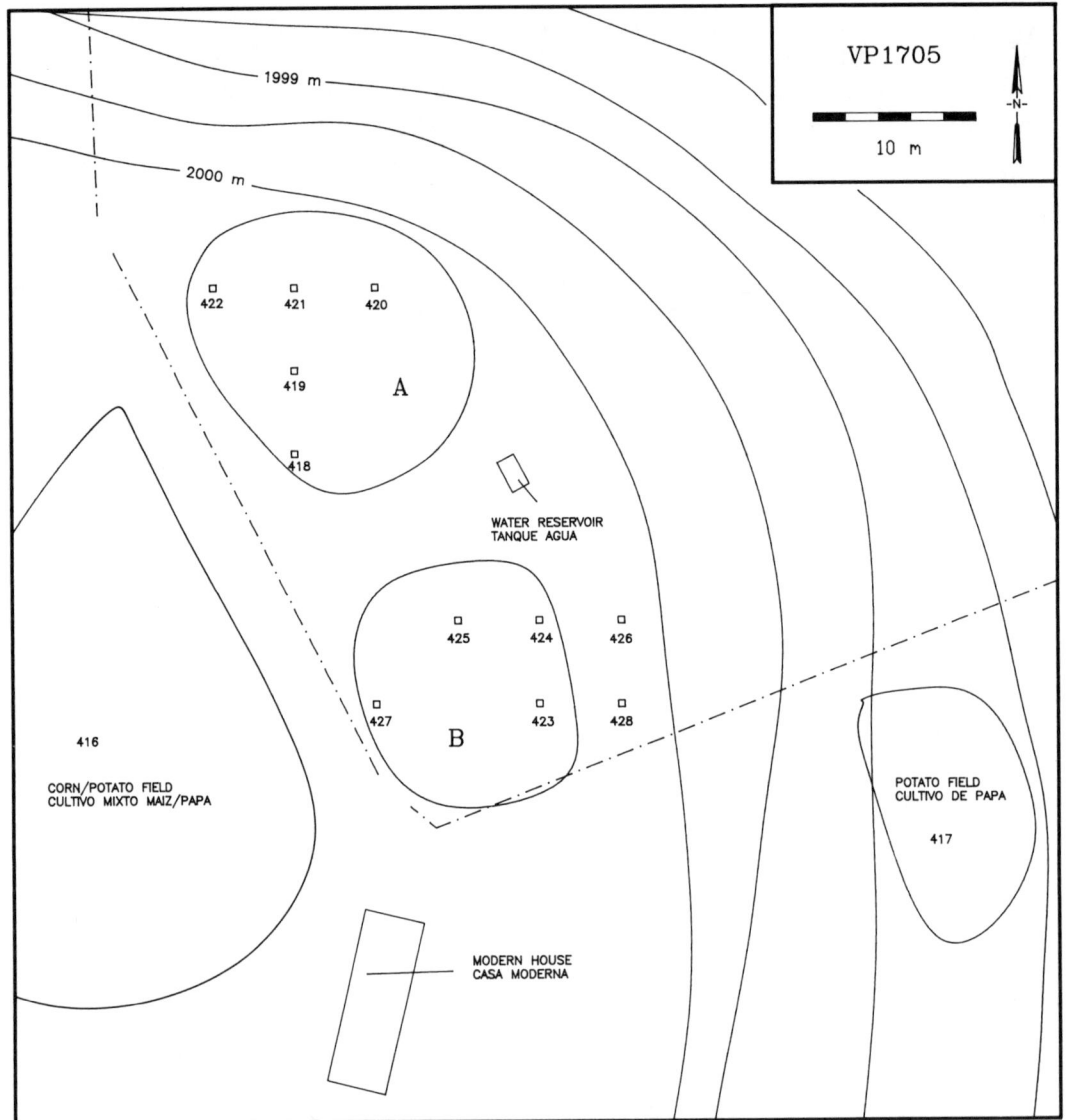

El quinto sitio de la zona de Belén es VP1705, con un área de 2 ha. El área de interés fue el lote 87/0745 el cual, aunque contenía todos los tipos en la colección del reconocimiento regional, produjo un alto número de tiestos Lourdes Rojo Engobado (Tabla 2.2). El sitio es una planada natural de 100 por 35 m (Figura 2.34). Se hicieron dos recolecciones superficiales en un cultivo de maíz y papa (J92/416 y J92/417), y sólo se encontraron dos fragmentos Lourdes Rojo Engobado. Estas recolecciones produjeron también 34 tiestos Barranquilla Crema, 46 tiestos Guacas Café Rojizo y 9 tiestos Planaditas Rojo Pulido.

Dos zonas en pastos, designadas como VP1705-A y B fueron prospectadas con 11 pruebas de pala. Aunque la evidencia no es muy clara, creemos que estas zonas representan dos áreas discretas de habitación, indicadas por dos depresiones de forma más o menos circular.

En VP1705-A se excavaron cinco pruebas de pala, pero J92/418 y J92/419 no produjeron artefactos. Las otras pruebas no produjeron fragmentos Lourdes Rojo Engobado (Tabla

2.3). En VP1705-B, la prueba J92/428 no produjo artefactos de ninguna clase. Los únicos dos fragmentos Lourdes Rojo Engobado encontrados provienen de J92/425, donde se encontraron además 28 tiestos Barranquilla Crema, 13 tiestos Guacas Café Rojizo y 2 tiestos Planaditas Rojo Pulido. En J92/227, se recuperó una olla completa, del tipo Barranquilla Crema (entre los 43 y 51 cm de profundidad). Como se ve en la Tabla 2.4, la proporción de los tipos Guacas Café Rojizo y Planaditas Rojo Pulido es aproximadamente la misma.

El sexto sitio de la zona de Belén es VP1885, con un área de 2 ha. Nuestro foco de interés fue el lote BE/0809 que en la colección del reconocimiento regional produjo todos los tipos cerámicos con la excepción de Tachuelo Pulido y Planaditas Rojo Pulido (Tabla 2.2). El sitio está localizado en la base de una colina, en lo que parece ser una terraza natural, cortada por la pequeña quebrada que define el límite del sitio en la parte norte (Figura 2.35). Sólo una prueba de pala (J91/188), de las 19 excavadas, no produjo artefactos. Los resultados de las otras pruebas de pala indican que el tipo Planaditas Rojo

Figure 2.35
Map of VP1885 in the Belén site concentration with location of shovel probes.

Figura 2.35
Mapa de VP1885 en la concentración en Belén con la localización de las pruebas de pala.

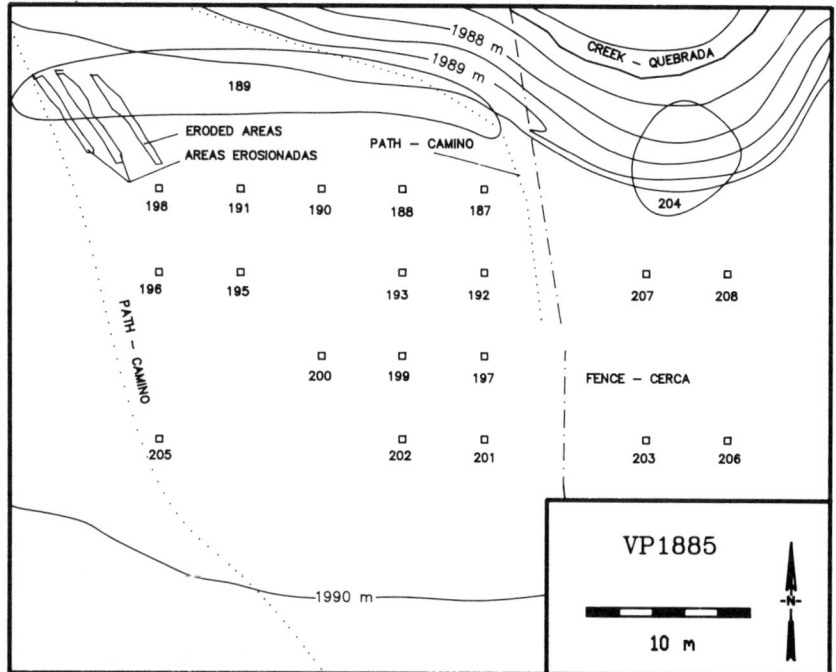

From the Lourdes area (Figure 2.2) our interest was in site VP0173. Here, the focus was lot GJ/0058 where the regional survey collection had all types but Planaditas Burnished Red and Tachuelo Burnished and where Lourdes Red Slipped was very abundant (22 fragments). The site is located at about 1700m above sea level and is part of a large natural terrace where several burial mounds are present (Jaramillo 1985).

In the area of lot GJ/0058, three surface collections (J92/143, J92/144 and J92/145) produced 2 Lourdes Red Slipped, 5 Planaditas Burnished Red, 19 Guacas Reddish Brown and 3 Barranquilla Buff fragments (Figure 2.36). Additionally, eight shovel probes were excavated. Four shovel probes produced Lourdes Red Slipped (J92/148, J92/150, J92/153 and J92/154). Probe J92/150 produced exclusively Lourdes Red Slipped (one fragment). In all other cases where Lourdes Red Slipped was present, Planaditas Burnished Red and Guacas Reddish Brown were also present. As seen in Table 2.3, there were about three times more Planaditas Burnished Red than Lourdes Red Slipped. No further testing was done at this site due to the waterlogged terrain (in some cases the water table was about 20 cm below ground) and because, as a consequence, the ceramics were severely eroded.

The next two sites are from the El Rosario area (Figure 2.2), located at altitudes between 1750 and 1800m above sea level. At VP0245, a site that covers about 3.3 ha, the area of interest was lot CS/0042 where the regional survey collected only Guacas Reddish Brown and Lourdes Red Slipped, in the same proportions (Table 2.2). The area investigated was restricted to the back section of the natural terrace which was not under cultivation (Figure 2.37). A surface collection in the coffee and maize field (J92/133) produced 5 Barranquilla Buff, 22 Guacas Reddish Brown and 3 Planaditas Burnished Red fragments.

Although there was considerable overgrowth in the section not under cultivation, we could distinguish three different areas. VP0245-A corresponds to a flat area where 12 shovel probes were excavated. Only four (J92/113, J92/115, J92/118 and J92/119) produced Lourdes Red Slipped ceramics for a total sample of six fragments. In these probes, however, either Guacas Reddish Brown or Planaditas Burnished Red or both were also found. As Table 2.3 shows, Guacas Reddish Brown and Planaditas Burnished Red were found in about the same proportion, both outnumbering Lourdes Red Slipped.

The second area is VP0245-B, toward the north edge of the terrace (Figure 2.37). Of the shovel probes excavated, three produced Lourdes Red Slipped ceramics (J92/116, 126 and 134). Shovel probe J92/126 produced an almost complete Planaditas Burnished Red vessel (at about 40 cm below ground surface) with a Lourdes Red Slipped fragment associated. Although Guacas Reddish Brown was abundant, there were twice as many Planaditas Burnished Red sherds as Lourdes Red Slipped, not counting the whole vessel (Table 2.3).

At VP0245-C, an area above VP0245-A and VP0245-B (Figure 2.37), only one probe (J92/128) of the three excavated produced a sole Lourdes Red Slipped fragment. As Table 2.3 shows, Planaditas Burnished Red was the most abundant type of ceramic.

At VP0279, a site covering an area of 3.3 ha, lot CS/0084 contained only Guacas Reddish Brown and Lourdes Red Slipped in the regional survey collection. Here we tested two different areas (Figure 2.38). At VP0279-A, lot J92/101 did not produce any ceramics. One shovel probe (J92/105) produced Barranquilla Buff (3 fragments), Guacas Reddish Brown (12 fragments), Lourdes Red Slipped (1 fragment) and Planaditas Burnished Red (9 fragments). The other shovel

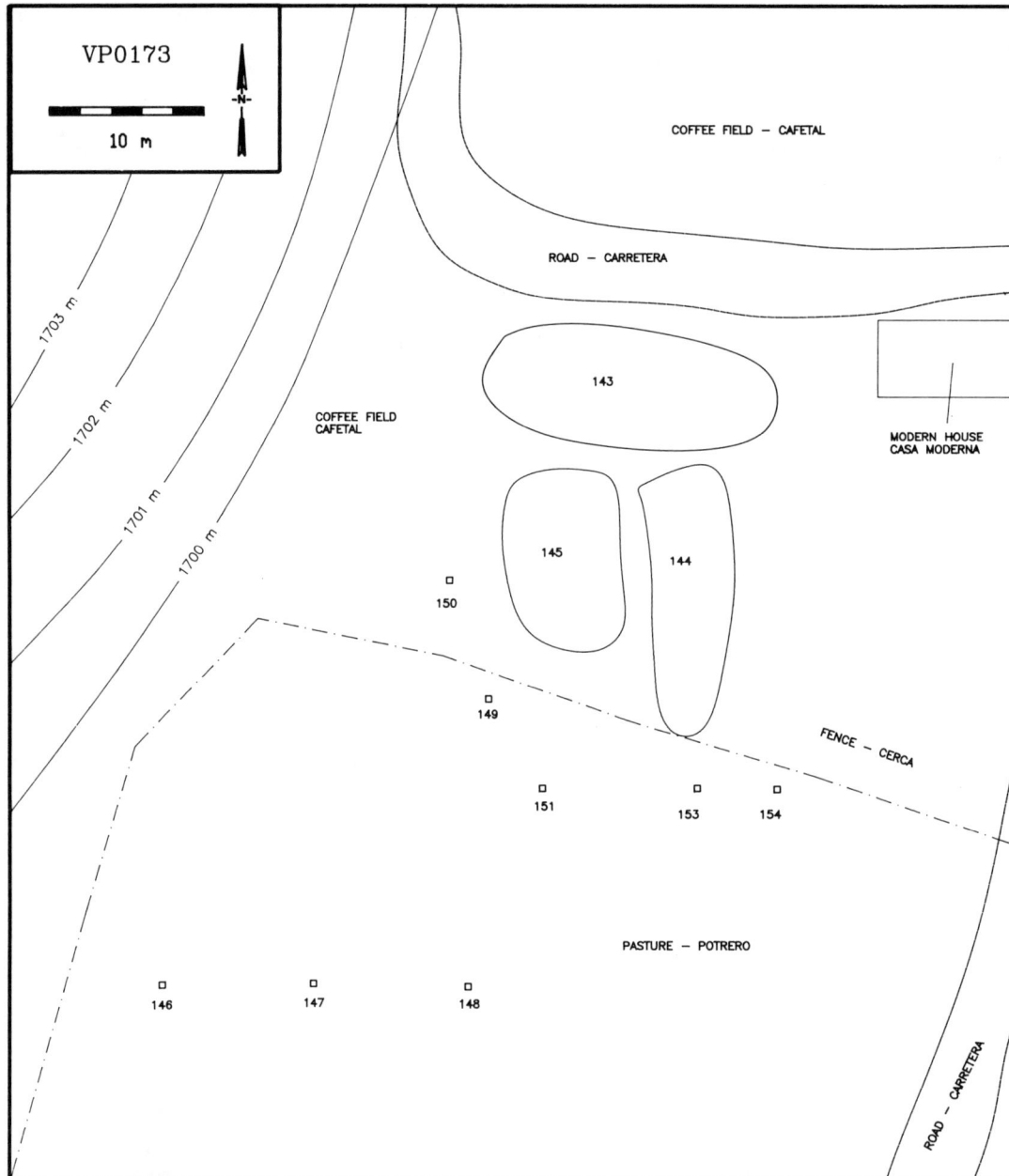

Figura 2.36. Mapa de VP0173 en la concentración de sitios en Lourdes con la localización de las pruebas de pala.
Figure 2.36. Map of VP0173 in the Lourdes site concentration with location of shovel probes.

Pulido también está presente, aunque en una proporción menor que la del tipo Lourdes Rojo Engobado (Tabla 2.4). De las cinco pruebas con Lourdes Rojo Engobado (J91/192, J91/200, J91/201, J91/203 y J91/206), sólo dos produjeron Planaditas Rojo Pulido (J91/201 y J91/203). Dos recolecciones superficiales (J91/189 y J91/204) produjeron una muestra de 35 tiestos Barranquilla Crema, 32 Guacas Café Rojizo, 3 Lourdes Rojo Engobado y un Planaditas Rojo Pulido.

En el área de Lourdes (Figura 2.2), nuestro interés fue el sitio VP0173. Aquí, el foco de interés fue el lote GJ/0058 donde la colección del reconocimiento regional tenía todos los tipos, con excepción de Planaditas Rojo Pulido y Tachuelo Pulido y donde Lourdes Rojo Engobado fue muy abundante (22 fragmentos). El sitio está localizado a una altura de 1700 m sobre el nivel del mar y es parte de una terraza natural grande en la que se encuentran varios montículos funerarios (Jaramillo 1985).

En el área del lote GJ/0058, tres recolecciones superficiales (J92/143, J92/144 y J92/145) produjeron 2 tiestos Lourdes Rojo Engobado, 5 Planaditas Rojo Pulido, 19 Guacas Café Rojizo y 3 Barranquilla Crema (Figura 2.36). Adicionalmente se excavaron ocho pruebas de pala. Cuatro de estas pruebas de

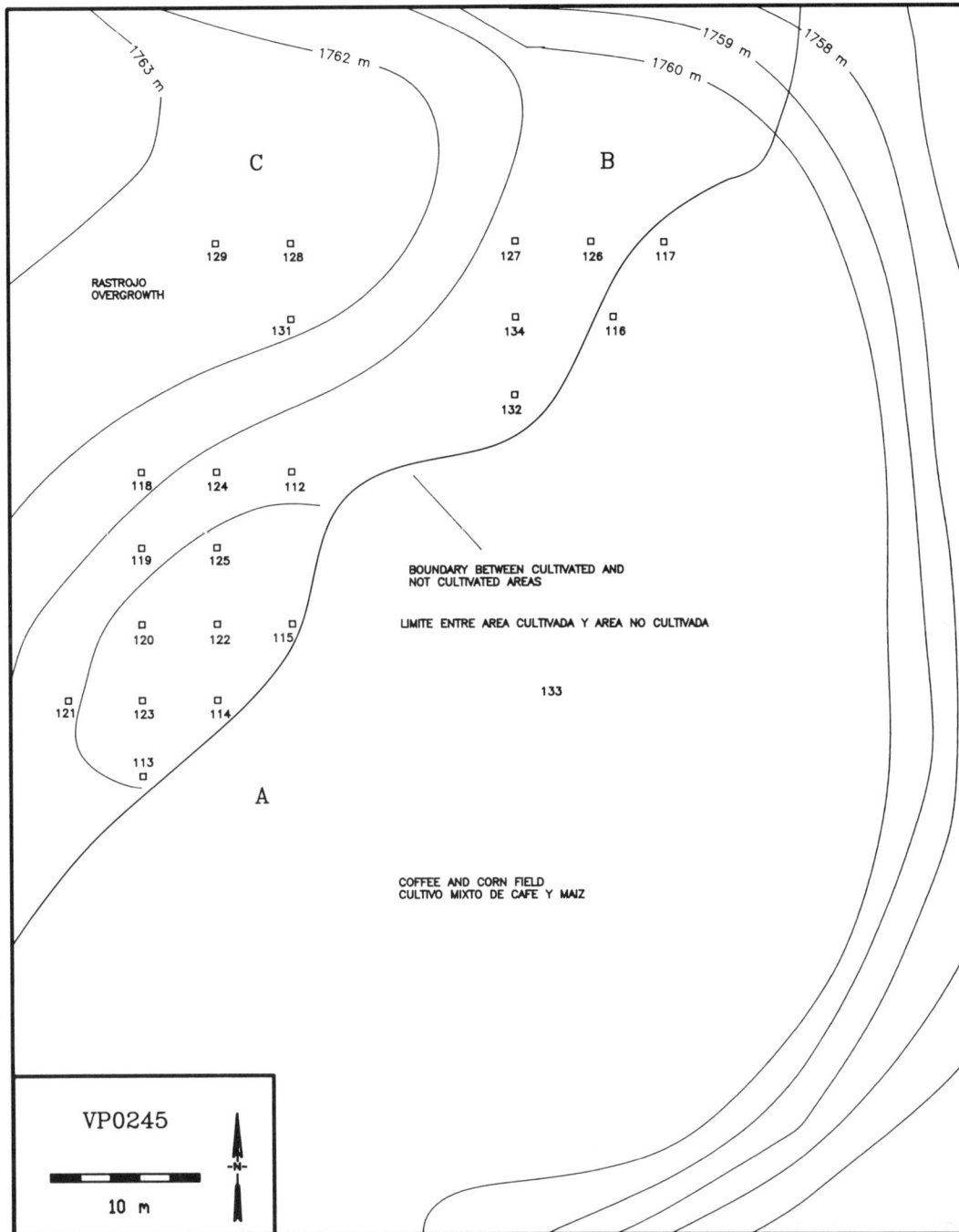

Figure 2.37. Map of VP0245 in the El Rosario site concentration with location of shovel probes.
Figura 2.37. Mapa de VP0245 en la concentración de sitios en El Rosario con la localización de las pruebas de pala.

probes produced only Guacas Reddish Brown ceramics (Table 2.3). At VP0279-B, six probes were excavated (Figure 2.38). Only two Lourdes Red Slipped fragments were recovered—in a probe where 3 Barranquilla Buff, 20 Planaditas Burnished Red, and 1 Tachuelo Burnished fragment were also found (J92/109). As Table 2.3 shows, Planaditas Burnished Red was the most common ceramic at the site.

In the Las Aguilas area (Figure 2.2), on a narrow ridge of the Serranía de las Minas, we investigated site VP0606. At this site, which is located at about 1700m above sea level, the area of interest was lot LA/0232, where the regional survey collection produced all types but Planaditas Burnished Red and Tachuelo Burnished. The site is currently a coffee plantation (Figure 2.39). Three shovel probes were excavated in a *tambo* designated VP0606-A. Of the 60 ceramic fragments recovered, one was Lourdes Red Slipped (from shovel probe J92/200, where nine Planaditas Burnished Red fragments and nine Guacas Reddish Brown fragments were also present).

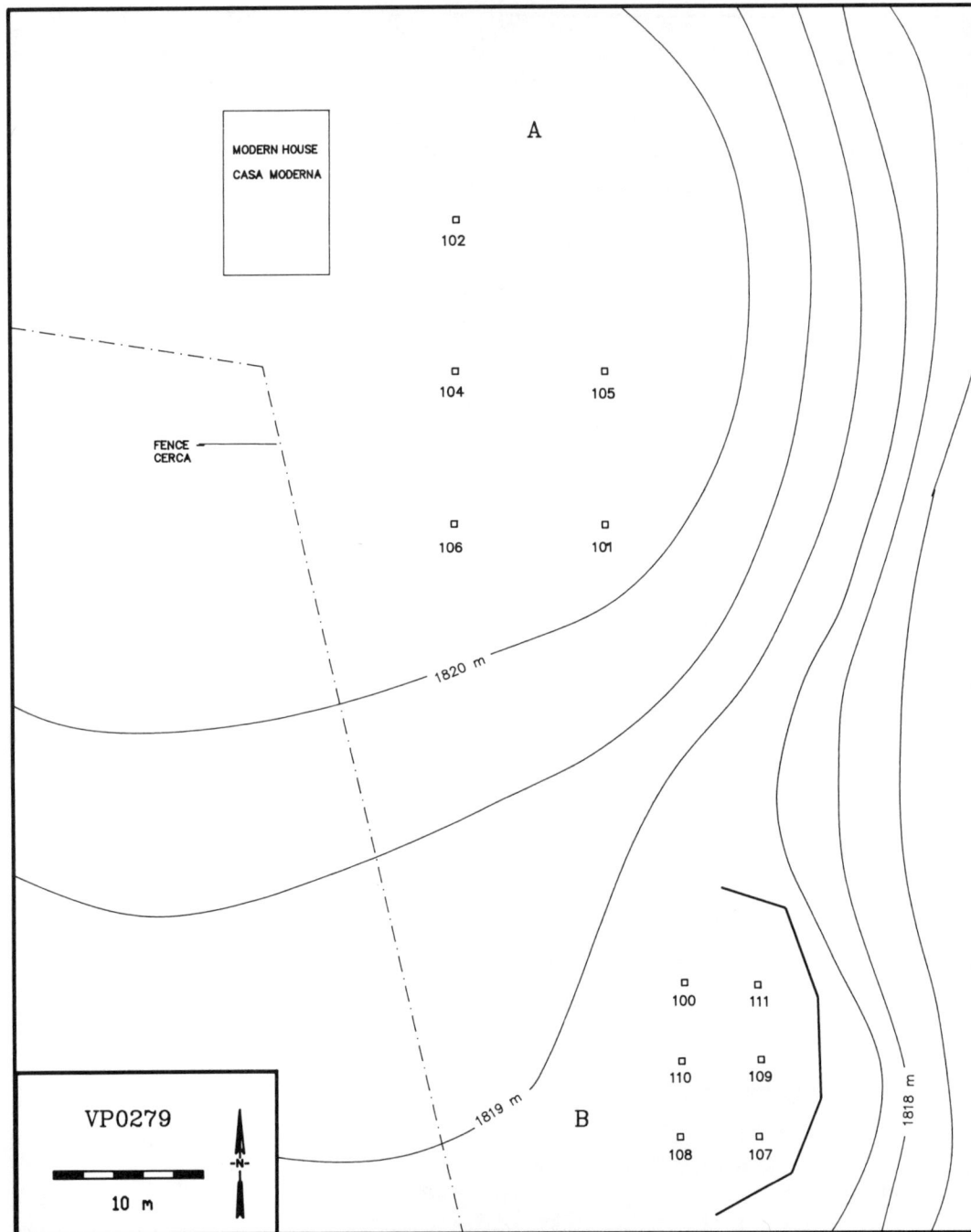

Figura 2.38. Mapa de VP0279 en la concentración de sitios en El Rosario con la localización de las pruebas de pala.
Figure 2.38. Map of VP0279 in the El Rosario site concentration with location of shovel probes.

pala produjeron Lourdes Rojo Engobado (J92/148, J92/150, J92/153 y J92/154). La prueba J92/150 produjo exclusivamente Lourdes Rojo Engobado (un fragmento). En todos los otros casos donde Lourdes Rojo Engobado estaba presente, Planaditas Rojo Pulido y Guacas Café Rojizo también estaban presentes. Como se ve en la Tabla 2.3, hubo aproximadamente tres veces más tiestos Planaditas Rojo Pulido que Lourdes Rojo Engobado. En este sitio la prospección no se continuó

debido a la naturaleza pantanosa del sitio (en algunos puntos el nivel freático estaba a 20 cm de la superficie) y porque, en consecuencia, los tiestos estaban muy erosionados.

Los dos sitios siguientes son del área de El Rosario (Figura 2.2), ubicados entre los 1750 y 1800 m sobre el nivel del mar. En VP0245, un sitio con una extensión de 3.3 ha, el área de interés fue el lote CS/0042 donde la colección del reconocimiento regional contenía solamente Guacas Café Rojizo y

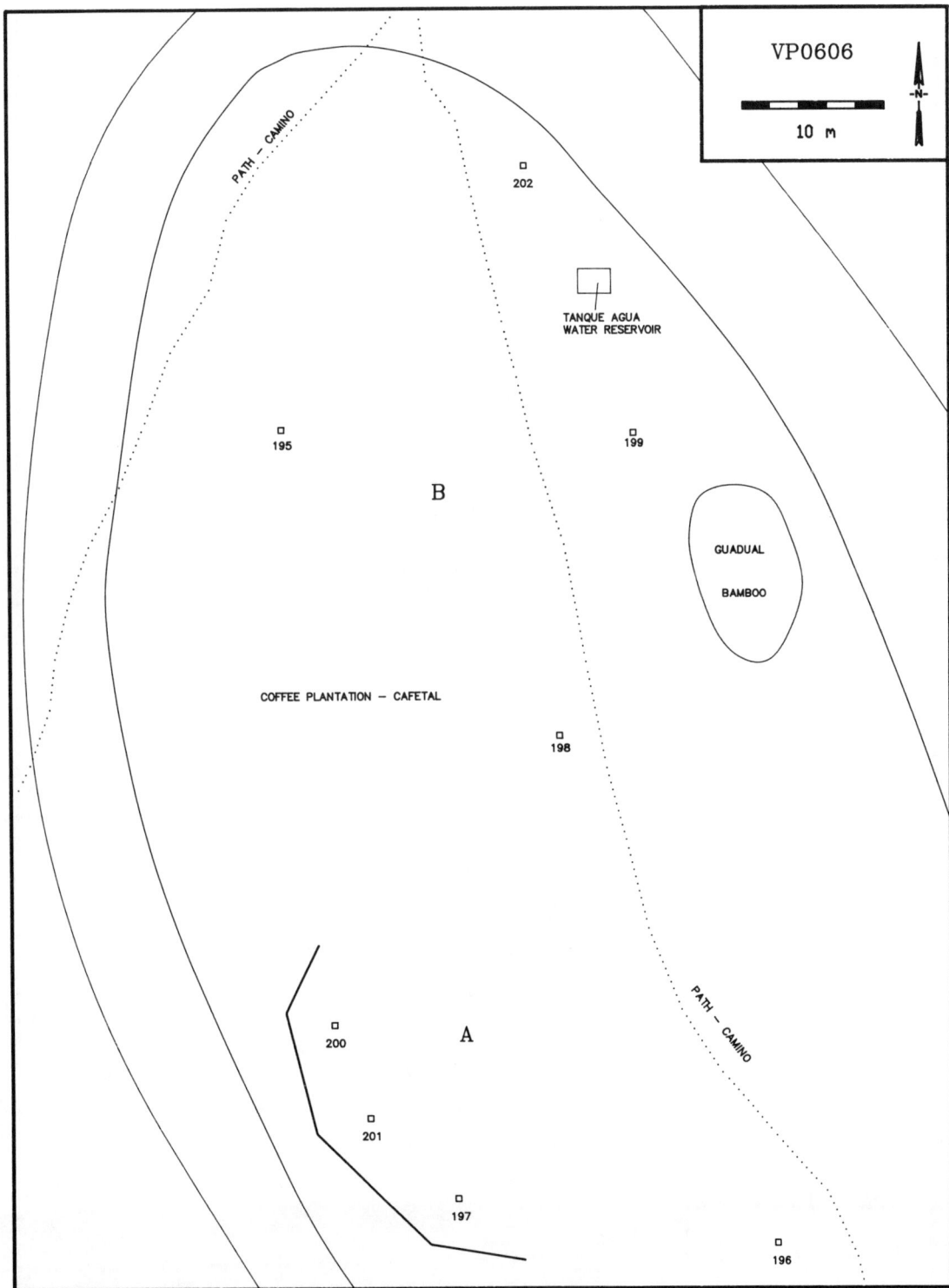

Figure 2.39. Map of VP0606 in the Las Aguilas site concentration with location of shovel probes.
Figura 2.39. Mapa de VP0606 en la concentración de sitios en Las Aguilas con la localización de las pruebas de pala.

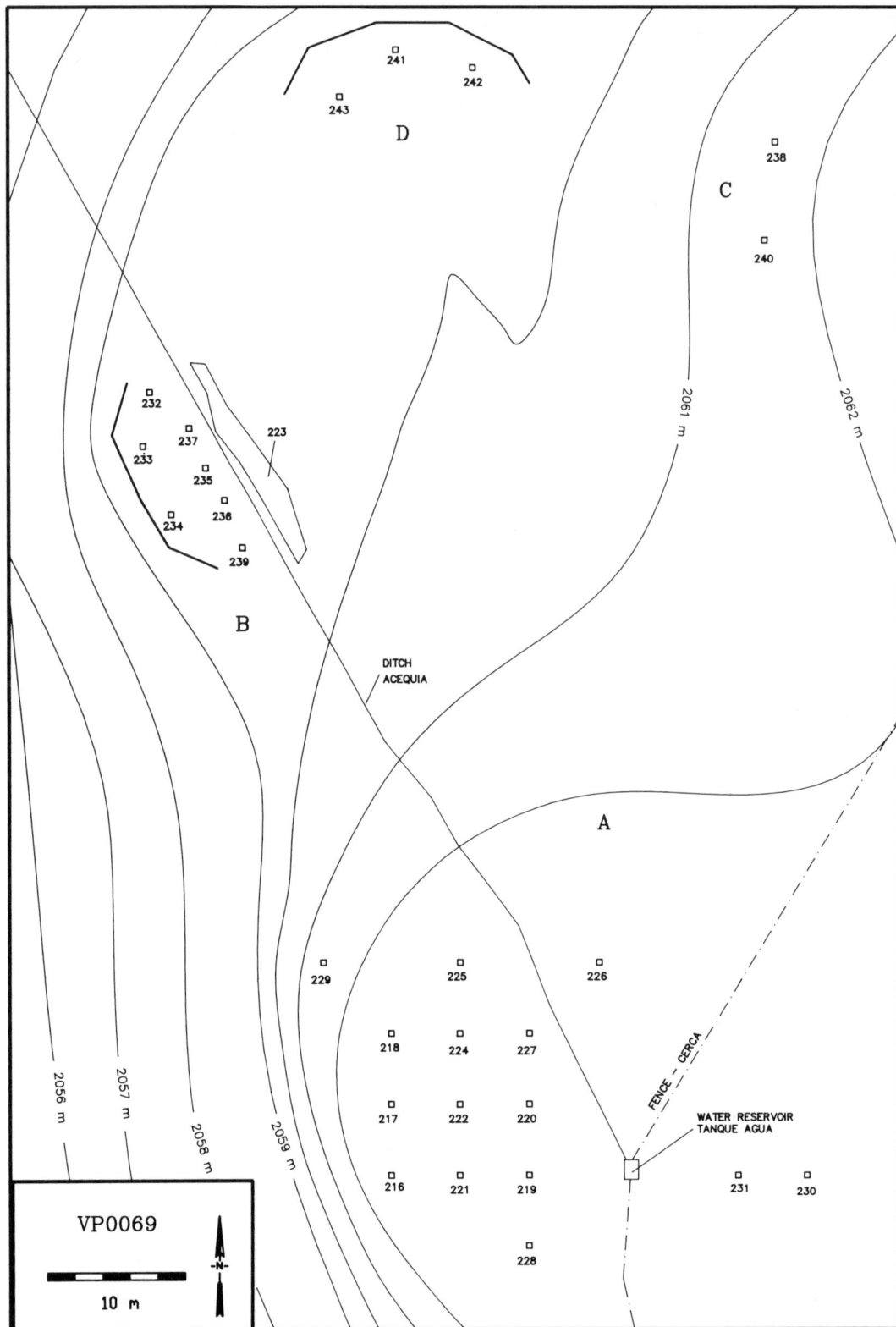

Figura 2.40. Mapa de VP0069 en la concentración de sitios en La Argentina con localización de las pruebas de pala.
Figure 2.40. Map of VP0069 in the La Argentina site concentration with location of shovel probes.

Five more scattered shovel probes, here recorded as VP0606-B, were excavated but no Lourdes Red Slipped ceramics were found. As Table 2.3 indicates, Guacas Reddish Brown was the most abundant type of ceramic.

At VP0069, a site located in the La Argentina area (Figure 2.2), at about 2060m above see level and covering about 8.8 ha, the area of interest was lot 84/0061. This regional survey collection contained Barranquilla Buff, Lourdes Red Slipped and Tachuelo Burnished ceramics. The site is a relatively flat area on a ridge of the Serranía de las Minas. Four discrete areas were tested.

At VP0069-A, 15 shovel probes were excavated (Figure 2.40), but five (J92/219, J92/225, J92/227, J92/230 and J92/231) did not produce ceramics. The remaining probes did not produce Lourdes Red Slipped ceramics. While Barranquilla Buff and Tachuelo Burnished were present as expected, Guacas Reddish Brown and Planaditas Burnished Red were also found, this last type being the most common from the combined probes (Table 2.3).

At VP0069-B, a *tambo* about 15 by 8m, seven shovel probes were excavated. Two probes (J92/232 and 235) did not produce artifacts. Although Tachuelo Burnished was present, Barranquilla Buff was not found. Instead, 4 Guacas Reddish Brown and 12 Planaditas Burnished Red were recovered (Table 2.3). However, a surface collection (J92/223) along a ditch that crosscut the back part of the *tambo* produced 3 Barranquilla Buff, 2 Guacas Reddish Brown, 1 Lourdes Red Slipped, 23 Planaditas Burnished Red and 10 Tachuelo Burnished fragments. The evidence from this *tambo* will be used in Chapter 4 in comparing Formative households.

At VP0069-C, in flat terrain, two shovel probes were excavated, and both produced Lourdes Red Slipped fragments. Still, Planaditas Burnished Red ceramics are the most abundant (Table 2.3).

At VP0069-D, a *tambo* about 15 by 20m, three shovel probes were excavated producing only Planaditas Burnished Red and Tachuelo Burnished ceramics (Table 2.3). VP0069-D will be used in Chapter 4 for comparing Formative households.

Discussion

This group of sites, then, offered promise (on the basis of regional survey information) of producing high densities of Lourdes Red Slipped ceramics. Lourdes Red Slipped, however, occurred only in low densities (at least lower than expected). By and large, Planaditas Burnished Red is the most abundant ceramic type, even at some sites where it was not present in regional survey collections. At two sites where Lourdes Red Slipped ceramics were found in large quantity, we may be dealing with concentrated remains of a single vessel rather than a representative sample of accumulated garbage. This group of sites, then, comprises another failure to find concentrations of Lourdes Red Slipped ceramics consistent with occupation during a period when Lourdes Red Slipped was the most common type in use.

Sites Investigated with Stratigraphic Tests

The following sites were investigated with stratigraphic test units in addition to the shovel probes. The first three sites are located relatively close to one another in the Formative 3 population concentration near Belén at about 1950 to 2000m above sea level (Figure 2.2). Lourdes Red Slipped ceramics had been recovered from these sites during regional survey, and they were at the center of the Formative 3 settlement concentration. Additionally, since these sites are relatively flat, well delimited areas, they were good candidates for locating midden deposits with a high density of Lourdes Red Slipped ceramics. This group of sites did not comprise all of the best possibilities for such deposits, since some sites, as in El Congreso, were eliminated for logistic and other reasons. It did, however, include many of the best prospects.

The first site to be considered is VP1614, covering about 2 ha. Of the two regional survey lots from this site, we concentrated on lot 87/0417 (Figure 2.41). An initial surface collection in the northeast section of the terrace (J92/283) produced 17 Barranquilla Buff and 36 Planaditas Burnished Red fragments. Of a total of 45 shovel probes excavated, three probes (J92/285, J92/293 and J92/316) did not produce ceramics. As Figure 2.41 shows, some areas between probes were not tested since there was evidence of recent disturbances.

The remaining shovel probes produced a sample of 689 ceramic fragments. Barranquilla Buff accounts for 61% of these; Planaditas Burnished Red, 30%; Guacas Reddish Brown, 8%; and Lourdes Red Slipped, 1.5%. Tachuelo Burnished was represented only by one fragment (see Appendix). Lourdes Red Slipped ceramics, were present in only six shovel probes (J92/284, J92/292, J92/296, J92/298, J92/305 and J92/307). There was at least one clear concentration around J92/305 and J92/307. The others, although more scattered, suggested a concentration around J92/292 (Figure 2.41). Test units C-III and C-IV were excavated in the immediate vicinity of these probes, respectively.

C-III revealed a deposit about 45 cm deep composed of three strata (Figure 2.42). In all three strata Barranquilla Buff was the most abundant ceramic type and Guacas Reddish Brown was second (Table 2.5). Only two Lourdes Red Slipped fragments were recovered and there was no Planaditas Burnished Red or Tachuelo Burnished.

C-IV also penetrated a deposit about 45 cm deep with three stratigraphic units, although the lower stratum was very different from that at C-III (Figure 2.43). The hard soil of this lower stratum initially led us to identify it as the result of some fire-related activity. On this layer, two discrete concentrations of sherds were found. After excavating about 10 cm into this layer without finding other cultural materials, we reduced the area of excavation to 40 by 40 cm. This smaller area was excavated an additional 60 cm deep. The same soil continued and no further artifacts were found. This layer, then, seems too thick and artifacts are too scarce in it to be the kind of cultural deposit we originally envisioned.

Lourdes Rojo Engobado, en la misma proporción (Tabla 2.2). El área investigada se restringió a la parte trasera de la terraza natural que no estaba cultivada (Figura 2.37). Una recolección superficial en el cultivo de café y maíz (J92/133) produjo 5 tiestos Barranquilla Crema, 22 Guacas Café Rojizo y 3 Planaditas Rojo Pulido.

Aunque en el sector no cultivado el rastrojo era alto, fue posible distinguir tres áreas diferentes. VP0245-A corresponde a una zona plana en la que se excavaron 12 pruebas de pala. Sólo cuatro (J92/113, J92/115, J92/118 y J92/119) produjeron tiestos Lourdes Rojo Engobado para una muestra total de seis fragmentos. No obstante, en estas pruebas se encontró también Guacas Café Rojizo o Planaditas Rojo Pulido o ambos. Como se ve en la Tabla 2.3, Guacas Café Rojizo y Planaditas Rojo Pulido se encontraron en aproximadamente la misma proporción, pero ambos en mayor cantidad que Lourdes Rojo Engobado.

La segunda área es VP0245-B, ubicada hacia el borde norte de la terraza (Figura 2.37). De las pruebas de pala excavadas, tres produjeron tiestos Lourdes Rojo Engobado (J92/116, 126 y 134). La prueba de pala J92/126 produjo una vasija Planaditas Rojo Pulido casi completa (a una profundidad de aproximadamente 40 cm debajo de la superficie), con un tiesto Lourdes Rojo Engobado asociado. Aunque Guacas Café Rojizo fue abundante, se encontraron dos veces más tiestos Planaditas Rojo Pulido que Lourdes Rojo Engobado, sin tomar en cuenta la vasija completa (Tabla 2.3).

En VP0245-C, un área arriba de VP0245-A y VP0245-B (Figura 2.37), sólo una prueba (J92/128) de las tres excavadas produjo un tiesto Lourdes Rojo Engobado. Como se ve en la Tabla 2.3, el tipo cerámico más abundante fue Planaditas Rojo Pulido.

En VP0279, un sitio que cubre un área de 3.3 ha, el lote CS/0084 contenía sólo Guacas Café Rojizo y Lourdes Rojo Engobado en la colección del reconocimiento regional. Aquí se prospectaron dos áreas diferentes (Figura 2.38). En VP0279-A, el lote J92/101 no produjo tiestos. Una prueba de pala (J92/105) produjo Barranquilla Crema (3 fragmentos), Guacas Café Rojizo (12 fragmentos), Lourdes Rojo Engobado (1 fragmento) y Planaditas Rojo Pulido (9 fragmentos). Las otras pruebas de pala produjeron solamente tiestos Guacas Café Rojizo (Tabla 2.3). En VP0279-B se excavaron seis pruebas (Figura 2.38). Sólo dos fragmentos Lourdes Rojo Engobado fueron recobrados—en una prueba (J92/109) en donde se encontraron además 3 tiestos Barranquilla Crema, 20 Planaditas Rojo Pulido, y 1 Tachuelo Pulido. Como se ve en la Tabla 2.3, el tipo más común en este sitio fue Planaditas Rojo Pulido.

En la zona de Las Aguilas (Figura 2.2), en una estribación angosta de la Serranía de las Minas, se investigó el sitio VP0606. En este sitio, localizado a una altura de 1700 m sobre el nivel del mar, el área de interés fue el lote LA/0232, donde la colección del reconocimiento regional produjo todos los tipos, con excepción de Planaditas Rojo Pulido y Tachuelo Pulido. El sitio es en la actualidad un cultivo de café (Figura

2.39). Tres pruebas de pala fueron excavadas en un tambo designado VP0606-A. De los 60 fragmentos cerámicos recobrados, uno fue Lourdes Rojo Engobado (de la prueba de pala J92/200, donde se encontraron además nueve fragmentos Planaditas Rojo Pulido y nueve fragmentos Guacas Café Rojizo). Otras cinco pruebas de pala esparcidas en lo que se denomina aquí como VP0606-B fueron excavadas, pero no se encontraron tiestos Lourdes Rojo Engobado. Como se ve en la Tabla 2.3, el tipo cerámico más abundante fue Guacas Café Rojizo.

En VP0069, un sitio localizado en la zona de La Argentina (Figura 2.2) a 2.060 m sobre el nivel del mar y con una extensión de 8.8 ha, el área de interés fue el lote 84/0061. Esta colección del reconocimiento regional contenía tiestos Barranquilla Crema, Lourdes Rojo Engobado y Tachuelo Pulido. El sitio es una zona relativamente plana localizada sobre una de las estribaciones de la Serranía de las Minas. En este sitio se prospectaron cuatro áreas.

En VP0069-A, se excavaron 15 pruebas de pala (Figura 2.40), pero cinco (J92/219, J92/225, J92/227, J92/230 y J92/231) no produjeron tiestos. Las pruebas restantes no produjeron tiestos Lourdes Rojo Engobado. Mientras que los tipos Barranquilla Crema y Tachuelo Pulido estaban presentes tal y como se esperaba, también se encontraron los tipos Guacas Café Rojizo y Planaditas Rojo Pulido, siendo este último tipo el más común, tomando el total de todas las pruebas combinadas (Tabla 2.3).

En VP0069-B, un tambo de 15 por 8, se excavaron siete pruebas de pala. Dos pruebas (J92/232 y 235) no produjeron artefactos. Aunque Tachuelo Pulido estaba presente, no se encontró Barranquilla Crema. En su lugar, se recobraron 4 fragmentos Guacas Café Rojizo y 12 Planaditas Rojo Pulido (Tabla 2.3). No obstante, una recolección superficial (J92/223) a lo largo de una zanja que cruza la parte posterior del tambo, produjo 3 tiestos Barranquilla Crema, 2 Guacas Café Rojizo, 1 Lourdes Rojo Engobado, 23 Planaditas Rojo Pulido y 10 Tachuelo Pulido. La evidencia de este *tambo* se utilizará en el Capítulo 4 en la comparación de las unidades domésticas del Formativo.

En VP0069-C, una zona plana, se excavaron dos pruebas de pala y ambas produjeron fragmentos Lourdes Rojo Engobado. No obstante, el tipo cerámico más abundante continúa siendo Planaditas Rojo Pulido (Tabla 2.3).

En VP0069-D, un tambo de 15 por 20 m, se excavaron tres pruebas de pala que produjeron exclusivamente tiestos Planaditas Rojo Pulido y Tachuelo Pulido (Tabla 2.3). VP0069-D será usado en el Capítulo 4 en la comparación de las unidades domésticas del Formativo.

Discusión

Este grupo de sitios prometía (con base en la información del reconocimiento regional), la recuperación de tiestos Lourdes Rojo Engobado en densidades altas. No obstante, el tipo Lourdes Rojo Engobado se encontró sólo en bajas densidades (al menos más bajas de lo que se esperaba). En términos generales, el tipo cerámico más abundante es el Planaditas

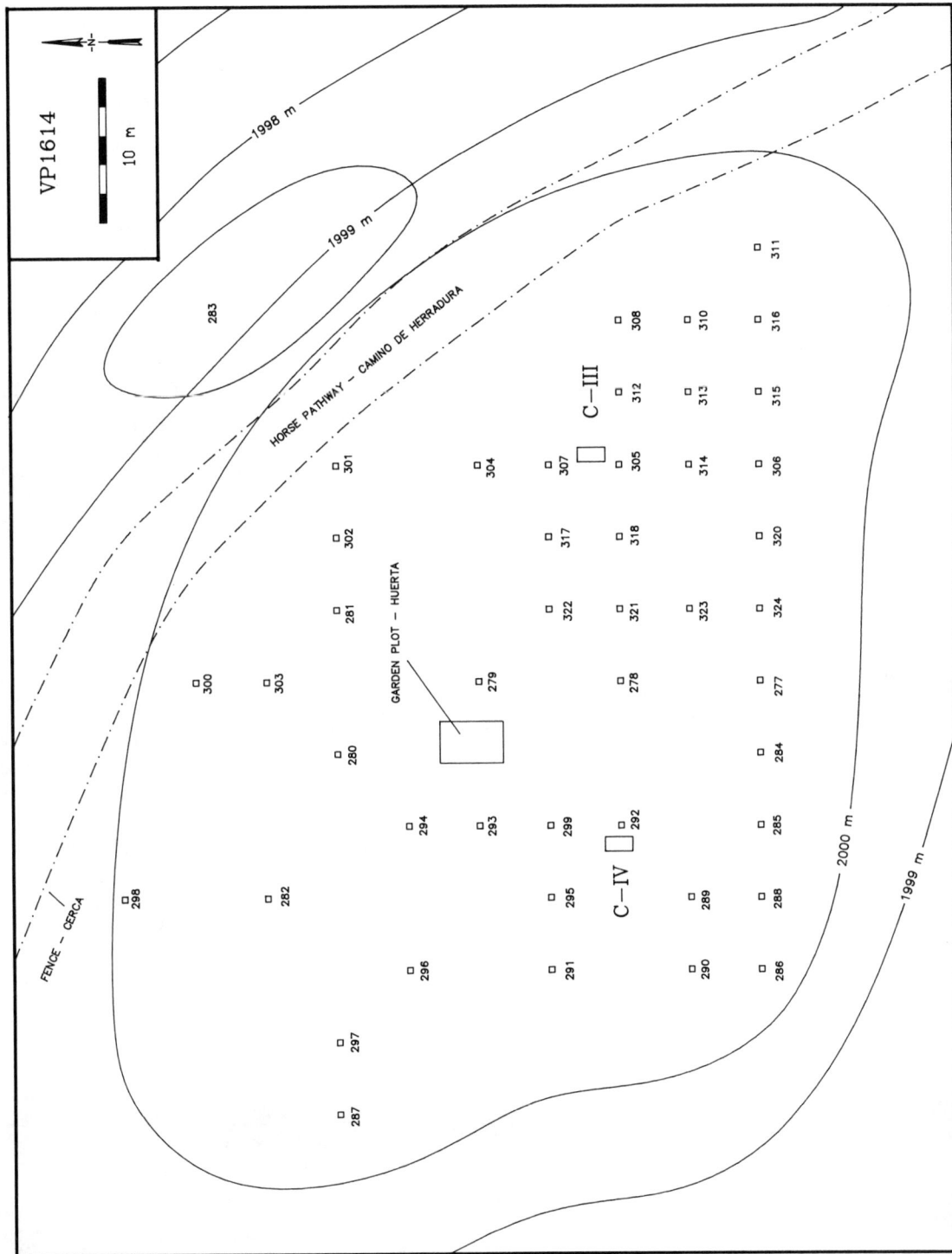

Figure 2.41. Map of VP1614 with location of excavation units C-III and C-IV and shovel probes.
Figura 2.41. Mapa de VP1614 con la localización de las unidades de excavción C-III y C-IV y de las pruebas de pala.

Figura 2.42. Perfil Este de C-III en VP1614.
Figure 2.42. East Profile of C-III at VP1614.

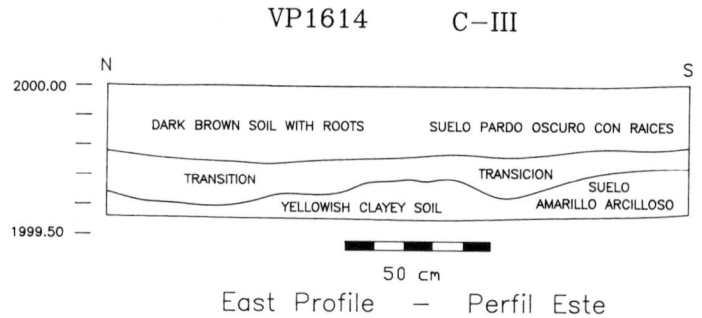

VP1614   C–III

East Profile   –   Perfil Este

Rojo Pulido, aún en algunos sitios en los que éste no se encontró en las colecciones del reconocimiento regional. En dos de los sitios donde se encontraron los tiestos Lourdes Rojo Engobado en grandes cantidades, es posible que se trate de los restos concentrados de una sola vasija, en lugar de ser una muestra representativa de las basuras acumuladas. Este grupo de sitios, por lo tanto, representa otro intento fallido por encontrar concentraciones de tiestos Lourdes Rojo Engobado, consistentes con una ocupación durante un período en el que el tipo cerámico en uso más común, fue el Lourdes Rojo Engobado.

Sitios Investigados con Cortes Estratigráficos

Los sitios que se discuten a continuación son aquellos en donde se excavaron, además de las pruebas de pala, cortes estratigráficos. Los tres primeros sitios están localizados a poca distancia entre si, en la concentración de población del Formativo 3 cerca a Belén, a una altura entre los 1950 y 2000 m sobre el nivel del mar (Figura 2.2). En estos sitios se habían encontrado tiestos Lourdes Rojo Engobado durante el reconocimiento regional y éstos se encuentran en el centro de la concentración de asentamiento del Formativo 3. Más aún, puesto que estos sitios son áreas relativamente planas bien delimitadas, estos sitios eran buenos candidatos para localizar basureros con una densidad alta de tiestos Lourdes Rojo Engobado. Este grupo de sitios no incluye todas las mejores posibilidades para localizar tales depósitos, puesto que algunos sitios, como los de El Congreso, se eliminaron por razones logísticas y de otros tipos. Este grupo, no obstante, incluye muchos de los mejores candidatos.

El primer sitio a ser considerado es VP1614 que tiene un área de 2 ha. De los dos lotes del reconocimiento regional en este sitio, nuestra atención se concentró en el lote 87/0417 (Figura 2.41). Una recolección superficial inicial en la sección noreste de la terraza (J92/283) produjo 17 fragmentos Barranquilla Crema y 36 Planaditas Rojo Pulido. De un total de 45 pruebas de pala excavadas, tres pruebas (J92/285, J92/293 y J92/316) no produjeron tiestos. Como se ve en la Figura 2.41, algunas áreas entre pruebas no se prospectaron puesto que había indicación de perturbaciones recientes.

Las pruebas de pala restantes produjeron una muestra de 689 fragmentos cerámicos. Los tiestos Barranquilla Crema representan el 61% de estos, Planaditas Rojo Pulido el 30%, Guacas Café Rojizo el 8%; y Lourdes Rojo Engobado el 1.5%. Tachuelo Pulido estuvo representado por un sólo fragmento (ver Apéndice). Los tiestos Lourdes Rojo Engobado se encontraron en seis pruebas de pala (J92/284, J92/292, J92/296, J92/298, J92/305 y J92/307). Al menos una clara concentración se detectó alrededor de J92/305 y J92/307. Los otros tiestos, aunque más esparcidos, sugirieron una concentración alrededor de J92/292 (Figura 2.41). Los cortes estratigráficos C-III y C-IV fueron excavados en las áreas demarcadas por estas pruebas, respectivamente.

El corte C-III reveló un depósito de aproximadamente 45 cm de profundidad, compuesto de tres estratos (Figura 2.42). En los tres estratos, el tipo cerámico más abundante fue Barranquilla Crema, seguido por Guacas Café Rojizo (Tabla 2.5). Sólo dos fragmentos Lourdes Rojo Engobado fueron recuperados y no hubo Planaditas Rojo Pulido o Tachuelo Pulido.

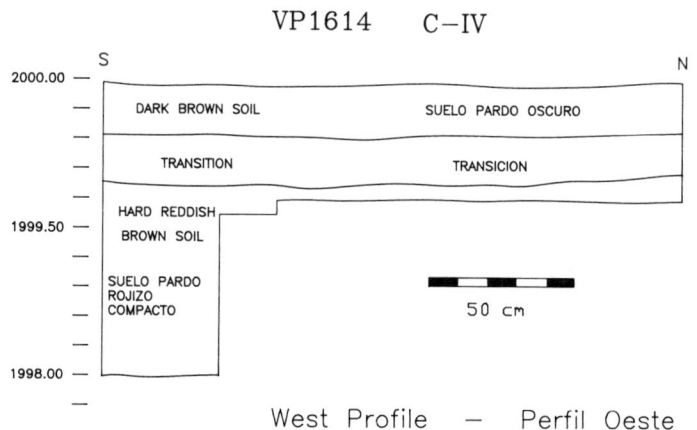

VP1614   C–IV

West Profile   –   Perfil Oeste

Figura 2.43. Perfil Oeste de C-IV en VP1614.
Figura 2.43. West Profile of C-IV at VP1614.

Barranquilla Buff ceramics were the largest proportion of sherds; only 18 Planaditas Burnished Red sherds were recovered; and there were no Lourdes Red Slipped at all (Table 2.5).

The combined information from shovel probes and test pits, then, shows the density of Lourdes Red Slipped at VP1614 as very low, especially if compared to that of Planaditas Burnished Red, which is an earlier type. Thus no further excavations were conducted.

At VP1610 two test pits were excavated in addition to a series of shovel probes. This site covers about 2 ha, and one area of interest was lot 87/0362, a collection including Barranquilla Buff, Guacas Reddish Brown and Lourdes Red Slipped on a *tambo* about 30 by 15m. Twelve shovel probes were excavated (Figure 2.44). Two of them (J92/399 and 402) did not produce ceramics. Of the remaining ten probes, one (J92/397) produced a single Lourdes Red Slipped fragment along with five Barranquilla Buff sherds, one Planaditas Burnished Red sherd, and ten Tachuelo Burnished fragments. The total count of Planaditas Burnished Red was high (Table 2.3).

Two additional areas at VP1610 were also tested to further investigate the frequency of Lourdes Red Slipped ceramics. The first area, VP1610-A, is the northern edge of a larger natural flat area next to the *tambo* just described (Figure 2.44). Of five shovel probes excavated none produced Lourdes Red Slipped; instead they produced a large count of Planaditas Burnished Red (Table 2.3).

The other area, VP1610-B (Figure 2.45), is a *tambo* about 12 by 5m which is part of regional survey lot 87/0359. Four shovel probes were excavated. The only one with Lourdes Red Slipped (J92/412) produced 3 Lourdes Red Slipped ceramic fragments, 8 Barranquilla Buff, 1 Guacas Reddish Brown, and 18 Planaditas Burnished Red sherds. The count of Planaditas Burnished Red was also high in two other shovel probes (Table 2.3).

In order to further investigate the relation of Lourdes Red Slipped and Planaditas Burnished Red, we decided to excavate one test pit at each of the two *tambos* in the areas near the probes that produced Lourdes Red Slipped. C-V, in the area of regional survey lot 87/0362 revealed a deposit about 70 cm deep with simple stratigraphy (Figure 2.46). Though no discrete accumulations of material were observed and no features

Figure 2.44 (left). Map of VP1610 and VP1610-A with location of excavation unit C-V and shovel probes.
Figura 2.44 (izquierda). Mapa de VP1610 y VP1610-A con la localización de la unidad de excavación C-V y de las pruebas de pala.

Figure 2.45 (below). Map of 1610-B with location of excavation unit C-VI and shovel probes.
Figura 2.45 (abajo). Mapa de 1610-B con la localización de la unidad de excavación C-VI y de las pruebas de pala.

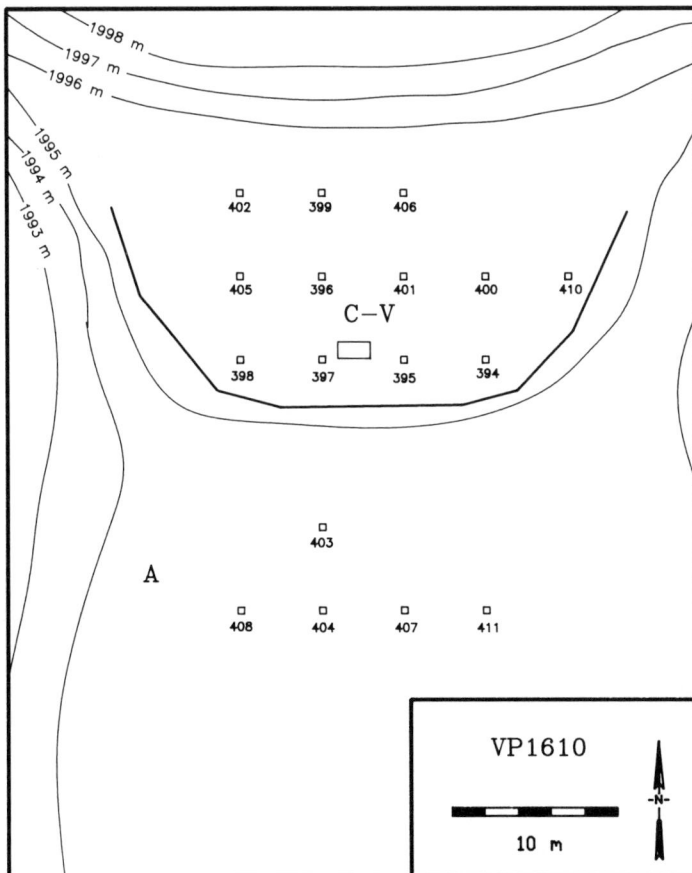

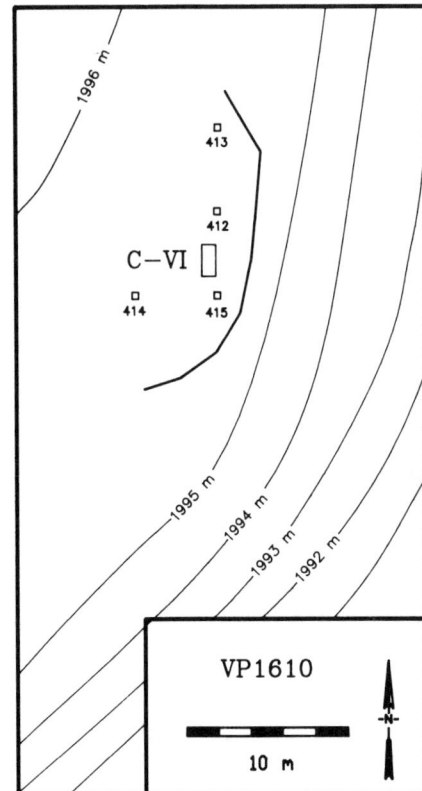

Figura 2.46. Perfil Norte de C-V en VP1610.
Figure 2.46. North Profile of C-V at VP1610.

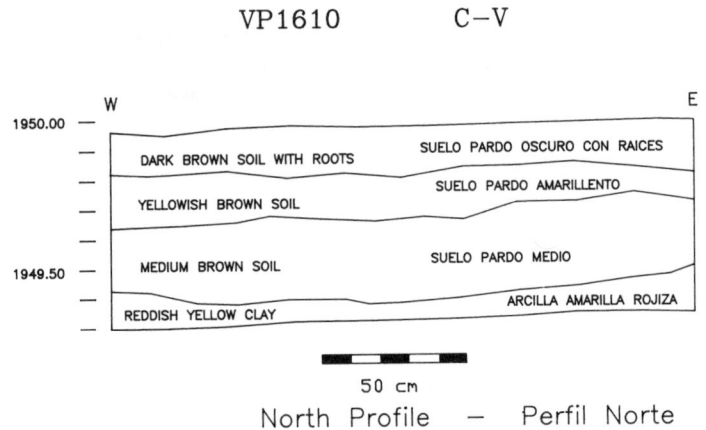

VP1610   C–V

North Profile — Perfil Norte

El corte C-IV, también penetró un depósito de aproximadamente 45 cm de profundidad con tres unidades estratigráficas, aunque el estrato inferior fue muy diferente del encontrado en C-III (Figura 2.43). Inicialmente pensamos que el suelo duro de este estrato era el resultado de alguna actividad relacionada con fuego. En esta capa se encontraron dos concentraciones discretas de tiestos. Después de excavar aproximadamente 10 cm dentro de esta capa dura sin encontrar otros materiales culturales, el área de la excavación se redujo a un área de 40 por 40 cm. Esta área pequeña se excavó hasta una profundidad adicional de 60 cm. El mismo tipo de suelo continuaba y no se encontraron más artefactos. Esta capa, por lo tanto, parece demasiado gruesa y con muy pocos artefactos, como para corresponder con el tipo de depósito cultural que habíamos pensado originalmente.

La proporción de tiestos más grande fue la de Barranquilla Crema; sólo se encontraron 18 tiestos Planaditas Rojo Pulido y ningún tiesto Lourdes Rojo Engobado (Tabla 2.5).

Combinando la información de las pruebas de pala y los cortes estratigráficos, tenemos que la densidad de Lourdes Rojo Engobado en VP1614 es muy baja, especialmente si se compara con la de Planaditas Rojo Pulido, que es un tipo más temprano. Por lo anterior, no se realizaron más excavaciones.

En VP1610 se excavaron dos cortes estratigráficos, además de una serie de pruebas de pala. Este sitio cubre 2 ha, y un área de interés fue el lote 87/0362—un tambo de 30 por 15 m—

cuya colección incluía Barranquilla Crema, Guacas Café Rojizo y Lourdes Rojo Engobado. Doce pruebas de pala fueron excavadas (Figura 2.44). Dos de éstas (J92/399 y 402) no produjeron tiestos. De las 10 pruebas restantes, una (J92/ 397) produjo un sólo fragmento Lourdes Rojo Engobado acompañado de cinco tiestos Barranquilla Crema, un tiesto Planaditas Rojo Pulido y diez fragmentos Tachuelo Pulido. El total de Planaditas Rojo Pulido fue alto (Tabla 2.3).

En VP1610 se prospectaron dos áreas adicionales para investigar en más detalle la frecuencia de los tiestos Lourdes Rojo Engobado. La primera zona, VP1610-A, es el extremo norte de una planada natural grande, próxima al tambo anteriormente descrito (Figura 2.44). De las cinco pruebas de pala excavadas ninguna produjo Lourdes Rojo Engobado; éstas produjeron en cambio un buen número de tiestos Planaditas Rojo Pulido (Tabla 2.3).

La otra área, VP1610-B (Figura 2.45), es un tambo de 12 por 5 m, el cual es parte del lote demarcado como 87/0359 en el reconocimiento regional. Cuatro pruebas de pala fueron excavadas. La única con tiestos Lourdes Rojo Engobado (J92/412) produjo tres fragmentos cerámicos Lourdes Rojo Engobado, 8 Barranquilla Crema, 1 Guacas Café Rojizo y 18 Planaditas Rojo Pulido. En otras dos pruebas de pala (Tabla 2.3), el total de Planaditas Rojo Pulido fue también alto.

Con el propósito de investigar más a fondo la relación entre Lourdes Rojo Engobado y Planaditas Rojo Pulido, decidimos

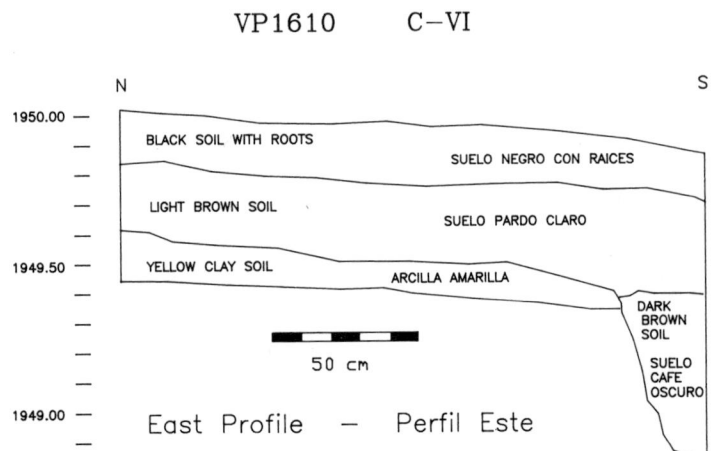

VP1610   C–VI

East Profile — Perfil Este

Figura 2.47. Perfil Este de C-VI en VP1610.
Figure 2.47. East Profile of C-CI at VP1610.

VP1605

10 m

253
254
249 251
248 250
247 246
245 244
243
256
240
241 257
252
255
242
258
250

239
237 236
235
238
234 233
228 230
227 229
231
232
226

221
217
218
222
223
219
225
224

OLD TREE
ARBOL VIEJO 214
215

C−X
212
211
210
209

216
213

C−X

C−IX

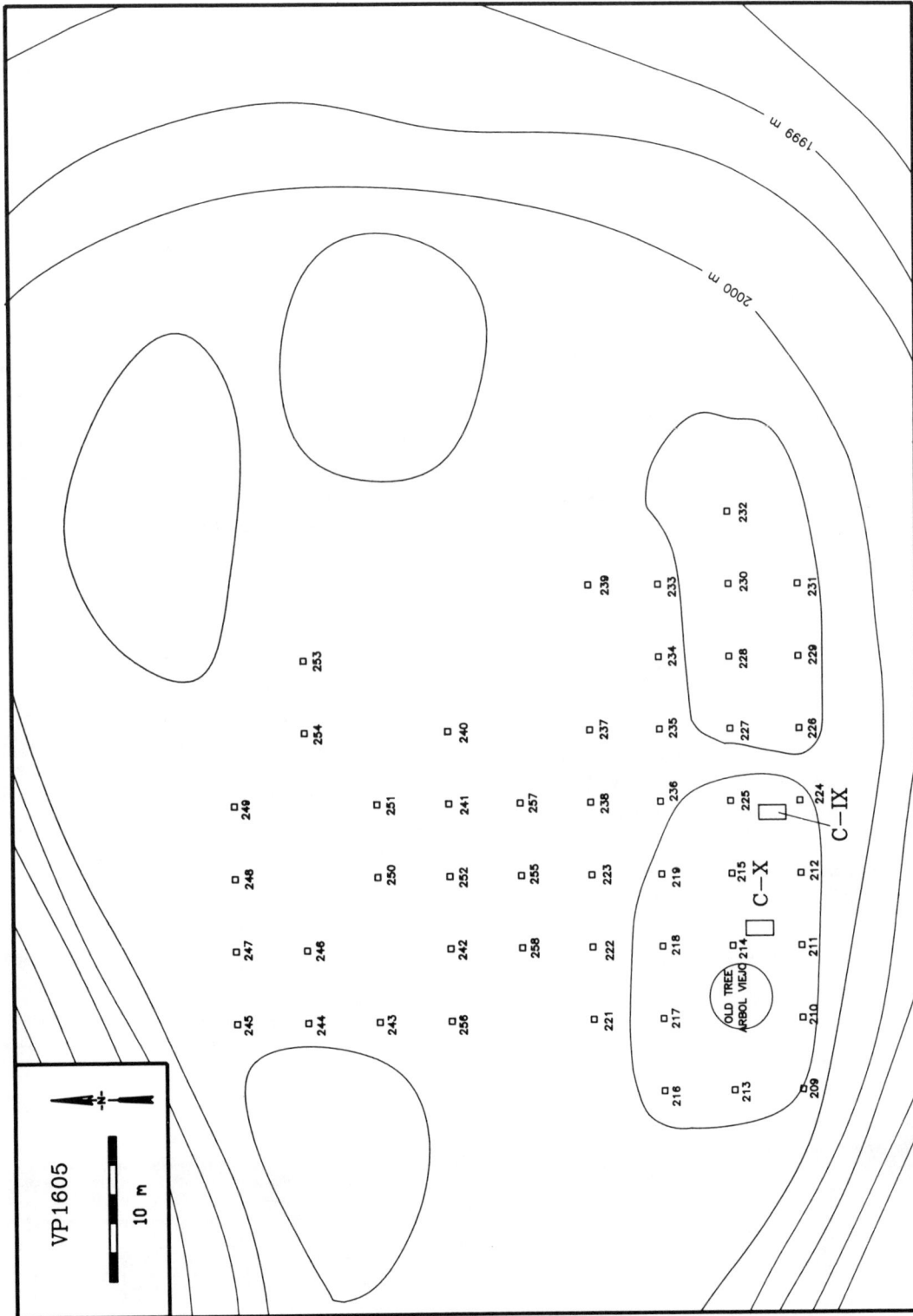

Figure 2.48. Map of VP1605 with location of excavation unit s C-IX and C-X and shovel probes.
Figura 2.48. Mapa de VP1605 con la localización de las unidades de excavación C-IX y C-X y de las pruebas de pala.

1999 m

2000 m

Figura 2.49. Perfil Este de C-IX en VP1605.
Figure 2.49. East Profile of C-IX at VP1605.

VP1605   C—IX

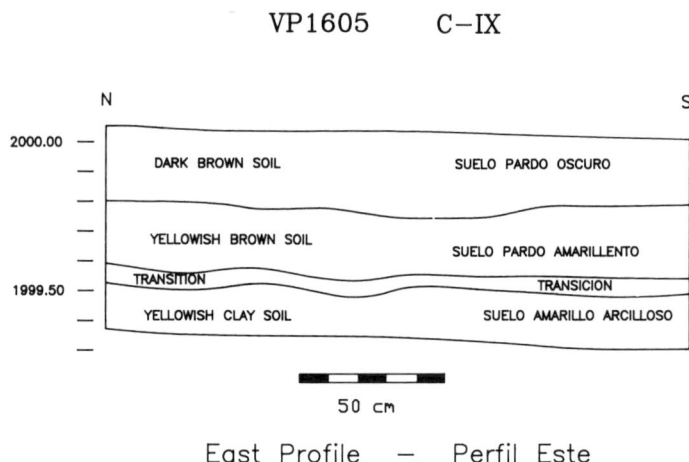

East Profile — Perfil Este

excavar un corte estratigráfico en cada uno de los dos tambos, en las áreas cercanas a las pruebas que produjeron Lourdes Rojo Engobado. El corte C-V, ubicado en el área registrada como lote 87/0362 en el reconocimiento regional, reveló un depósito de aproximadamente 70 cm de profundidad, con una estratigrafía simple (Figura 2.46). Aunque no se observaron acumulaciones discretas de materiales y aunque no se encontraron rasgos, el nivel 5 (Tabla 2.5 y Figura 2.46), de color café oscuro, tenía más tiestos que los niveles superiores, llevándonos a considerar éste, como un nivel de ocupación propiamente dicho. Mientras que desde la superficie hasta aproximadamente 1949.65 m la proporción de materiales tardíos es alta, desde 1949.65 hasta el fondo de la excavación, los tiestos Planaditas Rojo Pulido representan aproximadamente el 75% de todos los tiestos. Los artefactos asignados al nivel más profundo, se encontraron todos dentro de los primeros 3 cm del nivel. Por lo tanto, este último nivel alcanzó el suelo culturalmente estéril.

Solamente se encontraron 5 fragmentos Lourdes Rojo Engobado, 3 en el primer nivel y 2 en el nivel 5. Una vez más, tenemos que en comparación con las distribuciones de tiestos Guacas Café Rojizo y Planaditas Rojo Pulido, Lourdes Rojo Engobado se encuentra en porcentajes muy bajos. En el Capítulo 4, la evidencia de los niveles 5 a 7 será usada en el estudio comparativo de las unidades domésticas del Formativo.

En el Corte C-VI, un depósito de aproximadamente 60 cm de profundidad, se encontraron tres unidades estratigráficas (Figura 2.47). El único rasgo encontrado en este corte estratigráfico se localizó en la esquina sureste. La forma de éste no se pudo identificar claramente puesto que sólo una porción quedó dentro de los límites de la excavación. El rasgo consiste de un suelo casi negro, similar al color y la textura del nivel 1. Su extremo superior está a 1949.32 m y tiene una profundidad máxima de 48 cm. La parte expuesta sugiere una forma rectangular en la parte superior, reduciéndose hacia abajo. Este produjo un total de 25 fragmentos cerámicos (3 Barranquilla Crema, 1 Lourdes Rojo Engobado, 19 Planaditas Rojo Pulido y 2 Tachuelo Pulido).

En cuanto a la distribución general de los tiestos en este corte estratigráfico, tenemos que los tiestos Tardíos y los Formativos se encontraron juntos en los mismos niveles, aunque a partir de 1949.52 hacia abajo, los tipos Formativos son más abundantes que los Tardíos (Tabla 2.5). Lourdes Rojo Engobado aparece en los niveles superiores y en un nivel en donde Guacas Café Rojizo no estaba presente. Una vez más, la frecuencia total de Lourdes Rojo Engobado es la más baja, más baja aún que la de Tachuelo Pulido. No se realizaron más excavaciones puesto que no se encontró indicación de depósitos en los que Lourdes Rojo Engobado fuera predominante.

El tercer sitio de la zona de Belén en donde además de las pruebas de pala se excavaron cortes estratigráficos, es

VP1605   C—X

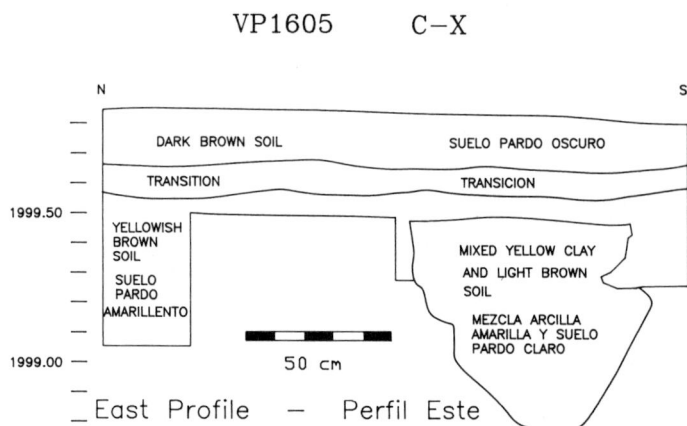

Figura 2.50. Perfil Este de C-X en VP 1605.
Figure 2.50. East Profile of C-X at VP1605.

East Profile — Perfil Este

were found, level 5 (Table 2.5 and Figure 2.46), with a dark brown color, had more ceramics than the levels above, leading us to consider it a distinctive occupation layer. From the surface to about 1949.65 the proportion of late materials is high, but from 1949.65 to the bottom of the excavation Planaditas Burnished Red ceramics account for about 75% of all sherds. The artifacts ascribed to the deepest layer were all found within the first 3 cm of that layer. Thus, the final level reached culturally sterile soil.

There were only 5 fragments of Lourdes Red Slipped, 3 in the uppermost level and 2 in level 5. Once again, then, compared to the Guacas Reddish Brown and Planaditas Burnished Red distributions, Lourdes Red Slipped is found in very low percentages. In Chapter 4, the evidence from levels 5 to 7 will be used in the comparative study of Formative households.

At C-VI, a deposit about 60 cm deep, three stratigraphic units were found (Figure 2.47). The only feature found in this test unit was located in the southeast corner. Its shape was not clearly identified since only a portion of it fell within the excavation unit. The feature consists of an almost black soil, similar in color and texture to level 1. Its surface is at 1949.32m with a maximum depth of 48 cm. The exposed part suggests a squarish plan at the top, tapering to smaller and smaller size farther down. A total of 25 ceramic fragments were recovered in it (3 Barranquilla Buff, 1 Lourdes Red Slipped, 19 Planaditas Burnished Red, and 2 Tachuelo Burnished).

As for the overall distribution of ceramics in this test unit, Late and Formative ceramics were found together in the same levels, although from 1949.52 down, Formative types are more abundant than Late ones (Table 2.5). Lourdes Red Slipped appears in the upper levels and in a level were Guacas Reddish Brown was not found. Once again, the overall frequency of Lourdes Red Slipped is the lowest, even lower than Tachuelo Burnished. Thus midden deposits where Lourdes Red Slipped predominated were not indicated, and no further excavation was conducted at the site.

VP1605 is the third site from the Belén zone where, in addition to shovel probes, test units were excavated. The site is a flat area on the top of a hill and covers an area of about 2 ha. The focus of interest was regional survey lot BE/0319 which produced all ceramic types but Guacas Reddish Brown. In selecting this area we were hoping to find contexts where Lourdes Red Slipped was not associated with Guacas Reddish Brown ceramics. Once in the field, we expanded the testing to cover the adjacent regional survey lot BE/0318 since we could not determine in the field exactly where the boundary between the two original lots had been. Some shallow surface depressions (Figure 2.48) may correspond to the activity areas around houses.

A total of 49 shovel probes was excavated, producing a sample of 1088 ceramic fragments. Barranquilla Buff was the most abundant ceramic type, and Guacas Reddish Brown was second. Lourdes Red Slipped was found in 16 shovel probes. Guacas Reddish Brown was found in all of these probes. In the 10 probes where Lourdes Red Slipped and Planaditas Bur-

nished Red were found together, Planaditas Burnished Red always occurred in greater proportions (see Appendix). The overall proportion of Lourdes Red Slipped is much lower than that of Planaditas Burnished Red (Table 2.3).

The spatial patterns of ceramics were not very clear, but it seemed that there were two zones in which Lourdes Red Slipped tended to cluster. Although these were not pure Lourdes Red Slipped samples (see Appendix), we excavated two stratigraphic test units, C-IX and C-X, in them. Here we will concentrate on the evidence concerning Lourdes Red Slipped ceramics. A detailed discussion of the excavations will be provided in Chapter 3 as part of the discussion of Formative households.

Unit C-IX is a deposit about 65 cm deep with simple stratigraphy (Figure 2.49) and very high overall density of materials (Table 2.5). In level 6, at about 1999.58, the soil presented a texture that may indicate the action of fire on the soil, but no charcoal was recovered. The lowest level presented several post molds, possibly part of a circular pattern (see Chapter 3 for a discussion of post molds). Even though the deposit presents a mixture of ceramic types from top to bottom, the proportion of Lourdes Red Slipped is extremely low. The eight Lourdes Red Slipped fragments came from two levels in which Guacas Reddish Brown, Barranquilla Buff, and Planaditas Burnished Red ceramics were also present. This pit, then, is yet another instance where we failed to find a midden deposit dominated by Lourdes Red Slipped.

At C-X, a deposit about 35 cm deep was found. The stratigraphy, as seen in Figure 2.50, was simple. The only feature found was a possible post mold at about 1999.56, in which four sherds were found (2 Barranquilla Buff and 2 Planaditas Burnished Red). At about 1999.50, the south section of the test unit was disturbed and mixed with other soils. The boundaries of this disturbed area were very irregular and seemed to extend beyond the excavation unit to the south and to the southwest. At about 1998.90 we found a complete Lourdes Red Slipped vessel (Figure 2.50). We were unable to expand the excavation to investigate this feature further because we could not obtain permission from the owner of the property.

Although the four uppermost levels in C-X have abundant sherds of all types except Tachuelo Burnished, from about 1999.44 down Planaditas Burnished Red is dominant (Table 2.5). Lourdes Red Slipped ceramics, once again, are present in much lower quantities than either Planaditas Burnished Red or Guacas Reddish Brown. As seen in Table 2.5, about half of the Lourdes Red Slipped sherds came from the disturbed area, 3 more sherds derive from a level where Planaditas Burnished Red is the largest proportion, and the remaining 15 sherds come from level 2 where, in addition to the other ceramic types, Planaditas Burnished Red is also present in large quantity (Table 2.5).

The excavations in the Belén zone, then, failed to produced any residential deposits dominated by Lourdes Red Slipped, even in an area of concentrated Formative 3 occupation as defined by regional survey.

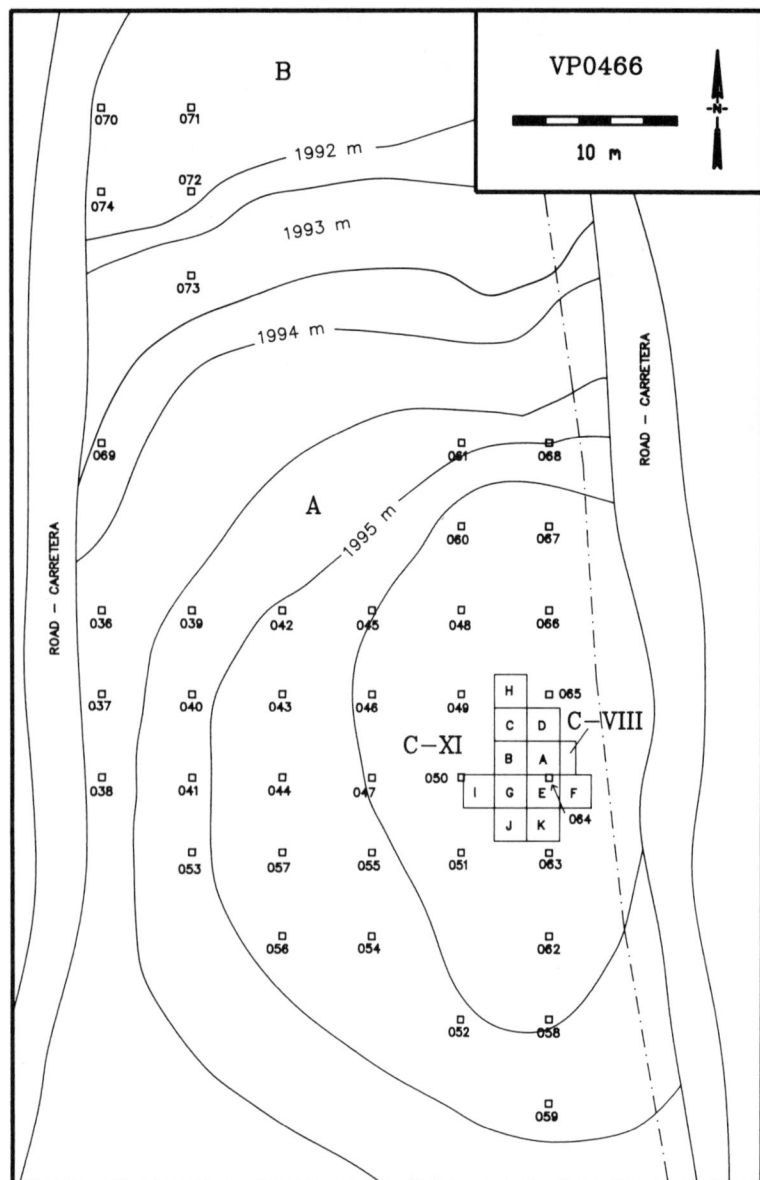

Figura 2.51. Mapa de VP0466 (lote LA/0073) con la localización de las
unidades de excavación C-VIII y C-XI y de las pruebas de pala.
Figure 2.51. Map of VP0466 (lot LA/0073) with location of excavation units
C-VIII and C-XI and shovel probes.

das en la superficie (Figura 2.48) podrían corresponder con las áreas de actividad alrededor de viviendas.

Se excavaron un total de 49 pruebas de pala, produciendo una muestra de 1.088 fragmentos cerámicos. El tipo cerámico más abundante fue el Barranquilla Crema, seguido por Guacas Café Rojizo. Lourdes Rojo Engobado se encontró en 16 pruebas de pala y Guacas Café Rojizo también estaba presente en todas éstas. En las 10 pruebas donde Lourdes Rojo Engobado y Planaditas Rojo Pulido se encontraron juntos, Planaditas Rojo Pulido siempre estaba presente en proporciones más grandes (ver Apéndice). La proporción total de Lourdes Rojo Engobado es mucho menor que la de Planaditas Rojo Pulido (Tabla 2.3).

Los patrones espaciales de los tiestos no fueron muy claros, pero parecía que había dos zonas en las que Lourdes Rojo Engobado tendía a estar concentrado. Aunque estas concentraciones no eran muestras puras de Lourdes Rojo Engobado (ver Apéndice), se excavaron dos cortes estratigráficos en éstas (C-IX y C-X). Por el momento, nos concentraremos aquí en la evidencia relacionada con el tipo Lourdes Rojo Engobado. Una discusión más detallada de estas excavaciones se proporcionará en el Capítulo 3, en el contexto de la discusión de las unidades domésticas del Formativo.

El corte estratigráfico C-IX es un depósito de aproximadamente 65 cm de profundidad, con una estratigrafía simple (Figura 2.49) y una densidad global de materiales muy alta (Tabla 2.5). En el nivel 6, a aproximadamente 1999.58 m, el suelo presentaba una textura que podría indicar la acción de fuego, pero no se encontró carbón. El nivel más profundo presentó varias huellas de poste, posiblemente parte de un patrón circular (ver el Capítulo 3 para una discusión sobre huellas de poste). Aunque el depósito presenta una mezcla de tipos cerámicos desde la superficie hasta el fondo, la proporción de Lourdes Rojo Engobado es extremadamente baja. Los ocho tiestos Lourdes Rojo Engobado encontrados provienen de dos niveles en los que también se encontraron los tipos Guacas Café Rojizo, Barranquilla Crema, y Planaditas Rojo Pulido. Este corte estratigráfico es, por lo tanto, otra instancia en la que no fue posible encontrar un basurero dominado por el tipo Lourdes Rojo Engobado.

En C-X, se encontró un depósito de aproximadamente 35 cm de profundidad. La estratigrafía, como se ve en la Figura 2.50, fue simple. El único rasgo encontrado es una posible huella de poste, a una profundidad de aproximadamente 1999.56 m, en la cual se encontraron cuatro tiestos (2 Barranquilla Crema y 2 Planaditas Rojo Pulido). A aproximadamente 1999.50 m, la parte sur del corte estratigráfico estaba alterada y mezclada con otros suelos. Los límites de esta área alterada fueron muy irregulares y parecían extenderse más allá de los límites de la excavación hacia el sur y el suroeste. A aproximadamente 1998.90 m, se encontró una vasija completa del tipo

VP1605. El sitio es una zona plana sobre la cima de una colina y cubre un área de 2 ha. El foco de interés fue el lote registrado como BE/0319 en el reconocimiento regional, el cual produjo todos los tipos cerámicos, con excepción de Guacas Café Rojizo. Al seleccionar esta área, esperábamos encontrar contextos en los que Lourdes Rojo Engobado no estuviese asociado con el tipo Guacas Café Rojizo. Una vez en el terreno, no obstante, decidimos ampliar la prospección para incluir la zona adyacente del lote registrado en el reconocimiento regional como lote BE/0318 ya que no era fácil determinar exactamente el límite entre los dos lotes. Algunas depresiones poco profun-

VP0466   C–VIII

Figure 2.52. East Profile of C-VIII.
Figura 2.52. Perfil Este de C-VIII.

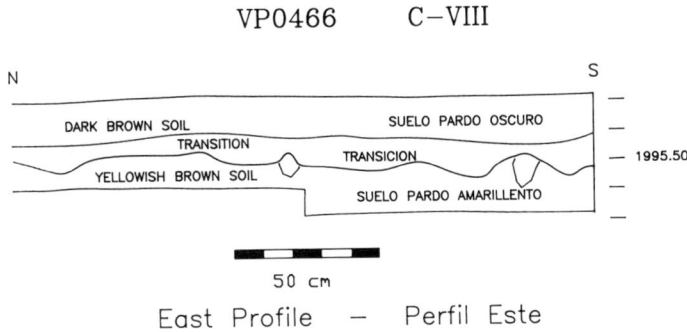

East Profile — Perfil Este

Figure 2.52. East Profile of C-VIII.
Figura 2.52. Perfil Este de C-VIII.

Sites Where Expanded Excavations Were Conducted

The last three sites to be discussed, where large horizontal excavations were conducted are all in the La Vega zone (Figure 2.2). The focus of this section is the frequencies of Lourdes Red Slipped ceramics and their relation to other types. Complete description of the excavations is found in Chapter 3.

This zone consists of rolling terrain with small rounded hills in a relatively enclosed basin-like area limited to the south by the highest peaks of the Serranía de las Minas. It contains one of the most concentrated areas of Formative occupation encountered on regional survey. Thus, as in Belén, there seemed to be a possibility of isolating deposits with dense accumulations of Lourdes Red Slipped ceramics.

VP0466 is a site located at about 2000m above sea level covering an area of 17 ha. The testing at this site included the areas of regional survey lots LA/0073, LA/0001, LA/0002 and LA/0080. As can be seen in Table 2.2, all of these collections contained abundant Formative ceramics.

The area tested at LA/0073 covers about 800 m^2 and is essentially a rounded hill whose eastern section has been completely destroyed by road construction.

At LA/0073-A, a total of 33 shovel probes were excavated. Of these, seven did not produce any ceramics (J92/037, J92/041, J92/058, J92/061, J92/062, J92/063 and J92/068), and only five produced Lourdes Red Slipped ceramics (Table 2.6). There were, however, no Guacas Reddish Brown sherds, and three probes produced exclusively Lourdes Red Slipped ceramics. These results seemed promising, so we decided to excavate a test unit near J92/0064, which had a large count of Lourdes Red Slipped ceramics. This unit is C-VIII (see below).

At LA/0073-B (Figure 2.51), a relatively flat natural area, six shovel probes were excavated. A single Planaditas Burnished Red sherd from probe J92/069 was the only artifact recovered. This indicates that, despite the attractive conditions of the spot for habitation, this was not an area of dense occupation. This becomes especially apparent if the overall density of materials is compared to those of the other areas within VP0466 which indicated very dense deposits (Tables 2.3 and 2.5).

The deposits found at C-VIII were shallow (Figure 2.52) with no discrete concentrations of material, except for a small concavity about 10 cm in diameter and 6 cm deep at a depth of 1995.55, in which 34 very eroded Lourdes Red Slipped fragments were found (see C-VIII/0070 in Figure 3.8). It was clear that most of the sherds (if not all) were part of a single vessel. Although the uppermost two levels contained all ceramic types, from about 1995.52 the ceramics were all Formative. Since the total count of Lourdes Red Slipped was higher than that of any other type (Table 2.5), we decided to excavate a large area adjacent to unit C-VIII. This additional excavation is called C-XI and comprises 44 m^2; it will be fully discussed in the next chapter (Figure 2.51). Here, we will just consider the evidence from C-XI as it relates to Lourdes Red Slipped ceramics.

It turned out that squares B, G and J in C-XI (Figure 2.51) did not produce Lourdes Red Slipped ceramics but other squares did: K (2 sherds), H (1 sherd), I (4 sherds), D (7 sherds), C (5 sherds), A (59 sherds), E (16 sherds) and F (48 sherds). There are more Lourdes Red Slipped ceramics in the squares closest to the possible Lourdes Red Slipped midden area in C-VIII than in any of the other squares, but the

TABLE 2.6. NUMBER AND PERCENTAGES OF SHERDS BY CERAMIC TYPE FROM SHOVEL PROBES AT VP0446, LOT LA/73-A WHICH PRODUCED LOURDES RED SLIPPED CERAMICS
TABLA 2.6. NUMEROS Y PORCENTAJES DE TIESTOS POR TIPO CERAMICO DE LAS PRUEBAS DE PALA EN VP0446, LOTE LA/73-A, QUE PRODUJERON TIESTOS LOURDES ROJO ENGOBADO

	Number/Número			*Percent/Porcentaje*		
Lot/Lote	Barranquilla Buff/Crema	Lourdes Red Sl./ Rojo Engobado	Plan. Burn. Red/ Rojo Pulido	Barranquilla Buff/Crema	Lourdes Red Sl./ Rojo Engobado	Plan. Burn. Red/ Rojo Pulido
J92/0064	0	19	10	—	65.5	34.5
J92/0052	3	1	0	75.0	25.0	—
J92/0055	0	1	0	—	100.0	—
J92/0036	0	1	0	—	100.0	—
J92/0048	0	2	15	—	11.8	88.2

Lourdes Rojo Engobado (Figura 2.50). No fue posible expandir la excavación para investigar este rasgo completamente, ya que no se obtuvo permiso del propietario del terreno.

Aunque los cuatro niveles superiores en C-X tenían abundantes tiestos de todos los tipos con la excepción de Tachuelo Pulido, desde aproximadamente 1999.44 m hacia abajo, el tipo dominante es Planaditas Rojo Pulido (Tabla 2.5). Una vez más, los tiestos Lourdes Rojo Engobado se encontraron en cantidades mucho más pequeñas que las de Planaditas Rojo Pulido o Guacas Café Rojizo. Como se ve en la Tabla 2.5, aproximadamente la mitad de los tiestos Lourdes Rojo Engobado provienen del área alterada; otros tres tiestos provienen de un nivel en donde Planaditas Rojo Pulido representa la mayor proporción y los restantes 15 tiestos vienen del nivel 2 donde, además de otros tipos cerámicos, Planaditas Rojo Pulido está también representado por una cantidad grande (Tabla 2.5).

Las excavaciones en la zona de Belén, en consecuencia, no produjeron ningún depósito residencial dominado por Lourdes Rojo Engobado, aún en aquellas áreas, que de acuerdo con el reconocimiento regional, eran áreas de ocupación concentrada durante el Formativo 3.

Sitios Donde Se Hicieron Excavaciones en Area

Los últimos tres sitios a discutir y en donde se hicieron excavaciones horizontales amplias, están todos localizados en la zona de La Vega (Figura 2.2). En esta sección, el interés es la discusión de las frecuencias de los tiestos Lourdes Rojo Engobado y su relación con otros tipos. Una descripción completa de estas excavaciones se encuentra en el Capítulo 3.

Esta es una zona de terreno sinuoso, con pequeñas colinas redondeadas, dentro de un área relativamente encerrada—como una cuenca—delimitada hacia el sur por los picos más altos de la Serranía de las Minas. Esta zona alberga una de las áreas con mayor concentración de ocupación en el período Formativo, encontradas en el reconocimiento regional. Por esta razón, y así como en el caso de Belén, el área parecía un buen lugar para encontrar depósitos con acumulaciones densas de tiestos Lourdes Rojo Engobado.

El sitio VP0466 es un sitio localizado a 2000 m sobre el nivel del mar, cubriendo un área de 17 ha. La prospección en este sitio incluyó las áreas de los lotes del reconocimiento regional LA/0073, LA/0001, LA/0002 y LA/0080. Como se puede ver en la Tabla 2.2, todas estas colecciones contienen abundantes tiestos del Formativo.

El área prospectada en LA/0073, cubre unos 800 m^2 y es esencialmente una colina redondeada, cuya sección este ha sido destruida completamente con la construcción de una carretera.

En LA/0073-A, se excavaron un total de 33 pruebas de pala. De estas, siete no produjeron tiestos (J92/037, J92/041, J92/058, J92/061, J92/062, J92/063 y J92/068), y sólo cinco produjeron tiestos Lourdes Rojo Engobado (Tabla 2.6). No obstante, no se encontraron tiestos Guacas Café Rojizo y tres pruebas produjeron tiestos Lourdes Rojo Engobado exclusivamente. Estos resultados parecían promisorios, y por eso se

decidió excavar un corte estratigráfico en cercanías de J92/0064, el cual había producido un alto número de tiestos Lourdes Rojo Engobado. Este corte es el C-VIII (ver abajo).

En LA/0073-B (Figura 2.51), un área natural relativamente plana, se excavaron seis pruebas de pala. El único artefacto recobrado fue un tiesto Planaditas Rojo Pulido en la prueba J92/069. Esto indica que a pesar de las condiciones atractivas del sitio para ubicar una vivienda, ésta no fue un área de ocupación densa. Esto resulta especialmente aparente si se compara la densidad general de materiales de esta zona con aquellas de otras áreas dentro de VP0466 que indican depósitos muy densos (Tablas 2.3 y 2.5).

Los depósitos encontrados en C-VIII fueron poco profundos (Figura 2.52), sin concentraciones discretas de material, excepto por una pequeña concavidad de aproximadamente 10 cm en diámetro y 6 cm de profundidad, a una profundidad de 1995.55 m, en la que se encontraron 34 tiestos Lourdes Rojo Engobado muy erosionados (ver C-VIII/0070 en la Figura 3.8). Fue claro que la mayoría de los tiestos (si no todos) eran parte de una misma vasija. Aunque los dos niveles más superiores contenían todos los tipos cerámicos, desde aproximadamente 1995.52 m, todos los tiestos eran del Formativo. Puesto que la suma total de tiestos Lourdes Rojo Engobado fue más alta que la de cualquier otro tipo (Tabla 2.5), se decidió excavar un área extensa adyacente a la unidad C-VIII. Esta excavación adicional es registrada como C-XI y abarca 44 m^2 que serán discutidos completamente en el capítulo próximo (Figura 2.51). Aquí, por lo pronto, vamos a considerar solamente la evidencia de C-XI en lo que hace relación al tipo Lourdes Rojo Engobado.

El resultado es que las cuadrículas B, G y J en C-XI (Figura 2.51) no produjeron tiestos Lourdes Rojo Engobado, pero en otras cuadrículas si se encontraron: K (2 tiestos), H (1 tiesto), I (4 tiestos), D (7 tiestos), C (5 tiestos), A (59 tiestos), E (16 tiestos) y F (48 tiestos). Los tiestos Lourdes Rojo Engobado son más comunes en las cuadrículas cercanas al área del posible basurero Lourdes Rojo Engobado detectado en el área de C-VIII, que en cualquiera de las otras cuadrículas, pero la proporción de tiestos Lourdes Rojo Engobado en estas cuadrículas es baja, aproximadamente 18% en A, 2% en E y 7% en F. Los tiestos Planaditas Rojo Pulido son el tipo dominante en las cuadrículas A, E, y F (aproximadamente 65% para las tres cuadrículas). En todas las cuadrículas, la mayoría de los materiales Tardíos estuvo siempre en los niveles superiores (Tabla 2.5). Así, aunque los tiestos Lourdes Rojo Engobado son más abundantes en el área de C-VIII, este tipo cerámico es sobrepasado por el tipo Planaditas Rojo Pulido al observar C-XI como una totalidad. En conclusión, esta es otra excavación que buscaba encontrar depósitos residenciales dominados por el tipo Lourdes Rojo Engobado, la cual terminó produciendo más tiestos Planaditas Rojo Pulido.

En el sitio VP0466, la prospección comprendió otras cuatro áreas en los lotes del reconocimiento regional LA/0001, LA/0002 y LA/0080. La zona VP0466-A corresponde a la sección norte de la planada natural (Figura 2.53). Se excavaron

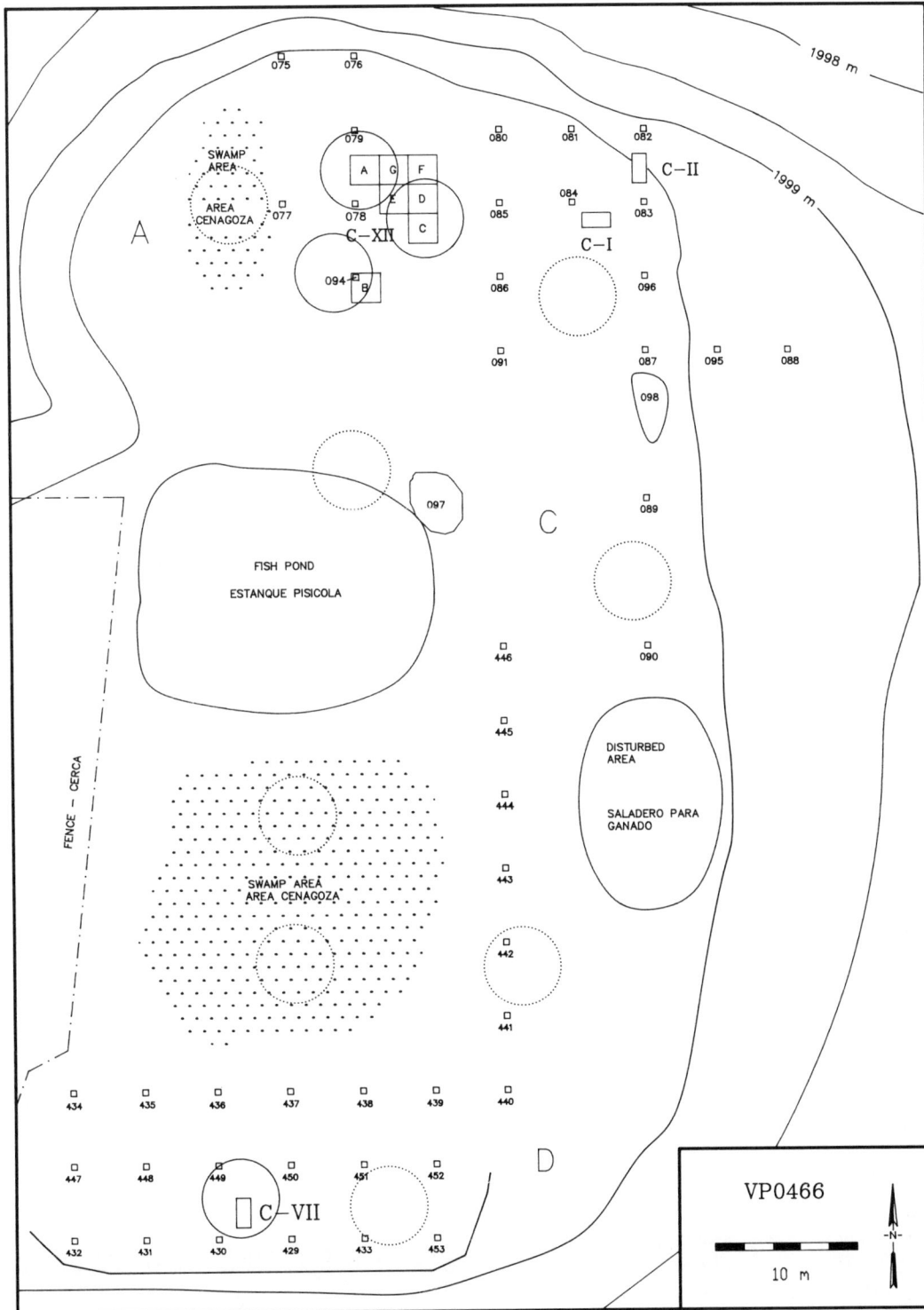

Figure 2.53. Map of areas A, C and D at VP0466 with location of excavation units C-I, C-II, C-VII and C-XII and shovel probes.
Figura 2.53. Mapa de areas A, C y D en VP0466 con la localización de las unidades de excavación C-I, C-II, C-VII y C-XII y de las pruebas de pala.

proportion of Lourdes Red Slipped in these squares is low, about 18% in A, 2% in E and 7% in F. Planaditas Burnished Red is the dominant type in squares A, E, and F (about 65%

for all three squares). The majority of Late materials in all squares was always in the top levels (Table 2.5). Thus, even though Lourdes Red Slipped ceramics are more abundant in

Figura 2.54. Perfil Sur de C-I en VP0466-A.
Figure 2.54. South Profile of C-I at VP0466-A.

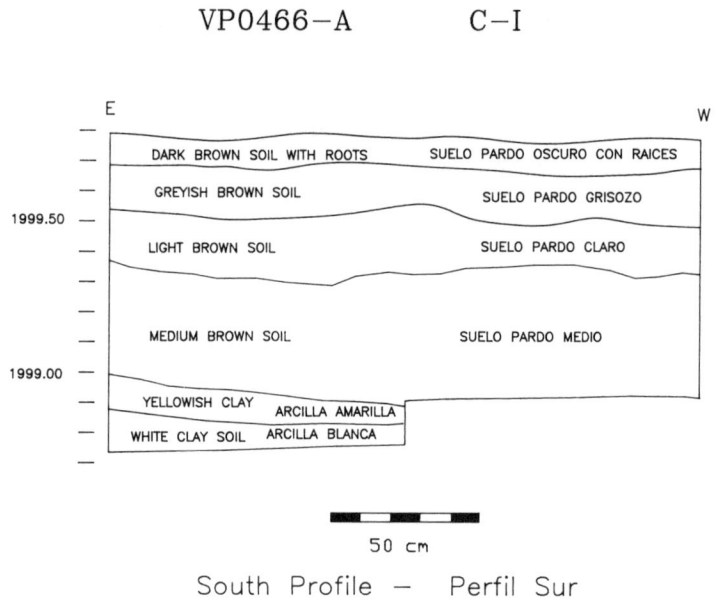

VP0466-A   C-I

E   W

DARK BROWN SOIL WITH ROOTS   SUELO PARDO OSCURO CON RAICES

GREYISH BROWN SOIL   SUELO PARDO GRISOZO

1999.50

LIGHT BROWN SOIL   SUELO PARDO CLARO

MEDIUM BROWN SOIL   SUELO PARDO MEDIO

1999.00

YELLOWISH CLAY   ARCILLA AMARILLA
WHITE CLAY SOIL   ARCILLA BLANCA

50 cm

South Profile — Perfil Sur

un total de 18 pruebas de pala y todas menos cuatro (J92/076, J92/077, J92/079 y J92/083) produjeron tiestos Lourdes Rojo Engobado, para una muestra total de 38 fragmentos de este tipo (Tabla 2.3). En todas las pruebas de pala donde está presente el tipo Lourdes Rojo Engobado, el tipo Planaditas Rojo Pulido sobrepasa al Lourdes Rojo Engobado (ver Apéndice). En siete casos donde Lourdes Rojo Engobado está presente, también se encuentra el tipo Guacas Café Rojizo. En estos casos, no obstante, la proporción de Planaditas Rojo Pulido es también mucho más grande que aquella de Guacas Café Rojizo, con sólo una excepción (J92/0095) donde la proporción es la misma. El tipo cerámico más frecuente es el Planaditas Rojo Pulido, seguido por Tachuelo Pulido, Barranquilla Crema, y Guacas Café Rojizo (Tabla 2.3).

En la zona VP0466-B, sobre el extremo inferior de la pendiente suave del sitio, a aproximadamente 70 m al este del área mostrada en la Figura 2.53, se excavaron dos pruebas de pala y sólo una de éstas (J92/0092) produjo tiestos (tres Lourdes Rojo Engobado y cuatro Planaditas Rojo Pulido). El área

al este de estas pruebas de pala ha sido destruida con la construcción de una carretera, por lo que se revisaron las tierras removidas y el piso de la carretera para evaluar la presencia del tipo Lourdes Rojo Engobado. La presencia de Barranquilla Crema, Guacas Café Rojizo y Planaditas Rojo Pulido fue clara, pero sólo se encontró y guardó un posible fragmento de Lourdes Rojo Engobado (con decoración incisa) (J92/0099).

En VP0466-C, un área justo al sur de la zona VP0466-A, se excavaron nueve pruebas de pala (Figura 2.53). De éstas, seis produjeron Lourdes Rojo Engobado para una muestra combinada de 35 fragmentos Lourdes Rojo Engobado (Tabla 2.3). Una vez más, en estas pruebas de pala la suma de Planaditas Rojo Pulido fue más grande y, en cuatro pruebas, se encontró también Guacas Café Rojizo (Apéndice y Tabla 2.3). Una recolección superficial (J92/98) produjo 11 fragmentos Planaditas Rojo Pulido.

Finalmente se prospectó la zona marcada como VP0466-D. Esta es un área plana de aproximadamente 40 por 18 m. Se excavaron 18 pruebas de pala y 12 produjeron fragmentos

VP0466-A   C-II

N   S

DARK BROWN SOIL   SUELO PARDO OSCURO

GREYISH BROWN SOIL   SUELO PARDO GRISOZO

LIGHT BROWN SOIL   SUELO PARDO CLARO

1999.00

MEDIUM BROWN SOIL   SUELO PARDO MEDIO

YELLOWISH CLAY SOIL
ARCILLA AMARILLENTA

1998.50

WHITE CLAY   ARCILLA BLANCA

Figura 2.55. Perfil Este de C-II en VP0466-A.
Figure 2.55. East Profile of C-II at VP0466-A.

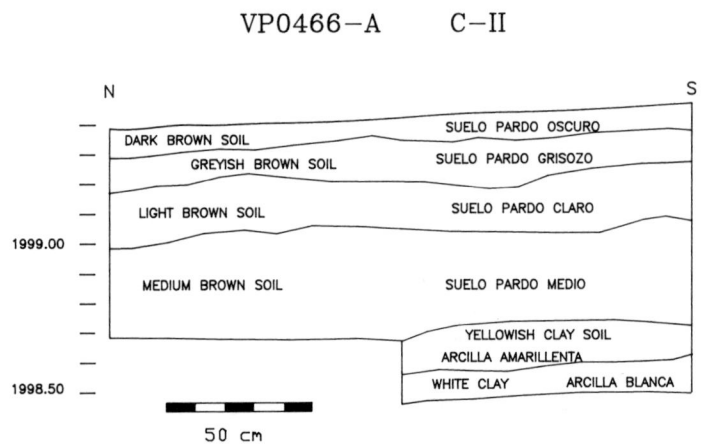

50 cm

East Profile — Perfil Este

the area of C-VIII, this ceramic type is outnumbered by Planaditas Burnished Red in C-XI as a whole. Yet another excavation, then, intended to produce residential deposits dominated by Lourdes Red Slipped has yielded more Planaditas Burnished Red.

Further testing at site VP0466 comprised four areas in the regional survey lots LA/0001, LA/0002 and LA/0080. Zone VP0466-A corresponds to the northern section of the natural *planada* (Figure 2.53). A total of 18 shovel probes was excavated and all but four (J92/076, J92/077, J92/079 and J92/083) produced Lourdes Red Slipped ceramics, for a total sample of 38 fragments of this type (Table 2.3). In all shovel probes where Lourdes Red Slipped is present, Planaditas Burnished Red outnumbers Lourdes Red Slipped (see Appendix). In seven cases where Lourdes Red Slipped is present, Guacas Reddish Brown is also found. In these cases, however, the proportion of Planaditas Burnished Red is also much greater than that of Guacas Reddish Brown, with one exception (J92/0095) where the proportion is the same. Indeed, Planaditas Burnished Red is the most frequent ceramic type, followed by Tachuelo Burnished, Barranquilla Buff, and Guacas Reddish Brown (Table 2.3).

At zone VP0466-B, on the lower eastern edge of the gentle slope of the site at about 70m to the east of the area shown in Figure 2.53, two shovel probes were excavated, only one of which (J92/0092) produced ceramics (three Lourdes Red Slipped and four Planaditas Burnished Red). The area to the east of these shovel probes had been disturbed by road construction, so we looked at the disturbed soil as well as the road surface to evaluate the presence of Lourdes Red Slipped ceramics. The presence of Barranquilla Buff, Guacas Reddish Brown and Planaditas Burnished Red was clear but only one possible Lourdes Red Slipped fragment (with incised decoration) was found and saved (J92/0099).

At VP0466-C, an area just south of zone VP0466-A, nine shovel probes were excavated (Figure 2.53). Of these, six produced Lourdes Red Slipped for a combined sample of 35 Lourdes Red Slipped fragments (Table 2.3). Once again, in these shovel probes the count of Planaditas Burnished Red was larger and, in four probes, Guacas Reddish Brown was also found (Appendix and Table 2.3). A surface collection (J92/98) produced 11 Planaditas Burnished Red fragments.

Finally, the zone labeled as VP0466-D was tested. This is a flat area about 40 by 18m. Eighteen shovel probes were excavated and 12 produced Lourdes Red Slipped for a combined sample of 42 fragments. Here again, Planaditas Burnished Red is considerably more frequent as is Tachuelo Burnished. Barranquilla Buff and Guacas Reddish Brown were also found, but in smaller amounts (Appendix and Table 2.3).

Three test units (C-I, C-II and C-VII) were placed in the locations where Lourdes Red Slipped ceramics were found (Figure 2.53).

At test unit C-I, a deposit about 1.10m deep (Figure 2.54) contained stratigraphy that, although not complicated, was sometimes difficult to distinguish because variations in soil color and texture were not clear. This was also the case at C-II and C-VII, and is probably due to the high moisture content of the poorly drained clayey soils. The cultural material of C-I did not present any discrete pattern of concentration, and the only features found were two areas that turned out to be disturbances caused by roots. Even though the upper levels contained Formative and Later types (Table 2.5), from about 1999.33m down there were only Formative sherds. The total sample of Lourdes Red Slipped ceramics was 45 fragments, 23 in the upper levels and 22 in the Formative levels, where Planaditas Burnished Red makes up the largest proportion.

At C-II, deposits were also about 90 cm deep (Figure 2.55) with a stratigraphy similar to that of C-I. Unlike C-I, which was on the flat area, C-II was placed at the edge of the *planada* to see if there were accumulations of Lourdes Red Slipped in that setting. Even though there is a mix of post-Formative and Formative materials, from about 1998.89m down, the ceramics are mainly Formative. Even though Lourdes Red Slipped was represented by a relatively large count, it is the lowest percentage of all types.

The third stratigraphic test was C-VII, also a deep deposit—about 90cm—with rather straightforward stratigraphy (Figure 2.56). From surface ground level to about 1999.45m, materials did not show any discrete spatial concentrations. In between 1999.45m and 1999.18m, a concentration of rocks we interpreted as a hearth was found in the middle of the unit. The soil was clearly mixed below these rocks, in a circular area about 77 cm in diameter at the top and 60 cm in diameter at the bottom. The maximum depth of the feature was about 30 cm. In level 8, a possible post mold was found in the southeastern section of the unit.

Ceramics of all phases are present in the upper levels, but the lower levels produced only Formative types (Table 2.5), as was the case at C-I and C-II. The circular feature described above also yielded only Formative sherds. Of the 28 fragments of Lourdes Red Slipped ceramics recovered, 21 are in levels where Planaditas Burnished Red occurs in larger proportions. In only one level, however, did Lourdes Red Slipped appear with Planaditas Burnished Red and Guacas Reddish Brown.

The evidence from C-I, C-II and C-VII will be used in Chapter 4 for the comparative analysis of Formative households.

A much larger excavation in the area of VP0466-A, C-XII (Figure 2.53) will be described in Chapter 3. Here we will concentrate on the evidence regarding Lourdes Red Slipped ceramics from the excavation of C-XII. The total count of Lourdes Red Slipped ceramics was 94 sherds. Of these, 67 came from the upper levels were the frequencies of Barranquilla Buff and Planaditas Burnished Red are the greatest. The remaining Lourdes Red Slipped sherds came from a level in which there was only one Guacas Reddish Brown sherd and where Planaditas Burnished Red and Tachuelo Burnished are present in very large quantities. Lourdes Red Slipped sherds came from all squares but C.

Figura 2.56. Perfil Oeste de C-VII en VP0466-D.
Figure 2.56. West Profile of C-VII at VP0466-D.

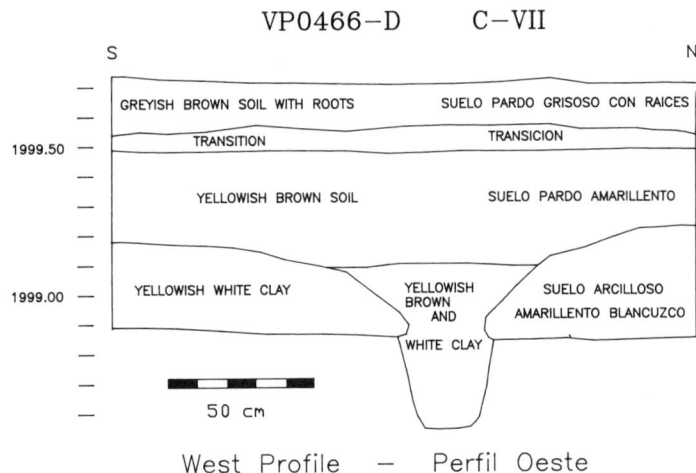

Lourdes Rojo Engobado para una muestra combinada de 42 fragmentos. Aquí, una vez más, el tipo Planaditas Rojo Pulido es considerablemente más frecuente, como lo es también el tipo Tachuelo Pulido. También se encontraron los tipos Barranquilla Crema y Guacas Café Rojizo, pero en cantidades más pequeñas (Apéndice y Tabla 2.3).

En los lugares donde se encontró Lourdes Rojo Engobado, se excavaron tres cortes estratigráficos (C-I, C-II y C-VII) (Figura 2.53).

En el corte C-I, un depósito de aproximadamente 1.10 m de profundidad (Figura 2.54) presentó una estratigrafía que, aunque no complicada, fue algunas veces difícil distinguir debido a que las variaciones en el color y textura del suelo no eran claras. Este fue también el caso en los cortes C-II y C-VII, y ésto se debe probablemente al alto contenido de humedad producto de los suelos arcillosos, pobremente drenados. El material cultural de C-I no presentó ningún patrón discreto de concentración, y los únicos rasgos encontrados fueron dos áreas que resultaron ser alteraciones causadas por raíces. Aunque los niveles superiores contenían materiales de los tipos del Formativo y Tardíos (Tabla 2.5), desde aproximadamente 1999.33 m hacia abajo, sólo se encontraron tiestos del Formativo. La muestra total de tiestos Lourdes Rojo Engobado fue de 45 fragmentos, 23 en los niveles superiores y 22 en los niveles Formativos, donde el tipo Planaditas Rojo Pulido representa la proporción más grande.

En C-II, los depósitos fueron de aproximadamente 90 cm de profundidad (Figura 2.55), con una estratigrafía similar a la de C-I. A diferencia de C-I, el cual estaba ubicado en la parte plana, C-II estaba ubicado sobre el borde de la planada para ver si existían acumulaciones de tiestos Lourdes Rojo Engobado en tal área. Aunque se encontró una mezcla de materiales del Formativo y Pos-Formativos, a partir de los 1998.89 m hacia abajo, los tiestos son principalmente del período Formativo. Aunque el tipo Lourdes Rojo Engobado está representado por un número relativamente alto de tiestos, este tipo representa el porcentaje más bajo de todos.

El tercer corte estratigráfico fue C-VII, también un depósito profundo—aproximadamente 90 cm—con una estratigrafía

clara (Figura 2.56). Desde el nivel superficial hasta aproximadamente 1999.45 m, los materiales no mostraron ninguna concentración espacial discreta. Entre 1999.45 m y 1999.18 m, se encontró en la mitad de la unidad una concentración de piedras que se interpretó como un fogón. El suelo debajo de estas rocas estaba claramente mezclado, en un área circular de aproximadamente 77 cm de diámetro en la parte superior y 60 cm de diámetro en el fondo. La profundidad máxima de este rasgo fue de aproximadamente 30 cm. En el nivel 8, se encontró una posible huella de poste en la parte sureste del corte.

Aunque en los niveles superiores se encontraron fragmentos cerámicos de todas la fases, los niveles inferiores produjeron solamente los tipos del Formativo (Tabla 2.5), así como ocurrió en los casos de los cortes C-I y C-II. El rasgo circular descrito arriba, produjo sólo tiestos del Formativo. De los 28 fragmentos Lourdes Rojo Engobado recobrados, 21 provienen de niveles en donde el tipo Planaditas Rojo Pulido ocurre en grandes proporciones. Sólo en un nivel, no obstante, el tipo Lourdes Rojo Engobado apareció con Planaditas Rojo Pulido y Guacas Café Rojizo.

La evidencia recuperada en C-I, C-II y C-VII se utilizará en el Capítulo 4 en el marco del Análisis Comparativo de las Unidades Domésticas del Formativo.

En el Capítulo 3, se describirá una excavación mucho más grande realizada en el área de VP0466-A, referenciada como C-XII (Figura 2.53). Aquí por lo pronto, nos concentraremos en la evidencia relacionada con el tipo Lourdes Rojo Engobado encontrada en la excavación de C-XII. En ésta se recuperó una muestra total de 94 fragmentos de Lourdes Rojo Engobado. De éstos, 67 fragmentos provienen de los niveles superiores en donde las frecuencias de Barranquilla Crema y Planaditas Rojo Pulido son las mayores. Los otros fragmentos Lourdes Rojo Engobado provienen de un nivel en el que sólo se encontró un tiesto Guacas Café Rojizo y donde Planaditas Rojo Pulido y Tachuelo Pulido están presentes en grandes cantidades. Los tiestos Lourdes Rojo Engobado se encontraron en todas las cuadrículas con la excepción de la C.

El último sitio para ser discutido es VP0467, también localizado en la zona de La Vega. Aquí, el punto de interés fue

TABLE 2.7. NUMBER OF SHERDS AND DENSITIES OF LOURDES RED SLIPPED AND PLANADITAS BURNISHED RED CERAMICS FROM SITES INTENSIVELY TESTED.
TABLA 2.7. NUMEROS Y DENSIDADES DE TIESTOS LOURDES ROJO ENGOBADO Y PLANADITAS ROJO PULIDO DE LOS SITIOS PROSPECTADOS INTENSIVAMENTE.

Site Sitio	Lot Lote	Sector Sector	No. Sherds/Tiestos Lourdes Red Sl./ Rojo Engobado	No. Sherds/Tiestos Planaditas Burn. Red/ Rojo Pulido	Vol. excav. (m³)	Density/Densidad (sherds/tiestos/m³) Lourdes Red Sl./ Rojo Engobado	Density/Densidad (sherds/tiestos/m³) Planaditas Burn. Red/ Rojo Pulido
VP1610	BE/0362		1	70	.912	1	77
VP1007	87/0376		1	82	.944	1	87
VP1682		A	1	15	.576	2	26
VP0467	LA/0075	A	2	45	.816	2	55
VP0467	LA/0075	B	2	38	.832	2	46
VP1109		A	1	23	.320	3	72
VP1614	BE/0417		11	203	3.280	3	62
VP0279		A	1	9	.320	3	28
VP1613		A	2	74	.768	3	96
VP1705		B	2	22	.464	4	47
VP0245		C	1	7	.192	5	36
VP0279		B	2	62	.384	5	161
VP0606		A	1	13	.192	5	67
VP1067		B	1	11	.192	5	57
VP1107		A	3	32	.488	6	66
VP1611		A	4	14	.544	7	26
VP0245		A	6	62	.816	7	76
VP2281		B	2	5	.256	8	20
VP1610		B	3	54	.320	9	169
VP1605	BE/0318*		28	117	3.136	9	37
VP2281		C	4	28	.384	10	73
VP0466	LA/0073	A	24	76	2.112	11	36
VP2079	BE/2085		7	32	.576	12	56
VP1107		B	4	28	.320	13	88
VP2209	BE/1188		19	42	1.216	16	35
VP0069		C	3	22	.160	18	138
VP2281		A	23	116	1.152	20	101
VP0173	GJ/0058		14	38	.528	27	72
VP1067		C	11	112	.384	29	292
VP0466		A	38	376	1.248	30	301
VP0466		D	42	567	1.416	30	400
VP0245		B	16	35	.384	42	91
VP0466		C	35	190	.600	58	317
VP2077	BE/2075		6	12	1.344	4	9
VP0466		B	3	4	.128	23	31
VP2238	BE/1214		93	112	2.688	35	42
VP1885	BE/009		9	4	1.216	7	3
VP2238		A	5	4	.448	11	9
VP2238	BE/1215		21	19	.640	33	30
VP2079	BE/2086		30	27	.832	36	32
VP2238	BE/1213		32	17	.768	42	22

The last site to be discussed is VP0467, also in the La Vega zone. Here, the focus of interest was regional survey lot LA/0075 which included Lourdes Red Slipped and Planaditas Burnished Red. Two discrete zones were tested. At VP0467-A, a *tambo* about 20 by 10m (Figure 2.57) twelve shovel probes were excavated. Of these, four did not produce artifacts (J92/0015, J92/0017, J92/0021 and J92/0022). Only two shovel probes produced Lourdes Red Slipped ceramics (J92/0013 and J92/0018 with one fragment each). In both cases, Planaditas Burnished Red was more abundant and no other types were found (see Appendix).

A large excavation on this *tambo*, C-XIII (Figure 2.57), which will be fully discussed in Chapter 3, produced Lourdes Red Slipped ceramics in very low frequencies (Table 2.5), always outnumbered by Planaditas Burnished Red.

At VP0467-B, a total of 13 probes were excavated (Figure 2.57). Of these, three did not produce ceramics (J92/0031, J92/0032 and J92/0034). Of the remaining probes, only two produced Lourdes Red Slipped fragments (J92/0025 and J92/0026 with one fragment each). The largest proportion of materials were composed of Planaditas Burnished Red and Tachuelo Burnished sherds (Table 2.3).

In the La Vega zone, then, we find a situation that contrasts with that of the Belén zone where the total percentage of late materials was significantly large. In both cases however, the proportion of Lourdes Red Slipped is always the lowest.

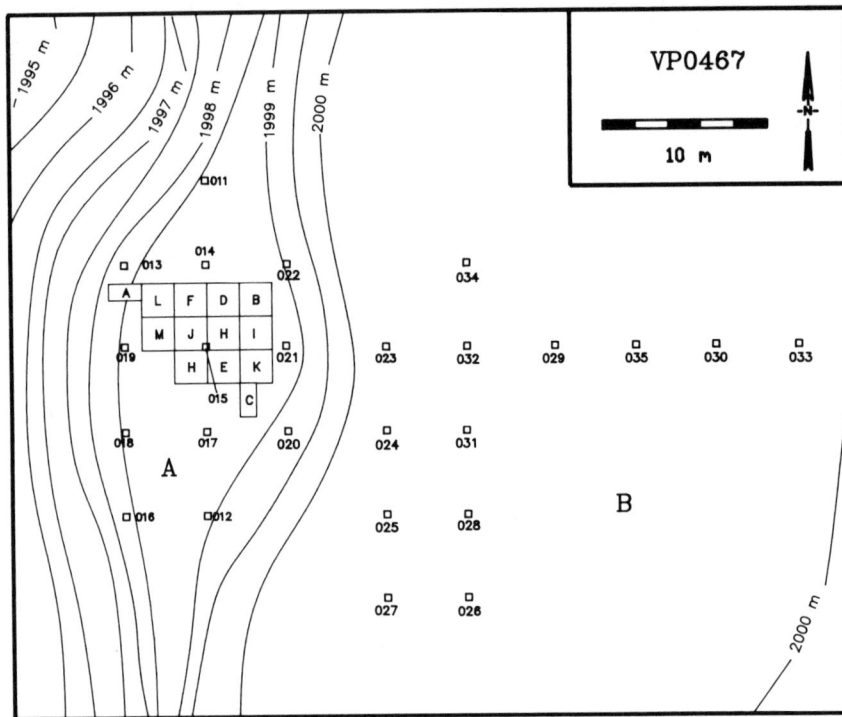

VP0467

Figura 5.57
Mapa de VP0467-A y VP0467-B con la
localización de la unidad de excavación
C-XIII y de las pruebas de pala.

Figure 5.57
Map of VP0467-A and VP0467-B with
location of excavation unit C-XIII and
shovel probes.

el lote LA/0075 de los registrados en el reconocimiento regional y que incluía tiestos Lourdes Rojo Engobado y Planaditas
Rojo Pulido. En esta área se prospectaron dos áreas discretas.
En VP0467-A, un tambo de 20 por 10 m (Figura 2.57), se
excavaron doce pruebas de pala. De éstas, cuatro no produjeron artefactos (J92/0015, J92/0017, J92/0021 y J92/0022).
Sólo dos pruebas de pala produjeron tiestos Lourdes Rojo
Engobado (J92/0013 y J92/0018—un fragmento cada una). En
ambos casos, Planaditas Rojo Pulido fue más abundante y no
se encontraron otros tipos (ver Apéndice).

Una excavación en área en este tambo, reseñada como
C-XIII (Figura 2.57), y que será discutida completamente en
el Capítulo 3, produjo tiestos Lourdes Rojo Engobado en
frecuencias muy bajas (Tabla 2.5), siempre sobrepasado por
las de Planaditas Rojo Pulido.

En VP0467-B se excavaron un total de 13 pruebas (Figura
2.57). De estas, tres no produjeron tiestos (J92/0031, J92/0032
y J92/0034). De las restantes, sólo dos produjeron tiestos
Lourdes Rojo Engobado (J92/0025 y J92/0026 cada una, un
fragmento). La proporción mayor de materiales se compone
de tiestos Planaditas Rojo Pulido y Tachuelo Pulido (Tabla
2.3).

En la zona de La Vega, por consiguiente, encontramos una
situación que contrasta con aquella encontrada en Belén, en
donde el porcentaje total de materiales tardíos fue significativamente grande. En ambos casos, no obstante, la proporción
de tiestos Lourdes Rojo Engobado es siempre la más baja.

Discusión

La prospección intensiva de sitios previamente localizados
en el reconocimiento regional indica que el tipo Lourdes Rojo
Engobado se encuentra generalmente asociado con cantidades
substanciales de tiestos Planaditas Rojo Pulido. Sólo los cinco
sitios listados al final de la Tabla 2.7 (entre los 14 en que se
encontró Lourdes Rojo Engobado) presentan una densidad
mayor de tiestos Lourdes Rojo Engobado que de Planaditas
Rojo Pulido. En sólo dos de estos sitios, la diferencia es bien
grande. En uno de estos (BE/1213 en VP2238), la alta densidad
de Lourdes Rojo Engobado se debe a la presencia de una sola
prueba de pala en la que se registró un alto número de fragmentos Lourdes Rojo Engobado, probablemente todos pertenecientes a una misma vasija.

En los 36 sitios restantes, el tipo Planaditas Rojo Pulido
ocurre en densidades mayores que las de Lourdes Rojo Engobado. De éstos, en sólo tres sitios la diferencia es comparativamente pequeña. En uno de estos tres, VP0466-B, los tiestos
Lourdes Rojo Engobado son el producto de una sola prueba
de pala, entre dos excavadas, y de una recolección superficial
parcial hecha en un área alterada en la que sólo se guardó un
tiesto. En los 33 sitios restantes listados en la Tabla 2.7, las
densidades de Planaditas Rojo Pulido son aproximadamente
dos veces más grandes que las densidades del tipo Lourdes
Rojo Engobado.

Discussion

The intensive testing of sites found in regional survey indicates that Lourdes Red Slipped is usually associated with substantial amounts of Planaditas Burnished Red ceramics. Only the five sites listed last in Table 2.7 (out of the 41 in which Lourdes Red Slipped was found) have a higher density of Lourdes Red Slipped than of Planaditas Burnished Red. In only two of these sites is the difference very large. In one of these (BE/1213 at VP2238) the high density of Lourdes Red Slipped is due to a single probe where the large count of Lourdes Red Slipped sherds may be from a single vessel.

In the 36 remaining sites, Planaditas Burnished Red occurs in greater densities than Lourdes Red Slipped. In only three of these sites is the difference comparatively small. At one of these three, VP0466-B, the Lourdes Red Slipped ceramics are the product of a single probe out of only two excavated, and a partial surface collection in a disturbed area from which only one sherd was saved. In the remaining 33 sites listed in Table 2.7, the densities of Planaditas Burnished Red are about two times greater than the densities of Lourdes Red Slipped.

Implications for Ceramic Chronology

The initial step in studying the Formative 3 period was to seek locations of Formative 3 households that could be investigated with little interference from earlier or later deposits. A total of 71 of the most promising locations were selected for systematic study, comprising over 10% of the separate locations in the western survey zone where Lourdes Red Slipped sherds were originally found in the regional survey. Since these were lots where the highest proportions and/or frequencies of Lourdes Red Slipped sherds had been found in regional survey, it was surprising that none of them produced evidence of "pure" midden deposits with Lourdes Red Slipped as the dominant ceramic type. This suggests that, although Lourdes Red Slipped does have a limited chronological span, it was not a ceramic type that comprised the vast majority of ceramics in use at any one point in time.

Each of the other ceramic types in the Valle de la Plata sequence appeared as the only type or as the vast majority of the sherds at numerous sites. While there were a few sites from the regional survey at which Lourdes Red Slipped was similarly dominant, such sites were quite rare. On further investigation, each of these sites proved to have substantial quantities of Planaditas Burnished Red sherds in the same areas where Lourdes Red Slipped was found. The few sites investigated with large numbers of Lourdes Red Slipped sherds and little or no Planaditas Burnished Red have large quantities of Guacas Reddish Brown.

It thus appears that Formative 3 was a period when Planaditas Burnished Red (the dominant type of Formative 2) continued to be used and was joined by Lourdes Red Slipped. Planaditas Burnished Red then gave way to Guacas Reddish Brown at the transition to the Regional Classic, and Lourdes Red Slipped may have continued in use in the very earliest part of the Regional Classic (which is marked by Guacas Reddish Brown as dominant). In this connection, Lourdes Red Slipped seems to have consisted primarily of relatively fine vessels (probably for serving or similar lightweight purposes as opposed to heavy-duty, utilitarian kitchen use, since large thick-walled vessels do not occur in Lourdes Red Slipped). That Lourdes Red Slipped occurs commonly as thin-walled vessels, a fact which was clear in our sample, is easily seen by looking at the illustrations of Lourdes Red Slipped presented by Drennan (1993:11, Figure 1.5) and comparing them to the other ceramic types (see Drennan 1993:7, Figures 1.1 and 1.2 for Tachuelo Burnished; Drennan 1993:8, Figure 1.3 for Planaditas Burnished Red; Drennan 1993:13 and 14, Figures 1.7 and 1.7 for Guacas Reddish Brown and Drennan 1993:18 and 19, Figures 1.10 and 1.11 for Barranquilla Buff).

Given these results in the initial stage of fieldwork, the project proceeded with a more detailed study of sites where the presence of Lourdes Red Slipped together with Planaditas Burnished Red indicated a Formative 3 occupation. The discussion of the evidence recovered at these sites is the concern of the next chapter.

Implicaciones para la Cronología Cerámica

Para estudiar el período Formativo 3, el paso inicial fue encontrar sitios de vivienda de este período que pudiesen ser investigados sin interferencia de depósitos de períodos anteriores o posteriores. Para realizar un estudio sistemático, se seleccionó una muestra compuesta por 71 sitios entre los más prometedores, que representan más del 10% de las colecciones de la zona occidental, en donde se encontraron tiestos Lourdes Rojo Engobado durante el reconocimiento regional. Puesto que éstos eran los lotes en donde se registraron las más altas proporciones y/o frecuencias de Lourdes Rojo Engobado durante el reconocimiento regional, fue una sorpresa que ninguno de ellos produjera evidencias de basureros "puros" con el tipo Lourdes Rojo Engobado como el tipo cerámico dominante. Esto sugiere que, aunque el tipo Lourdes Rojo Engobado tiene en verdad una existencia cronológica limitada, este tipo cerámico nunca fue un tipo dominante.

En contraste, cada uno de los otros tipos cerámicos en la secuencia del Valle de la Plata, aparece como el único tipo o como el tipo dominante en numerosos sitios. Aunque existen unos pocos sitios del reconocimiento regional en los que Lourdes Rojo Engobado fue también dominante, tales sitios son muy escasos. La investigación posterior de estos casos mostró que éstos presentan cantidades substanciales de tiestos Planaditas Rojo Pulido, en las mismas áreas donde se encontró Lourdes Rojo Engobado. Los pocos sitios investigados que tenían altas cantidades de tiestos Lourdes Rojo Engobado y pocos o ninguno de Planaditas Rojo Pulido, tienen altas cantidades de Guacas Café Rojizo.

Parece entonces que el período Formativo 3 fue un período en que Planaditas Rojo Pulido (el tipo dominante del Formativo 2) continuó siendo usado y al que se le unió la producción de Lourdes Rojo Engobado. Posteriormente, el tipo Planaditas Rojo Pulido dio paso al tipo Guacas Café Rojizo, en la transición al Clásico Regional, y es posible que el tipo Lourdes Rojo Engobado haya continuado en uso durante la parte más temprana del período Clásico Regional (que es identificado por el tipo Guacas Café Rojizo como dominante). En este sentido, vale la pena indicar que el tipo Lourdes Rojo Engobado parece haber consistido principalmente de vasijas relativamente finas (probablemente para servir o para propósitos livianos y no para actividades culinarias, ya que en este tipo no se encuentran ejemplos de vasijas grandes con paredes gruesas). Que las formas más comunes del tipo Lourdes Rojo Engobado son vasijas de paredes delgadas, un hecho que es claro en nuestra muestra, se puede comprobar también al mirar las ilustraciones presentadas por Drennan (1993:11, Figura 1.5) del material Lourdes Rojo Engobado y al comparar éstas con los ejemplos de los otros tipos cerámicos (ver Drennan 1993:7, Figuras 1.1 y 1.2 para Tachuelo Pulido; Drennan 1993:8, Figura 1.3 para Planaditas Rojo Pulido; Drennan 1993:13 y 14, Figuras 1.7 y 1.7 para Guacas Café Rojizo y Drennan 1993:18 y 19, Figuras 1.10 y 1.11 para Barranquilla Crema).

Tomando en cuenta estos resultados alcanzados en las etapas iniciales del trabajo de campo, la investigación continuó con el estudio más detallado de sitios donde la presencia del tipo cerámico Lourdes Rojo Engobado y del tipo Planaditas Rojo Pulido indicaban ocupaciones del período Formativo 3. La discusión de la evidencia recuperada en tales sitios es el objetivo del Capítulo siguiente.

Chapter 3

Formative Household Clusters in the Valle de la Plata

A fundamental aspect in any attempt to characterize and describe the socioeconomic and political structure of a given community is the assessment of the basic units that comprise it. The now extensive literature dealing with the investigation of these basic units or households clearly stresses the potential the household has for studying different aspects of social organization (see, for instance, Lynne and Earle 1989; Stanish 1989; Wilk and Netting 1984).

Along this line of research, the concept of "household cluster" (Winter 1972:65–66; 1976:25–31; Flannery 1976:5; Drennan 1976:71; 1988:274–276) has proved to be an important analytical tool. This term refers to the presence of a patterned, discretely spaced group of archaeological features that are assumed to define the living and working area of a single domestic unit or "household" (regardless of its particular composition).

For the purposes of this study, the specific unit of analysis is the "household cluster" as defined above. The actual structural remains need not be present; in adopting this criterion we depart from Flannery's (1983:44–45) definition of a "household unit."

Household archaeology in the Alto Magdalena is a relatively new and still undeveloped field of research. Information in this regard for the Formative period is particularly scanty. In a recent analysis, Blick (1993:37–38) finds that data on house sizes could be obtained for 26 structures, 23 of these dating to the Recent period and the other three to the Regional Classic period.

The evidence regarding Formative households in the Alto Magdalena consists of the following cases: Duque Gómez and Cubillos (1988:76) report that at Trench number 1 at the Alto de Lavapatas, three hearths were found. Two of these, which have a ceramic association, are dated to 1865 ± 115 BP. The third, which lacks any cultural association, precedes the Formative period, as the date of 5250 ± 115 BP indicates. At the Cálamo site, Llanos, in an area of 8 m^2, finds 9 post molds which he associates with two different structures of circular shape (Llanos 1990:47, Figure 4). A radiocarbon date places this occupation in the third century BC. He also considers that these houses were probably small, with conical roofs and walls of wattle and daub (*bahareque*) (1990:69). At El Mondey, Moreno (1991) also finds only partial evidence for Formative houses. Thus their sizes cannot be estimated. Nevertheless,

since the two excavations providing the evidence (Cortes III and VII) were located in oval-like depressions of 12.50 x 9.7 m and 11.75 x 10.80 m, respectively, which may have resulted from foot traffic, an overall area of about 123.8 m^2 can be set as the average for these household clusters.

In the Valle de la Plata, the evidence for Formative occupation is restricted to the regional settlement pattern, as inferred from the distribution of ceramic fragments found in a systematic regional survey carried out by the Proyecto Arqueológico Valle de la Plata (Drennan 1985; Drennan et al. 1989a, 1989b, 1991). The analysis of the distribution of Formative ceramic fragments reflects an overall dispersed settlement pattern. Nonetheless, the evidence indicates the presence of areas of more or less concentrated population. The presence of these concentrations—which should not be confused with tightly nucleated settlements strictly speaking (Drennan 1995:92; Drennan and Quattrin 1995a:214–215)—begin to take form as early as the Formative 2 period and become a very important feature of the settlement pattern during the Regional Classic (see Drennan and Quattrin 1995a, 1995b).

We focused our research mainly on three of the areas where these Formative population concentrations are present as noted in Chapters 1 and 2: the Belén, El Congreso and La Vega zones (see Figure 2.2). In these instances, then, we take the evidence of the regional survey data to indicate the loci of Formative communities. By this we are referring to clusters of settlement areas with evidence of relatively concentrated human occupation, which are, at the same time, separated from other such clusters, with some intervening dispersed settlements between them (see Drennan et al. 1991:306–307). We take these clusters to represent social and political units and, therefore, we assume that the evidence recovered in the excavations within such clusters is a point of departure for assessing and studying these communities at a more specific level (that is, the household level) than the regional survey data allow for. The evidence to be discussed constitutes the first data sample pertaining to Formative households in the Valle de la Plata, but, due to the small size of the sample of Formative households available from the Alto Magdalena, comparisons will have to be made to similar household data pertaining to later periods.

Eleven locations with evidence for households of the Formative period comprises the data sample for our comparative study. These are summarized next according to the population

77

Capítulo 3

Unidades Domésticas del Formativo en el Valle de la Plata

Un aspecto fundamental en cualquier intento por caracterizar y describir la estructura socioeconómica y política de una comunidad dada, es la definición de las unidades básicas que la constituyen. La literatura que trata de éstas unidades básicas o unidades domésticas, cada vez más extensa, enfatiza claramente el potencial que éstas tienen para estudiar diferentes aspectos de la organización social (ver por ejemplo Lynne y Earle 1989; Stanish 1989; Wilk y Netting 1984).

En ésta línea de investigación, el concepto de "Unidad Doméstica Arqueológica" ("household cluster") (Winter 1972:65–66; 1976:25–31; Flannery 1976:5; Drennan 1976:71; 1988:274–276) ha probado ser una herramienta analítica importante. Este concepto hace referencia a la presencia de un patrón de rasgos arqueológicos, espacialmente discretos, que se considera definen las áreas de vivienda y de trabajo de una sola unidad doméstica o "household" (sin tomar en cuenta su composición particular).

En este estudio, nuestra unidad de análisis específico es la "Unidad Doméstica Arqueológica" tal y como se definió arriba. Desde esta perspectiva, no es necesario que los restos físicos estructurales estén presentes y, por lo tanto, nos distanciamos en este sentido de la definición de "household unit" de Flannery (1983:44–45).

La arqueología de las unidades domésticas en el Alto Magdalena es un campo de investigación relativamente nuevo y no muy desarrollado. La información en éste sentido para el período Formativo es particularmente escasa. En un análisis reciente sobre éste tema, Blick (1993:37–38) encuentra que la información sobre el tamaño de las casas sólo se puede recobrar para 26 estructuras, 23 de ellas pertenecientes al período Reciente y las otras tres al período Clásico Regional.

La evidencia relacionada con las unidades domésticas del Formativo en el Alto Magdalena, consiste de los siguientes casos. Duque Gómez y Cubillos (1988:76) reportan que en la Trinchera 1, en el Alto de Lavapatas, se encontraron tres fogones. Dos de éstos, que tenían asociaciones cerámicas, tienen una fecha de 1865 ± 115 BP. El tercero, para el cual no existe ninguna asociación cultural, precede al período Formativo según lo indica la fecha de 5250 ± 115 BP. En el sitio Cálamo, Llanos, encuentra 9 huellas de poste en un área de 8 m^2 que asocia con dos estructuras circulares diferentes (Llanos 1990:47 Figura 4). Una fecha de radiocarbón ubica esta ocupación en el siglo tercero AC. Llanos (1990:69) considera que

estas viviendas fueron probablemente pequeñas, con techos cónicos y paredes de bahareque. En la localidad de El Mondey, Moreno (1991) también encuentra evidencia parcial de viviendas del Formativo y por lo tanto, no es posible estimar el tamaño de éstas. No obstante, puesto que las dos excavaciones que producen la evidencia (Corte III y Corte VII) estaban localizadas en depresiones de forma ovoidal (las cuales pueden haber resultado como consecuencia del tráfico continuo en el área), con tamaños de 12.50 x 9.7m y 11.75 x 10.80m, respectivamente, se puede estimar el tamaño promedio de éstas unidades domésticas en alrededor de 123.8 m^2.

En el Valle de la Plata, la evidencia de las ocupaciones del Formativo está restringida a el patrón de asentamiento regional, tal y como se infiere a partir de la distribución de fragmentos cerámicos encontrados durante el reconocimiento regional sistemático conducido por el Proyecto Arqueológico Valle de la Plata (Drennan 1985; Drennan et al. 1989a, 1989b, 1991). El análisis de la distribución de fragmentos cerámicos del Formativo refleja un patrón general de asentamiento disperso. No obstante, la evidencia indica la presencia de áreas con población más o menos concentrada. La presencia de estas concentraciones—las cuales no deben ser confundidas con asentamientos altamente nucleados propiamente dichos (Drennan 1995:92; Drennan y Quattrin 1995a:214–215)—comienzan a tomar forma desde el período Formativo 2 y se convierten en un rasgo muy importante del patrón de asentamiento durante el Clásico Regional (ver Drennan y Quattrin 1995a, 1995b).

Nuestra investigación se concentró principalmente en tres de las áreas en donde están presentes éstas concentraciones de población Formativa, como se anotó en los Capitulos 1 y 2: las zonas de Belén, El Congreso y La Vega (ver Figura 2.2). En estos casos, por lo tanto, asumimos la evidencia del reconocimiento regional como indicando la localización de comunidades Formativas. Con este término nos estamos refiriendo a conjuntos de áreas de asentamiento con evidencia de ocupación humana relativamente concentrada, las que están, al mismo tiempo, separadas de otros conjuntos con algunos asentamientos dispersos entre ellos (ver Drennan et al. 1991:306–307). Estos conjuntos son asumidos como representación de unidades políticas y sociales y, por lo tanto, consideramos la evidencia recuperada en las excavaciones dentro de tales conjuntos como un punto de partida para

concentration to which they belong (see Figure 2.2 for location). From the La Vega community, we will discuss five areas which are located at VP0466 (see excavation units labeled C-I and C-II, C-XII, C-XII-B, C-VII, and C-XI) and another at VP0467 (excavation area C-XIII). The other six cases are from the Belén zone (VP1610, excavation unit C-V), from the Quebrada Negra zone (VP1032-87/0402, VP1007-87/0376 and VP1007-87/381) and La Argentina (VP0069-B and VP0069-D).

At this juncture, two issues regarding this sample need to be raised. The first is that the sample is comprised of only those cases in which the evidence allowed us to define boundaries of occupation during Formative times in a reliable way—that is, areas which produced exclusively Formative materials or areas where the stratigraphic excavations allowed us to clearly separate Formative occupation(s) from later ones. Thus, even though most of the tested sites discussed in Chapter 2 were, no doubt, also the loci for houses during Formative times, the fact that these sites were multicomponent sites, plus the fact that most of them are known only through shovel probes, made it difficult to set reliable spatial boundaries for each occupation and that is why they were not included in our sample. In addition, since shovel probes do not provide materials in stratigraphic context, only the ceramics can be assigned to a particular period, and therefore lithic materials could not be taken for analysis. Thus we selected cases without such complexities.

The second issue is that, since all of the cases that comprise this sample are not equally well known, not all of them can be used to the same extent for studying community composition, particularly the presence of wealth differences. Indeed, while in three of these sites the evidence derives from the excavation of sizable areas, the others are known only through small stratigraphic test pits and/or shovel probes. Nevertheless, the present sample provides a useful comparative data set for exploring other kinds of patterns or trends across the region (such as household size, use of lithic raw material, etc.), all of which are relevant to the assessment of socioeconomic structure. The implications of this limitation are dealt with in Chapter 4, where the comparative analysis is discussed.

A final comment in regard to this sample is that, although our focus of interest was the Formative 3 period, we decided to take a broader stance and to include evidence from the Formative 1 and Formative 2 periods also. The sample of Formative 3 households with "uncomplicated" evidence is small, as is the overall corpus of data available for the Formative period in general.

The evidence regarding those cases from this sample of households represented by small stratigraphic excavations and/or shovel probes exclusively has already been provided in Chapter 2. Still to be discussed are three cases known through large-scale excavations, which provide the main data for evaluating wealth differences in the Formative 3 period. Given below are the features of each household cluster and a list of the proveniences upon which spatial analysis and comparisons are based. Most of these proveniences are undifferentiated and vaguely bounded middens.

Figure 3.1. Distribution of Late ceramic types in shovel probes at VP0466/0073-A.
Figura 3.1. Distribución de los tipos cerámicos Tardíos en las pruebas de pala en VP0466/0073-A.

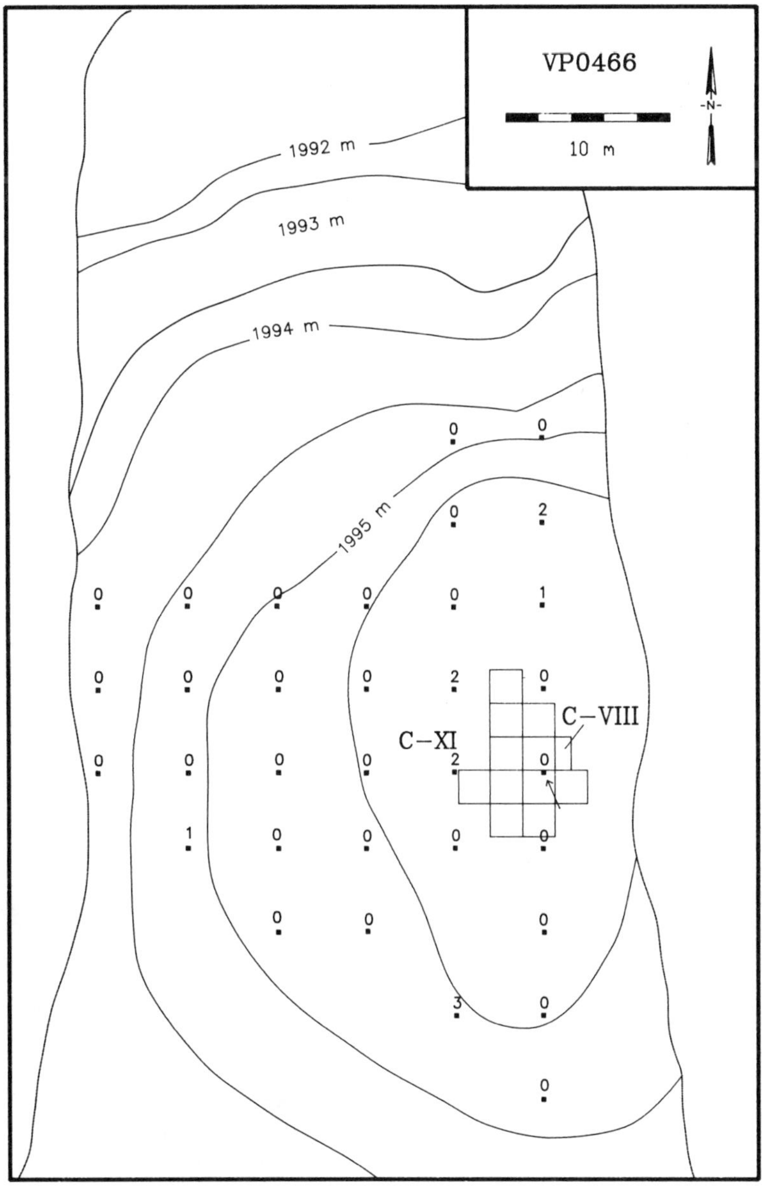

evaluar y estudiar éstas comunidades a un nivel más específico (i.e. el nivel de la unidad doméstica) de lo que es posible con la información del reconocimiento regional. Por consiguiente, la evidencia que se discutirá a continuación, constituye la primera muestra para análisis perteneciente a las unidades domésticas del Formativo en el Valle de la Plata. Debido al tamaño pequeño de la muestra disponible de unidades domésticas del Formativo para el Alto Magdalena, las comparaciones que se hagan tendrán que ser con información similar de unidades domésticas pertenecientes a períodos más tardíos.

Para el estudio comparativo de unidades domésticas arqueológicas del período Formativo se seleccionó una muestra compuesta por 11 localidades. Estas se listan a continuación de acuerdo con la concentración de población a la que pertenecen (ver Figura 2.2 para la ubicación). De la comunidad de La Vega se discutirán cinco áreas localizadas en VP0466D (ver las excavaciones registradas como C-I y C-II, C-XII, C-XII-B, C-VII y C-XI) y otra en VP0467 (excavación C-XIII). Los otros seis casos son de la zona de Belén (VP1610 excavación C-V), de la zona de Quebrada Negra (VP1032-87/0402, VP1007-87/0376 y VP1007-87/381) y de La Argentina (VP0069-B y VP0069-D).

Es oportuno destacar aquí, dos aspectos relacionados con esta muestra de lugares con evidencia de viviendas del Formativo. El primero, es que la muestra está compuesta sólo por aquellos casos en que la evidencia nos permitió definir limites de ocupación durante el Formativo en una forma confiable (i.e, áreas que produjeron exclusivamente materiales Formativos o áreas en donde las excavaciones estratigráficas nos permitieron separar claramente la ocupación Formativa[s] de otras más tardías). Así, aunque la mayoría de los sitios discutidos en el Capitulo 2 fueron, sin lugar a dudas, también el lugar de viviendas durante el período Formativo, el hecho de que estos sitios son multicomponentes, aunado al hecho de que la mayoría son conocidos a través de las pruebas de pala, hacía difícil establecer límites espaciales confiables para cada ocupación y, por esta razón es que no fueron incluidos en nuestra muestra. Adicionalmente, puesto que las pruebas de pala no proporcionan materiales en contexto estratigráfico, sólo los tiestos pueden ser asignados a un período particular y, por lo tanto, los materiales líticos no pueden ser utilizados para el análisis. Así, entonces, se seleccionaron casos que no tuvieran éstas complejidades.

El segundo aspecto es que, puesto que el nivel de información para los casos que componen esta muestra no es el mismo para todos, no todos pueden ser usados en la misma forma para estudiar la composición de la comunidad, particularmente la presencia de diferencias en riqueza. De hecho, mientras que en tres de estos sitios la evidencia se deriva de la excavación de áreas de considerable tamaño, los otros son conocidos mediante la excavación de pequeños cortes estratigráficos y/o pruebas de pala. A pesar de éste hecho, creemos que la muestra seleccionada proporciona un cuerpo de información comparativo útil para explorar otros tipos de patrones o tendencias a través de la región (como el tamaño de las unidades domésticas,

utilización de materias primas líticas, etc.), todos los cuales son relevantes para establecer la estructura socioeconómica. Las implicaciones de esta limitación serán tratadas en el Capitulo 4 en donde se discutirá el análisis comparativo.

Un comentario final en relación con esta muestra, es que aunque nuestro foco de interés fue el período Formativo 3, decidimos tomar una posición más amplia e incluir también evidencia de los períodos Formativo 1 y Formativo 2. Esto se debe al hecho de que la muestra de unidades domésticas arqueológicas del Formativo 3 con evidencia "sin complicaciones" es pequeña, y porque la información total disponible para el período Formativo en general es muy limitada.

La evidencia relacionada con aquellos casos de esta muestra, representados por pequeños cortes estratigráficos y/o pruebas de pala exclusivamente, se ha proporcionado ya en el Capítulo 2. Así, discutiremos a continuación los tres casos conocidos mediante la excavación de áreas amplias, los cuales proporcionan el cuerpo principal de información para evaluar las diferencias en riqueza durante el período Formativo 3. Los rasgos de cada unidad doméstica arqueológica son descritos a continuación y se proporciona una lista de las procedencias en las que se basan los análisis espaciales y las comparaciones. La mayoría de estas procedencias son acumulaciones de basuras con límites vagos y no diferenciados.

Evidencia de Unidad Doméstica en C-XI en VP0466

Como lo indica la Figura 2.51, la localización de esta unidad doméstica arqueológica es la cima de una pequeña colina redondeada, típica del paisaje de la región. La distribución de los fragmentos cerámicos encontrados en 33 pruebas de pala, indican una baja densidad de materiales tardíos esparcidos (Figura 3.1), a la vez que una distribución amplia de materiales Formativos, la mayoría Lourdes Rojo Engobado (Figura 3.2). Los materiales Formativos definen un área de baja densidad rodeada por un "anillo" de densidades altas. Este patrón parece indicar la localización de una vivienda y la zona aledaña en la que se acumula la basura (Blick 1993:109, 125; Drennan 1985:131–135). En la zona de alta densidad de materiales se localizaron los cortes C-XI y C-VIII (ver Capítulo 2 para una descripción de C-VIII).

La excavación en C-XI abarca un total de 44 m^2 (Figura 2.51). Los depósitos fueron de aproximadamente 40cm de profundidad, con tres capas estratigráficas (Figura 3.3). Los niveles inferiores del Estrato III fueron culturalmente estériles, con excepción de algunos rasgos que alcanzaron esta profundidad. A aproximadamente 18cm debajo de la superficie, en la transición entre el Estrato II y el Estrato III, se encontró un piso de ocupación del Formativo 3. Se hallaron cuatro áreas de suelos quemados, con un grueso promedio de 8–10cm (C-XI/357, C-XI/136, C-XI/358 y C-XI/359 en la Figura 3.4 y Tabla 3.1). En estas áreas el carbón no fue abundante, aunque se encontraron algunos fragmentos pequeños. Asociados con estas áreas se encontraron muchos fragmentos de roca arenisca

Figure 3.2. Distribution of Formative ceramic types in shovel probes at VP0466/0073-A.

Figura 3.2. Distribución de los tipos cerámicos Formativos en las pruebas de pala en VP0466/0073-A.

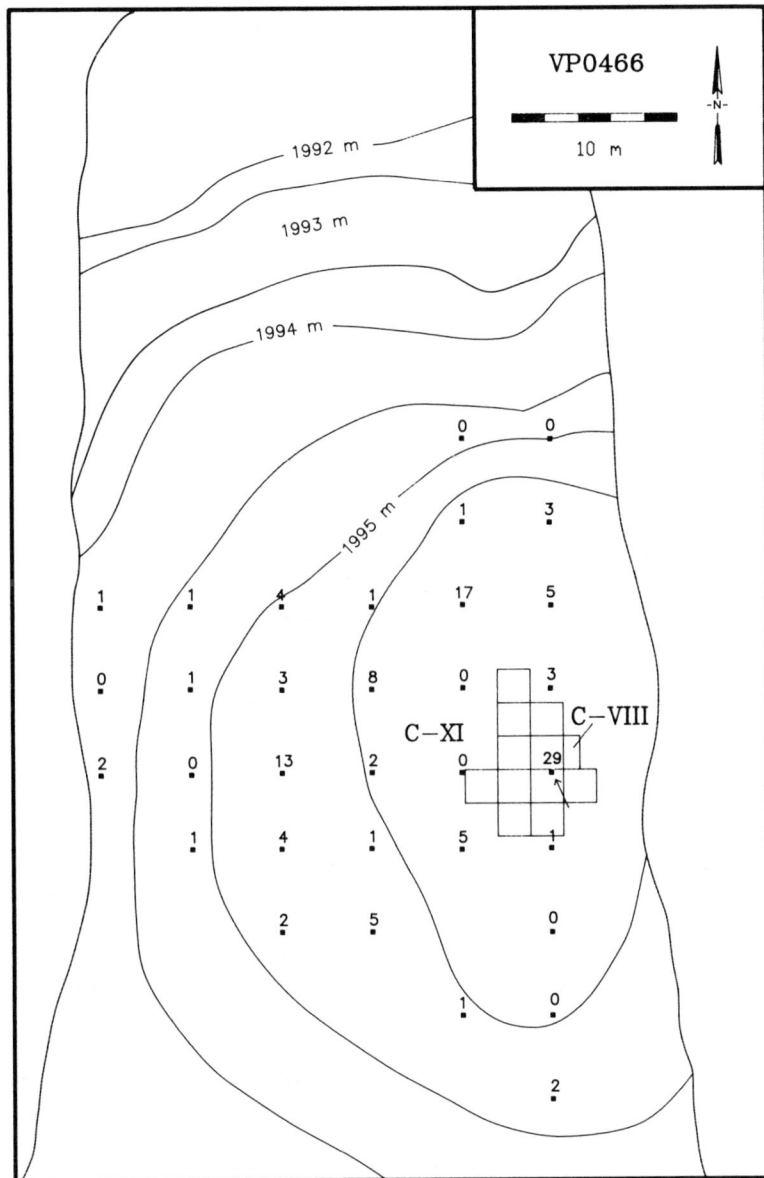

seems to indicate the location of a house and a surrounding zone where trash accumulates (Blick 1993:109, 125; Drennan 1985:131–135). C-XI and C-VIII were located in the surrounding zone of high density debris (see Chapter 2 for a description of C-VIII.)

The excavation at C-XI comprises a total of 44 m^2 (Figure 2.51). Deposits were about 40cm deep with three stratigraphic layers (Figure 3.3). The lower levels of Stratum III were culturally sterile, with the exception of some features that reached this depth. At about 18cm below the surface, at the interface of Stratum II and Stratum III, was a Formative 3 occupation floor. There were four areas of burned soil with an average thickness of 8–10cm (C-XI/357, C-XI/136, C-XI/358 and C-XI/359 in Figure 3.4 and Table 3.1). Charcoal was not abundant, although some small pieces were found. Associated with these areas were several fragments (generally about 2–4cm across) of sandstone which breaks easily and was not used for tool making. A few rocks were also near the areas of fired soil (C-XI/175, C-XI/360, C-XI/174, C-XI/361,C-XI/362 and C-XI/363).

Most of the artifacts were recovered in undifferentiated midden accumulations. Indeed, only two small pockets of concentrated sherds were found. At C-XI/170 and C-XI/167, eight and twelve Planaditas Burnished Red sherds were found, respectively. A larger feature (about 0.16 m^2) filled with a darker soil (C-XI/166) was uncovered in the area of square H. It produced 3 Planaditas Burnished Red sherds.

In square F, the deposits were disturbed by roots up to 4–6 cm in diameter, so the materials from its upper layers have been excluded from some analyses. Similarly, materials from an area about 0.48 m^2 of highly decomposed and burned vegetal material were not included in the analysis (C-XI/128).

Twenty-four post molds were also found in this excavation. Their distribution was not easy to understand, especially because the spacing between them varied, as did their shapes and sizes. They form no clear pattern corresponding to any single structure. The measurements of the post molds are provided in Table 3.2. These variations bring up the possibility that some of them are not post molds at all. Indeed, 14 of them were no more than 4–8cm deep and 4–6cm in diameter with very rounded bottoms. Features similar to these, which were also found in our other excavations (see below, this chapter), have previously been reported by Drennan (1993:37) who, after noticing that they were perhaps too shallow to be considered post molds, finds "no natural phenomenon to attribute them to either." These shallow post molds may reflect the location of posts that supported interior structures or divisions or helped

Household Cluster Evidence from C-XI at VP0466

As Figure 2.51 indicates, the location of this household cluster is the top of a small rounded hill, typical of the landscape of the region. The distribution of ceramic fragments found in 33 shovel probes indicates a low density scatter of late materials (Figure 3.1), together with a widespread distribution of Formative materials, mostly Lourdes Red Slipped (Figure 3.2). The Formative materials defined an area of low density surrounded by a high density "ring." Such a pattern

VP0466   C—XI

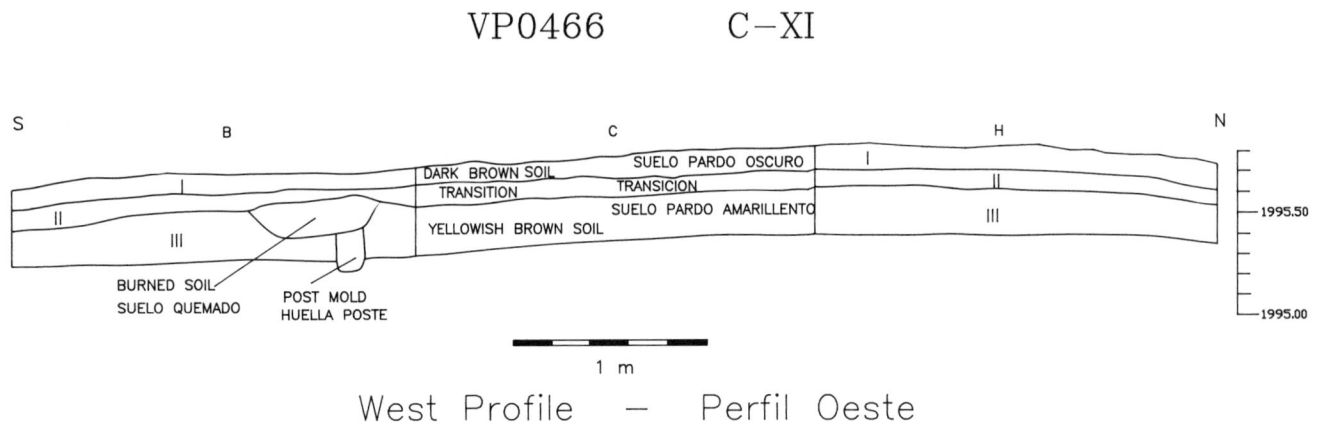

Figura 3.3. Perfil Oeste de las cuadrículas B, C y H en VP0466 C-XI.—Figure 3.3. West Profile of squares B, C and H at VPo466 C-XI.

(de aproximadamente 2–4cm de diámetro), la cual se quiebra fácilmente y que no fue usada para la producción de herramientas. También se encontraron unas pocas rocas en el área cercana a las áreas de suelos quemados (C-XI/175, C-XI/360, C-XI/174, C-XI/361,C-XI/362 y C-XI/363).

La mayor parte de los artefactos se recuperaron en acumulaciones de basuras no diferenciadas. De hecho, sólo se encontraron dos pequeños grupos de tiestos concentrados. En C-XI/170 y C-XI/167, se encontraron ocho y doce tiestos Planaditas Rojo Engobado, respectivamente. En el área de la cuadrícula H se encontró un rasgo grande (aproximadamente 0.16 m^2), relleno con un suelo oscuro (C-XI/166). Este produjo 3 tiestos Planaditas Rojo Engobado.

En la cuadrícula F, los depósitos estaban alterados por raíces de hasta 4–6cm en diámetro, de manera que los materiales de los niveles superiores fueron excluidos de algunos análisis. De manera similar, se excluyeron del análisis los materiales de un área de aproximadamente 0.48 m^2 compuesta por material vegetal altamente descompuesto y quemado (C-XI/128).

En esta excavación se encontraron un total de 24 huellas de poste. Su distribución no fue fácil de entender, debido especialmente a las variaciones en las distancias entre ellas y a las variaciones en sus formas y tamaños. Estas huellas no forman ningún patrón claro, correspondiente a una sola estructura. Los atributos métricos de las huellas se proporcionan en la Tabla 3.2. Las variaciones en la profundidad y en el diámetro de estas huellas, plantea la posibilidad de que algunas de ellas no sean huellas de poste después de todo. En verdad, 14 de éstas no tenían más que 4–8cm de profundidad y 4 a 6cm en diámetro, con fondos muy redondeados. Rasgos similares a éstos, los cuales se encontraron también en otras de nuestras excavaciones (ver más adelante en este capítulo), han sido previamente reportados por Drennan (1993:37) quien, tras anotar la poca profundidad que presentan como para ser considerados huellas de poste, no encuentra "un fenómeno natural para atribuírselos". Estas huellas de poste pequeñas, creemos, podrían reflejar la localización de postes que soportaban estructuras internas o divisiones o que ayudaban a soportar el techo. Estos rasgos podrían también ser las huellas dejadas por cosas tales

como bancas, plataformas para dormir o estructuras para almacenamiento.

Las 10 huellas de poste restantes, no sólo fueron más profundas (aproximadamente 18cm en promedio), sino también de mayor diámetro (entre 10 y 20 cm). Estas, por lo tanto, parecen ser verdaderas huellas de poste. Debe señalarse aquí, que el borde superior de las huellas de poste C-XI/168, 169, 171, 172, y 362, se encontraba probablemente unos 3–4cm más alto que las profundidades indicadas en la Tabla 3.2, ya que las áreas donde se encontraron, estaban ligeramente alteradas y, por lo tanto, no fue posible definir con claridad sus bordes exactos. De los tiestos recobrados en esta excavación, 81.0% (4073 entre 5027 tiestos) pertenece a los tipos Formativos. Por otra parte, los materiales Tardíos están restringidos a los dos niveles artificiales más superiores en todas las cuadrículas y al nivel 3 en sólo algunas otras (ver Tabla 2.5 Estrato I y Estrato II). Así, los niveles 4 a 6 representan una ocupación Formativa, y las procedencias asignadas a ellos, serán incluidas tanto en el análisis comparativo como en el espacial. Algunas cuadrículas produjeron exclusivamente materiales Formativos en los niveles 2 y 3 y éstas serán también incluidas. Los materiales tardíos parecen estar relacionados con una unidad doméstica, localizada hacia la parte este del sitio, la cual ha sido destruida completamente con la construcción de una carretera (Figura 2.51).

Las frecuencias de los fragmentos Lourdes Rojo Engobado y Tachuelo Pulido representan aproximadamente el 6.0% del material Formativo (3.5% y 2.4% respectivamente). Como se discutió en el Capítulo 2, los materiales Lourdes Rojo Engobado ubican este contexto en el período Formativo 3. La pequeña cantidad de fragmentos Tachuelo Pulido sugiere que la ocupación comenzó muy temprano en el Formativo 2, de tal manera que el Tachuelo Pulido no había dejado de ser usado completamente.

Las huellas de poste parecen ser un palimpsesto de los restos de varias estructuras, probablemente domésticas, correspondientes al período Formativo 2/3, en un área general que fue ocupada anterior y posteriormente a ese tiempo. Las procedencias "puras" del Formativo 2/3 de esta unidad

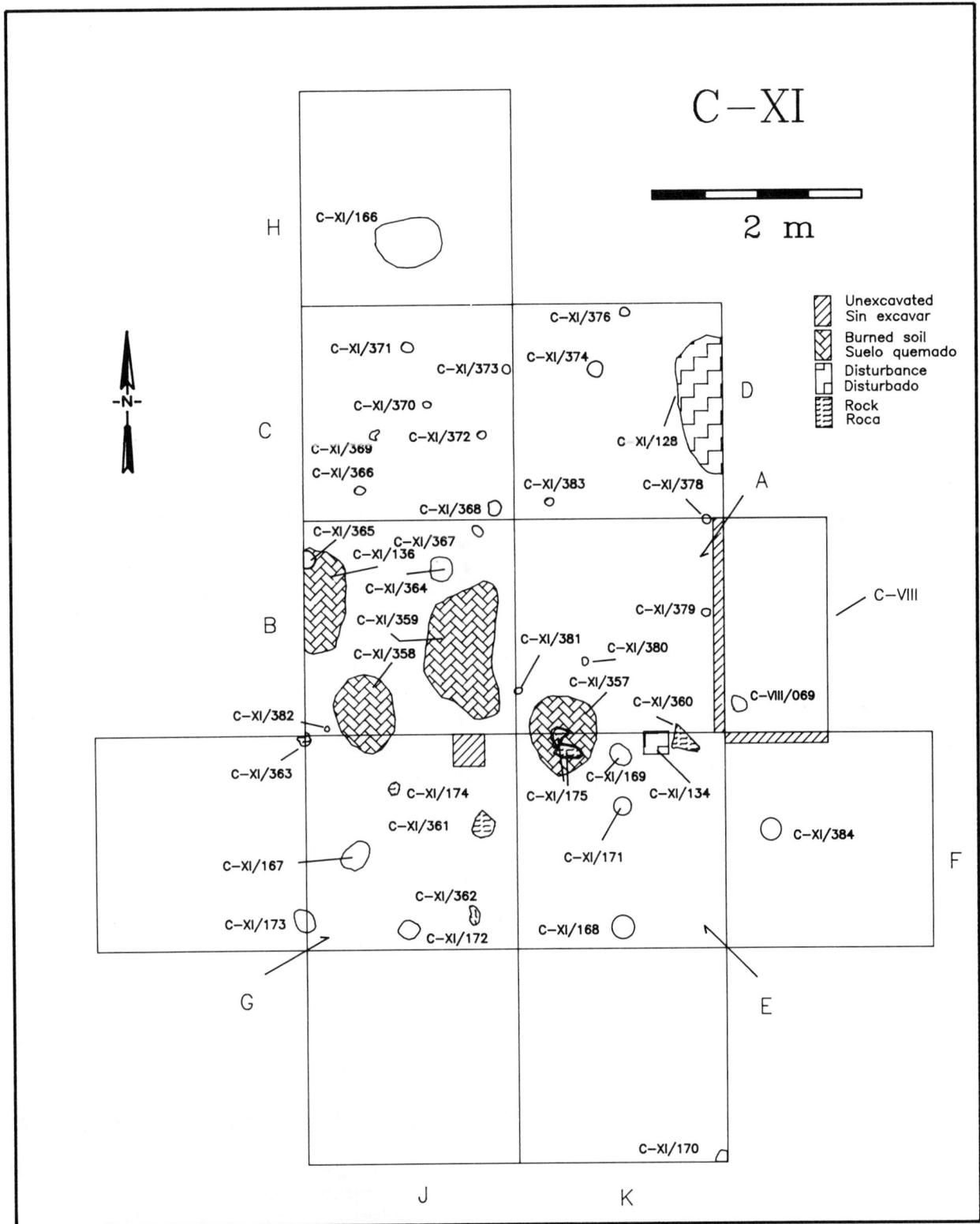

Figure 3.4. Plan view of features and post molds at C-XI.—Figura 3.4. Vista general de rasgos y huellas de poste en C-XI.

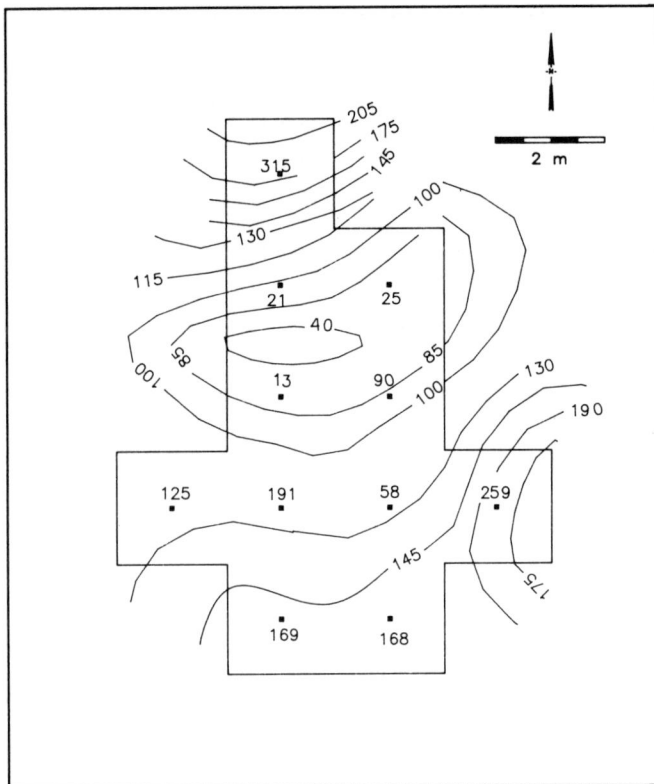

Figura 3.5 (arriba). Mapa de la distribución de las cerámicas del Formativo en C-XI.
Figure 3.5 (top). Distribution map of Formative ceramics at C-XI.

Figura 3.6 (abajo). Mapa de la distribución de materiales líticos en C-XI.
Figure 3.6 (below). Distribution map of lithic material at C-XI.

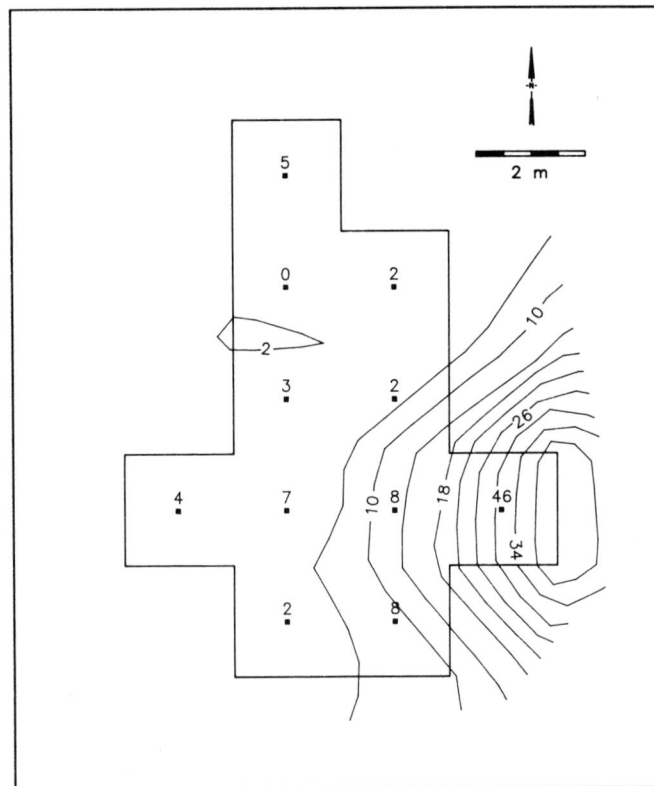

doméstica arqueológica que serán utilizadas en los análisis comparativos y espaciales, se listan en la Tabla 3.3. Adicionalmente, se incluyen también las unidades C-XI/099 y C-XI/100 en los análisis comparativos y espaciales, aunque éstas contenían algunos materiales tardíos (ver arriba). La cantidad total de artefactos de éstas procedencias se puede consultar por vía electrónica (ver Apéndice), junto con las cantidades de todas las otras procedencias de ésta excavación.

El análisis de los fragmentos cerámicos indica que éstos son más abundantes en las áreas que rodean a las áreas de suelos quemados (ver Figura 3.5). Así, el área al interior del anillo formado por las cantidades altas de tiestos, indica la localización de la vivienda propiamente dicha (ver Blick 1993:125), mientras que el área afuera de este anillo, representa el exterior en donde se acumula la basura. La parte sur-este del anillo presenta una concentración alta de materiales líticos que puede indicar la localización de un taller (Figura 3.6). Figuras 3.7, 3.8 y 3.9 presentan la ubicación general de C-XI y detalles de las excavaciones conducidas.

Evidencia de Unidad Doméstica en C-XIII en VP0467

Como se ve en la Figura 2.57, C-XIII corresponde a la excavación parcial de una terraza artificial o tambo, de aproximadamente 13 x 9m. Puesto que los resultados de varias pruebas de pala sugerían que este era un sitio de ocupación del Formativo 3 principalmente (ver Capítulo 2), se excavaron tres cortes estratigráficos de 1 x 2m. Estas excavaciones corresponden a las cuadrículas A, C, y a la parte este de B (ver Figura 2.57), la cual fue posteriormente expandida para convertirse en una cuadrícula de 2 x 2m. No obstante, para fines analíticos, esta cuadrícula de 2 x 2m será tratada como una sola unidad o cuadrícula B. Finalmente se excavaron otras 10 cuadrículas de 2 x 2m. (D–M), para un total excavado de 48 m^2.

Aquí se encontraron cinco estratos (Figura 3.10), aunque no todos están presentes en todas las cuadrículas, puesto que algunos fueron parcial o completamente obliterados durante la construcción de la terraza artificial (ver Drennan 1985:131–136 para una descripción similar). El Estrato IV (el más profundo), compuesto por arcilla blanca-grisácea, sólo apareció en la sección este (o parte posterior) del tambo. Hacia el extremo oeste, el estrato más profundo alcanzado (Estrato V),

TABLE 3.1. LIST OF FEATURES FROM C-XI.
TABLA 3.1. LISTA DE RASGOS EN C-XI.

Feature/Rasgo	Depth/Profundidad		Type of Feature/Tipo de Rasgo
	Lip/Borde	Bottom/Fondo	
C-XI/361	1995.64	1995.56	Rock/Roca
C-XI/170	1995.62	1995.58	Sherds/Tiestos
C-XI/357	1995.61	1995.50	Fired Soil/Suelo Quemado
C-XI/358	1995.61	1995.48	Fired Soil/Suelo Quemado
C-XI/359	1995.61	1995.51	Fired Soil/Suelo Quemado
C-XI/175	1995.61	1995.48	Rock/Roca
C-XI/360	1995.61	1995.41	Rock/Roca
C-XI/174	1995.61	1995.57	Rock/Roca
C-XI/136	1995.59	1995.47	Fired Soil, Sherds/Suelo Quemado, Tiestos
C-XI/362	1995.57	1995.52	Rock/Roca
C-XI/166	1995.52	1995.43	Sherds/Tiestos
C-XI/363	1995.52	1995.46	Rock/Roca
C-XI/167	1995.51	1995.47	Sherds/Tiestos

TABLE 3.2. MEASUREMENTS OF POST MOLDS FROM C-XI.
TABLA 3.2. ATRIBUTOS METRICOS DE LAS HUELLAS DE POSTE EN C-XI.

Number/Número	Depth/Profundidad		Diameter/Diámetro	
	Lip Borde	Bottom Fondo	Lip Borde	Bottom Fondo
C-XI/379	1995.58	1995.53	.07	.04
C-XI/380	1995.56	1995.53	.06	.04
C-XI/383	1995.55	1995.49	.08	.04
C-XI/378	1995.54	1995.48	.08	.04
C-XI/365	1995.54	1995.34	.14	.06
C-XI/381	1995.53	1995.49	.05	.04
C-XI/371	1995.52	1995.47	.10	.06
C-XI/374	1995.52	1995.44	.12	.07
C-XI/376	1995.52	1995.48	.08	.04
C-XI/369	1995.50	1995.38	.10	.06
C-XI/364	1995.48	1995.34	.10	.08
C-XI/168	1995.48	1995.27	.22	.15
C-XI/384	1995.47	1995.36	.18	.11
C-XI/169	1995.45	1995.12	.18	.10
C-XI/372	1995.45	1995.41	.06	.04
C-XI/370	1995.45	1995.41	.06	.04
C-XI/171	1995.44	1995.21	.15	.08
C-XI/173	1995.44	1995.28	.20	.10
C-XI/367	1995.44	1995.38	.08	.06
C-XI/366	1995.44	1995.38	.09	.07
C-XI/373	1995.43	1995.40	.08	.06
C-XI/172	1995.42	1995.22	.20	.10
C-XI/368	1995.42	1995.38	.12	.06
C-XI/382	1995.40	1995.36	.04	.02

to support the roof. These features might also be prints left by such things as benches, sleeping platforms or above ground storage facilities.

The remaining 10 post molds were not only deeper (about 18cm on average) but also larger in diameter (between 10 and 20 cm). These, therefore, seem more like actual post molds. It needs to be pointed out that the lips of post molds C-XI/168, 169, 171, 172, and 362 were probably about 3–4cm higher than the depths in Table 3.2, since the areas where they were found

were slightly mixed and it was not possible to clearly define their true lips.

Of the sherds recovered from this excavation 81.0% (4073 out of 5027 sherds) belong to the Formative types. Late materials, on the other hand, are restricted to the uppermost two artificial levels in all squares and to level 3 in only some instances (see Table 2.5, Stratum I and Stratum II). Thus, levels 4 to 6 represent a Formative occupation, and the proveniences assigned to them will be included in both comparative and spatial analyses. Some squares yielded only Formative materials in levels 2 and 3 and these will also be included. The late material seems related to a household located toward the eastern section of the site which has been completely destroyed by the construction of a road (see Figure 2.51).

The frequencies of Lourdes Red Slipped and Tachuelo Burnished fragments represent about 6.0% of the Formative material (3.5% and 2.4% respectively). As is discussed in Chapter 2, the Lourdes Red Slipped materials place this context in the Formative 3 period. The small quantity of Tachuelo Burnished fragments suggest that the occupation began early enough in Formative 2 that Tachuelo Burnished had not yet gone completely out of use.

The post molds appear to be a palimpsest of the remains of several, probably domestic, structures dating to the Formative 2/3 period in a general area that was also utilized before and after that time. The "pure" Formative 2/3 proveniences from this household cluster which will be used for the comparative and spatial analyses are listed in Table 3.3. In addition, C-XI/099 and C-XI/100 were included in the spatial and comparative analyses although there were some late materials (see above). The complete count of the artifacts from all these proveniences is available electronically (see Appendix) along with the counts for all other proveniences from this excavation.

The analysis of ceramic fragments indicates these are more abundant in the areas surrounding the areas of fired soils (see Figure 3.5). Thus, the area inside the ring formed by the high quantities of sherds indicates the location of the house itself (see Blick 1993:125), while the area of the ring represents the outdoors where garbage accumulated. The southeastern area of this ring presents a high concentration of lithic materials, which may indicate the location of a workshop area (Figure 3.6). Figures 3.7, 3.8, and 3.9 show the general location of C-XI and details of the excavations carried out there.

Household Cluster Evidence from C-XIII at VP0467

As seen in Figure 2.57, C-XIII corresponds to the partial excavation of an artificial terrace or *tambo* about 13 x 9m. Since the results of several shovel probes suggested this to be mainly a Formative 3 occupation site (see Chapter 2), we opened three 1 x 2m units. These units are squares A, C, and the eastern part of B (see Figure 2.57), which was later expanded into a 2 x 2m unit. Yet, for analytical purposes, this 2 x 2m square will be considered as a single unit or square B.

TABLE 3.3. LIST OF PROVENIENCES FOR ANALYSIS FROM C-XI.
TABLA 3.3. LISTA DE PROCEDENCIAS PARA EL ANALISIS DE C-XI.

Square Cuadrícula		Square Cuadrícula	
A	C-XI/115	G	C-XI/131
	C-XI/116		C-XI/132
	C-XI/097		C-XI/133
B	C-XI/120		C-XI/167
	C-XI/136	H	C-XI/152
	C-XI/086		C-XI/153
C	C-XI/092		C-XI/154
	C-XI/093		C-XI/166
D	C-XI/089	I	C-XI/148
	C-XI/088		C-XI/149
	C-XI/128	J	C-XI/163
	C-XI/135		C-XI/164
	C-XI/137		C-XI/165
E	C-XI/096	K	C-XI/156
	C-XI/098		C-XI/157
	C-XI/134		C-XI/170
	C-XI/139		C-XI/158
F	C-XI/141		
	C-XI/138		

Note: Proveniences C-XI/I/149 and C-XI/C/093 produced only lithic materials but due to their stratigraphic positions will be used in the analysis as part of the Formative 3 context.
Nota: Las procedencias C-XI/I/149 y C-XI/C/093 produjeron sólo materiales líticos, pero debido a la posición estratigráfica, se incluyen en el análisis como parte del contexto Formativo 3.

fue un estrato arcilloso amarillento, culturalmente estéril. El Estrato III es un estrato arcilloso entre café claro y gris que descansa sobre los estratos IV y V. El Estrato VI, una mezcla de los suelos de los estratos III y V, está restringido a las cuadrículas A, L y M y representa una alteración debida a la construcción del tambo.

La mayoría de los artefactos se encontraron entre los 15 y 30cm debajo de la superficie (en el Estrato III) en lo que parece ser la superficie principal de ocupación del Formativo 3. Este piso estaba sellado por el Estrato II, el cual está compuesto por material vegetal altamente descompuesto y/o quemado. Este estrato tiene un grueso promedio de 4cm, aunque en algunos sectores alcanzó hasta los 8–10cm. En algunos lugares éste no estaba presente o fue tan delgado, que fue difícil hacer la separación entro el Estrato I y el Estrato II. El origen del Estrato II no es claro. Podría ser los restos carbonizados de una estructura, aunque no se recobraron restos de adobe. Tal vez, más probable, podría representar los restos de las quemas durante la apertura del bosque a comienzos del siglo XX. Cualquiera que sea su origen, el Estrato II sella de manera indiscutible los estratos subyacentes e indica la naturaleza no alterada de éstos. El Estrato I es la zona de raíces modernas.

Una serie de rasgos indican el uso de esta área para activi- dades domésticas (Figura 3.11 y Tabla 3.4). La mayoría de estos rasgos estaban localizados en cercanías de áreas con suelos quemados. En las cuadrículas B y I, se localizaron dos

áreas de suelos quemados. La primera de éstas (C-XIII/422 y C-XIII/423) contenía una depresión ovalada poco profunda rellena con carbón (C-XIII/294). Cerca a ésta se encontró un metate (C-XIII/417) de aproximadamente 20cm de largo y 15 de ancho. En la segunda de las áreas de suelos quemados (C-XIII/424), había una concentración discreta de 33 tiestos Planaditas Rojo Pulido (C-XIII/289 y C-XIII/324). Otras dos concentraciones de tiestos Planaditas Rojo Pulido fueron en- contradas al este y al oeste de esta área de suelo quemado (C-XIII/288 y C-XIII/323). C-XIII/334 es una pequeña con- centración de carbón de aproximadamente 6cm de diámetro y 3cm de profundidad. Estos rasgos, considerados en conjunto, sugieren un área discreta de actividades relacionadas con la preparación de alimentos.

En la cuadrícula D, cerca a otra área de suelos quemados (C-XIII/425), se encontró un rasgo de aproximadamente 80cm de largo y 70cm de profundidad en su punto más profundo (C-XIII/335) y se encontraron abundantes pequeños fragmen- tos de carbón, dos lascas y 14 tiestos Planaditas Rojo Pulido. Una de las lascas corresponde a una lasca secundaria muy larga (aproximadamente 12cm de largo y 8cm en su parte mas ancha). El relleno de este rasgo fue un suelo más oscuro que el Estrato III, en el cual apareció y con una textura menos compacta. El relleno también incluía algunos pedazos de suelo amarillo y algunos fragmentos de suelo rojizo compacto. En el Estrato I, C-XIII/338, podría corresponder con una madri- guera; éste contenía dos fragmentos de hueso. Los lotes C-XIII/339 y C-XIII/355, localizados al sur de la alteración descrita anteriormente, corresponden a un rasgo circular pe- queño de aproximadamente 7cm de profundidad, con 5 lascas y 2 tiestos Planaditas Rojo Pulido, y abundantes fragmentos pequeños de carbón.

En la parte oeste se encontraron otros tres rasgos. El rasgo C-XIII/433 es una alteración causada por una raíz, mientras que C-XIII/432 es probablemente una madriguera. El tercer

Figura 3.7. Vista panorámica de la región de La Vega y localización de la unidad de excavación C-XI.
Figure 3.7. Panoramic view of the La Vega region and location of C-XI.

Figure 3.8
Detail of excavation at C-XI.

Figura 3.8
Detalle de la excavación en C-XI.

Finally, ten more 2 x 2 m squares were excavated (D–M), for a total of 48 m^2.

There were five strata (Figure 3.10), although not all of them are present in all squares since some strata were partially or completely obliterated during the construction of the artificial terrace. (See Drennan 1985:131–136 for a similar description.) Stratum IV (the lowest), a whitish gray clay, was exposed only in the eastern (or uphill) section of the *tambo*. Further west, a yellowish culturally sterile clay (Stratum V) was the lowest stratum reached. Stratum III is a light brown to grayish clay which rests on Strata IV and V. Stratum VI, a mixture of soils from Strata III and V, is restricted to squares A, L and M and represents a disturbance due to the construction of the *tambo*.

Most artifacts occurred between 15 and 30 cm below the surface (in Stratum III) in what seems the principal Formative 3 occupation surface. This floor was sealed by Stratum II which is made of highly decomposed and/or burned plant material. This stratum averaged 4 cm thick, but at some points was up to 8–10 cm thick. In some places it was not present or

Figure 3.9
View of C-XI from the northwest.

Figura 3.9
Vista de C-XI desde el noroeste.

VP0467-A   C-XIII

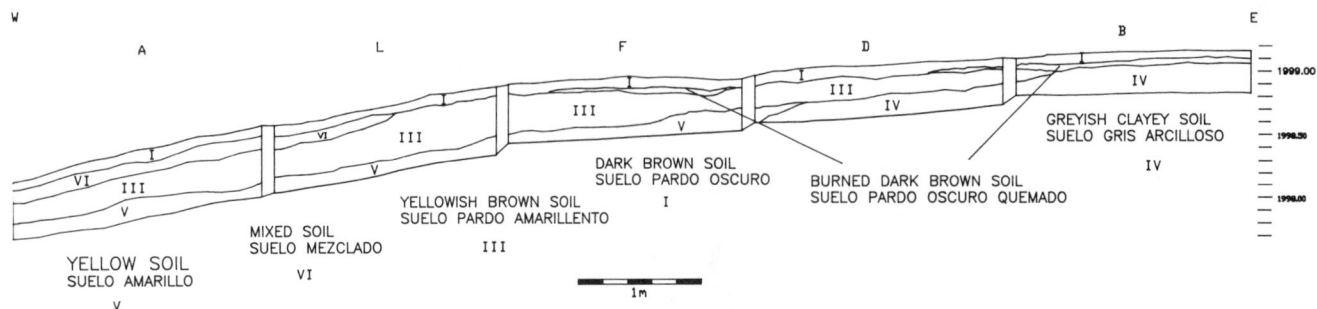

North Profile — Perfil Norte

Figura 3.10. Perfil Norte de las cuadrículas A, L, F, D y B en C-XIII.—Figure 3.10. North Profile of squares A, L, F, D and B at C-XIII.

rasgo (C-XIII/306), es una concavidad semi-ovalada de aproximadamente 40cm de largo, 30cm de ancho y 8cm de profundidad, que produjo 9 tiestos Planaditas Rojo Pulido y pequeños fragmentos de carbón. El suelo era más suelto que el resto del Estrato III y se encontraron dos huellas de poste en su perímetro.

En la cuadrícula K se localizó otra área de suelo quemado (C-XIII/426). En sus cercanías se encontraron otros seis rasgos. Los rasgos C-XIII/428, C-XIII/434, C-XIII/429 y C-XIII/430 fueron todos pequeñas concavidades en el Estrato IV, rellenas con un suelo más oscuro que el de la matriz y no produjeron materiales culturales. El rasgo C-XIII/431, en el Estrato IV, fue un pozo más profundo y grande, aunque sus bordes y forma no fueron muy claros. El suelo era oscuro y suelto y no se recobraron materiales culturales. El rasgo C-XIII/345, en el Estrato IV, fue otro pozo con una planta circular de aproximadamente 24cm de diámetro y 36cm de profundidad. Se encontraron pequeños fragmentos de carbón pero no materiales culturales. Estos elementos, tomados en conjunto, también sugieren un área discreta de actividades culinarias.

En la cuadrícula H se encontró otra área discreta de suelos quemados (C-XIII/319 y C-XIII/417). A su alrededor se encontraron tres rasgos circulares. En los rasgos C-XIII/353 y C-XIII/317, en el Estrato III, sólo se recobraron fragmentos de carbón. El rasgo C-XIII/350, en el Estrato III, produjo algo de carbón y un tiesto Tachuelo Pulido. La esquina noreste de la cuadrícula H es un área alterada (C-XIII/344). La esquina sureste de la cuadrícula J (C-XIII/333) es una alteración causada por una prueba de pala excavada durante la fase de prospección.

En las cuadrículas L y M se encontraron otros cinco rasgos en el contexto del Estrato III. El rasgo C-XIII/435 corresponde a una pequeña área de suelo quemado, mientras que C-XIII/308 es un rasgo pequeño que contenía carbón y tres tiestos Planaditas Rojo Pulido. Los rasgos C-XIII/418 y C-XIII/329

corresponden a depresiones de suelo oscuro sin materiales culturales. El último rasgo (C-XIII/351) estaba debajo del nivel de los otros rasgos y parece corresponder a una madriguera.

Como indica la Figura 3.11, el otro tipo de rasgos más abundantes en C-XIII son las huellas de poste. La Tabla 3.5 lista los atributos métricos de las 19 huellas de poste encontradas y las profundidades a las que éstas aparecieron. En la excavación de C-XIII, así como ocurrió el caso de C-XI, la distribución, variación en el tamaño y profundidad de las huellas de poste, hizo la interpretación difícil. De las 19 huellas de poste, 9 tienen entre 3 y 6cm de profundidad. Por esta razón, creemos que éstas no son parte de la estructura principal. Las huellas de poste en la cuadrícula F, aparecen a una mayor profundidad que en las otras cuadrículas, probablemente porque al menos dos de éstas (C-XIII/393 y C-XIII/394), y posiblemente C-XIII/305, estaban alteradas por la presencia del rasgo C-XIII/306. La inclinación general del sitio, de este a oeste, también contribuye a explicar las diferencias entre los niveles a los que se encontraron los rasgos.

Aunque no es posible reconocer la planta de una sola estructura, las huellas de poste, áreas de cocina, basureros, y rasgos con formas de huecos, indican una unidad doméstica arqueológica.

Las procedencias de C-XIII que serán incluidas en el análisis comparativo de las unidades domésticas arqueológicas, provienen principalmente de los estratos III, IV y V. Las excepciones son aquellas cuadrículas en las que el Estrato II produjo solamente materiales Formativos. Los materiales en los estratos I y II parecen corresponder a una ocupación tardía, localizada cerca del área excavada. No obstante, en los estratos I y II, el porcentaje de materiales tardíos es bajo—21% en el Estrato I y la mayoría provienen de las cuadrículas A, L y M sobre el borde exterior del tambo. El porcentaje de los materiales tardíos en el Estrato II es de sólo 14%. Tres lotes

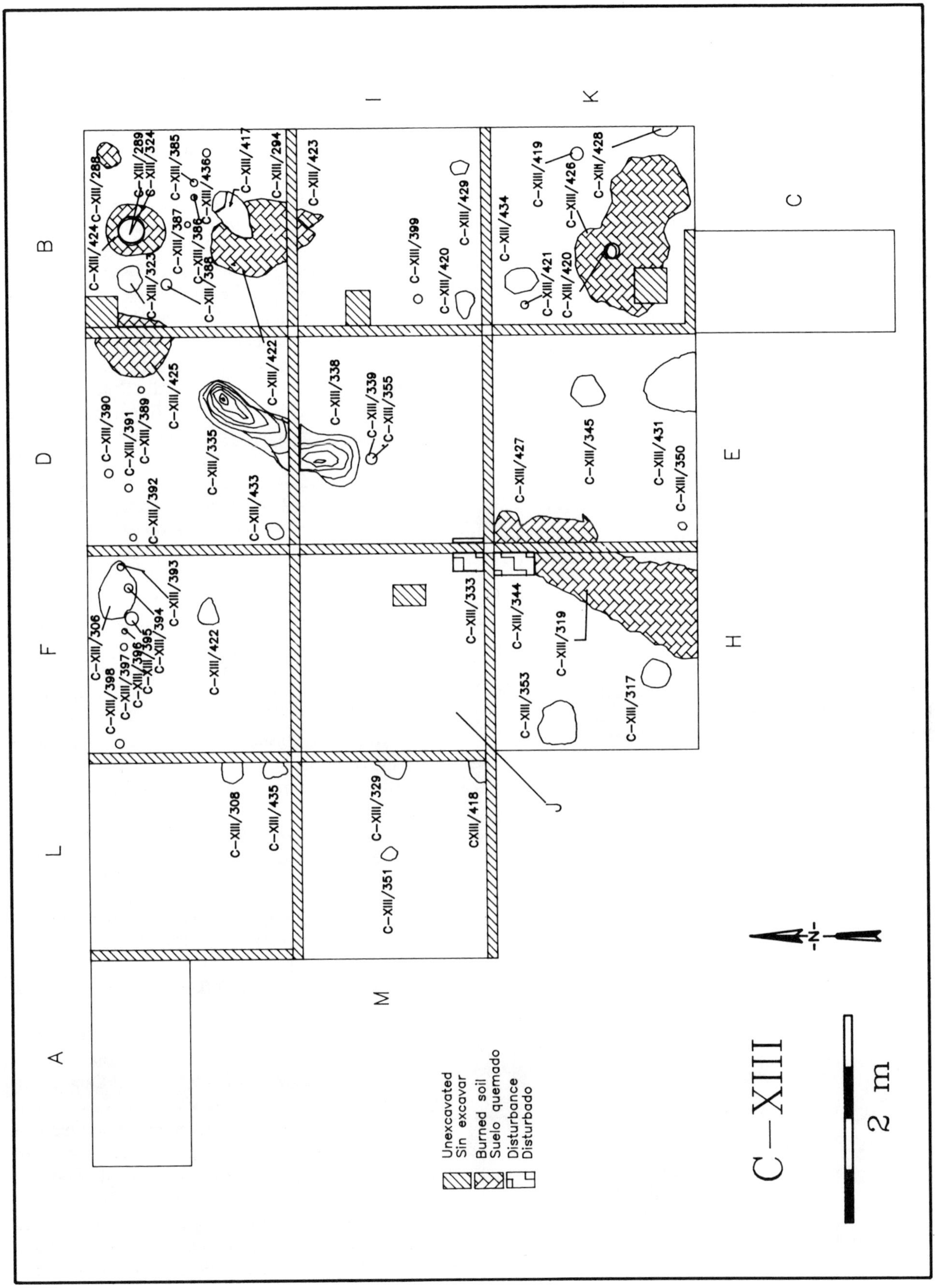

Figure 3.11. Plan view of features and post molds at C-XIII.—Figura 3.11. Vista general de los rasgos y huellas de poste en C-XIII.

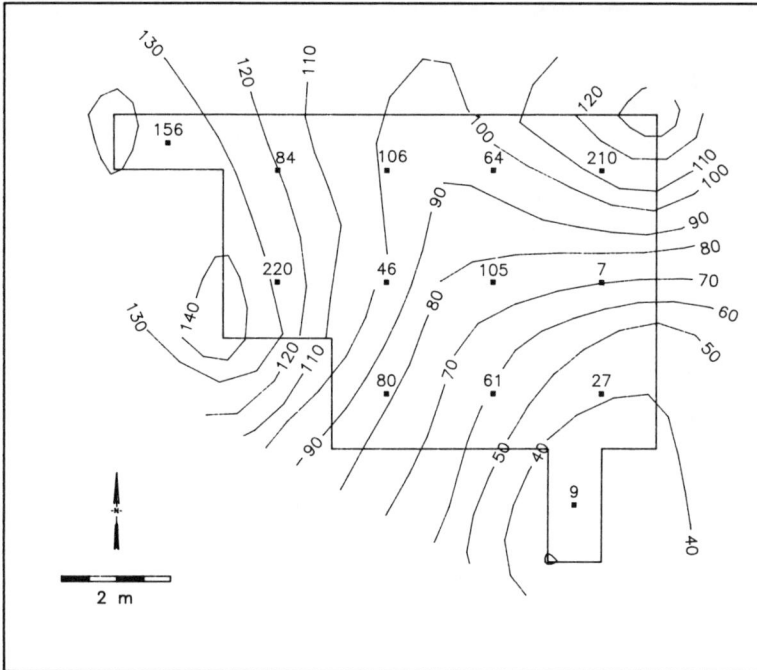

Figura 3.12. Mapa de la distribución de las cerámicas Formativas en C-XIII.
Figure 3.12. Distribution map of Formative ceramics at C-XIII.

Figura 3.13. Mapa de la distribución de materiales líticos en el contexto de ocupación del Formativo 3 en C-XIII VP0245.
Figure 3.13. Distribution map of lithic materials in the Formative 3 context at C-XIII VP0245.

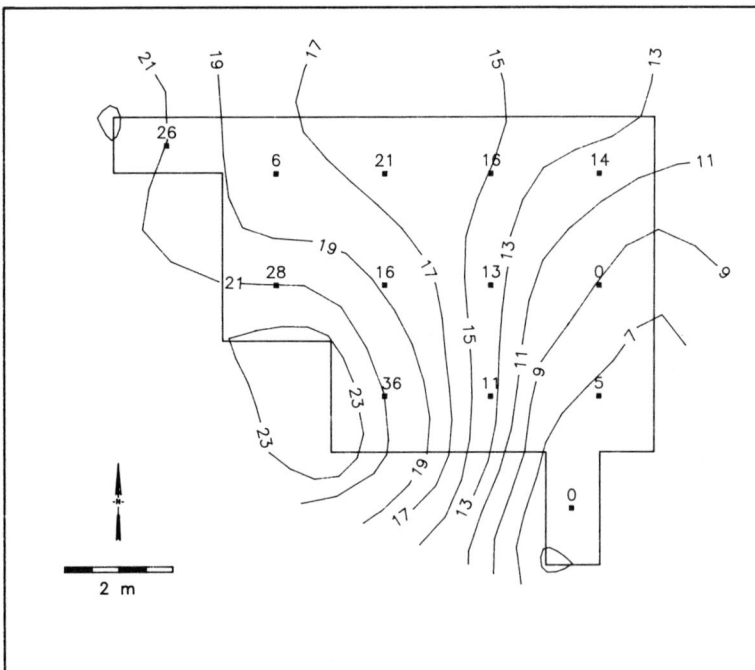

provenientes del Estrato III, fueron excluidos del análisis (todos ellos de las cuadrículas A, L y M, en donde el Estrato II no estaba presente o era poco claro). Los lotes C-XIII/312, C-XIII/315 y C-XIII/279, tienen porcentajes bajos de materiales tardíos en áreas evidentemente alteradas ya que el estrato más bajo no estaba bien sellado por el Estrato II. También se incluyeron en los análisis otras tres procedencias (C-XIII/280, C-XIII/322 y C-XIII/316) del Estrato III, que tenían pequeñas cantidades de materiales tardíos.

Las procedencias incluidas en los análisis (listadas en la Tabla 3.6), produjeron un total de 1.174 fragmentos cerámicos. De éstos, el 83.5% son Planaditas Rojo Pulido, el 14.5% son Tachuelo Pulido y 1.8% Lourdes Rojo Engobado. La presencia de los fragmentos cerámicos Lourdes Rojo Engobado indica que la ocupación de C-XIII persistió hasta el período Formativo 3. La proporción de Tachuelo Pulido, dos veces más grande que en el caso de la unidad doméstica arqueológica en C-XI, sugiere que esta ocupación comenzó un poco más temprano que aquella en C-XI—al puro comienzo del Formativo 2 o tal vez, aún en la parte final del Formativo 1.

El análisis de la distribución de las cerámicas del Formativo revela que los tiestos tienden a concentrarse hacia los extremos de la terraza (ver Figura 3.12). Este patrón también es claro para los materiales líticos, incluyendo la obsidiana, como se ve en las Figuras 3.13 y 3.14, respectivamente. Este patrón de distribución de materiales es muy consistente con aquellos sugeridos por la trinchera excavada en un tambo en Barranquilla Alta (Drennan 1985:131).

Figuras 3.15 a 3.19 muestran la ubicación general de C-XIII y detalles de la excavación realizada.

Evidencia de Unidad Doméstica en C-XII en VP0466-A

La localización de C-XII, como se ve en la Figura 2.53, es la sección norte de una planada natural registrada como VP0466-A. Las pruebas de pala y los cortes estratigráficos excavados con anterioridad en este sector (ver C-I y C-II en el Capítulo 2), indicaban que aunque los 30cm más superficiales tenían un componente de materiales tardíos mezclado con Formativos, los depósitos más profundos produjeron exclusivamente materiales del Formativo.

Además, puesto que los depósitos en esta área resultaron ser los más profundos que se localizaron (entre 90 y 110cm debajo de la superficie), este sitio parecía un buen lugar para conseguir la clase de

TABLE 3.4. LIST OF FEATURES FROM C-XIII .
TABLA 3.4. LISTA DE RASGOS DE C-XIII.

Feature/Rasgo	Depth/Profundidad		Type of Feature/Tipo de Rasgo
	Lip/Borde	Bottom/Fondo	
C-XIII/429	1999.11	1999.07	No cultural material/Sin material cultural
C-XIII/417	1999.10	1998.84	Grinding stone/Metate
C-XIII/430	1999.10	1997.94	No cultural material/Sin material cultural
C-XIII/434	1999.08	1999.02	No cultural material/Sin material cultural
C-XIII/344	1999.06	1995.72	Disturbance/Alteración
C-XIII/333	1999.02	1998.62	Disturbance/Alteración
C-XIII/323	1999.02	1998.96	Sherds/Tiestos
C-XIII/423	1999.02	1998.96	Fired soil/Suelo quemado
C-XIII/424	1999.02	1998.92	Fired soil/Suelo quemado
C-XIII/422	1999.02	1998.92	Fired soil/Suelo quemado
C-XIII/426	1999.02	1998.92	Fired soil/Suelo quemado
C-XIII/294	1999.02	1998.97	Charcoal/Carbón
C-XIII/288	1999.02	1998.97	Fired soil/Suelo quemado
C-XIII/324	1999.02	1998.93	Sherds/Tiestos
C-XIII/289	1999.02	1998.94	Sherds/Tiestos
C-XIII/425	1998.98	1998.89	Fired soil/Suelo quemado
C-XIII/428	1998.93	1998.88	No cultural material/Sin material cultural
C-XIII/431	1998.88	1998.56	No cultural material/Sin material cultural
C-XIII/338	1998.88	1998.65	Disturbance/Alteración
C-XIII/334	1998.88	1998.84	Charcoal/Carbón
C-XIII/306	1998.87	1998.79	Sherds, charcoal/Tiestos, carbón
C-XIII/432	1998.86	1998.48	Disturbance/Alteración
C-XIII/345	1998.85	1998.52	Charcoal/Carbón
C-XIII/427	1998.84	1998.80	Fired soil/Suelo quemado
C-XIII/353	1998.82	1998.67	Charcoal/Carbón
C-XIII/433	1998.80	1998.82	Disturbance/Alteración
C-XIII/317	1998.80	1998.74	Charcoal/Carbón
C-XIII/319	1998.80	1998.74	Fired soil/Suelo quemado
C-XIII/339	1998.79	1998.74	Sherds, lithics/Tiestos, líticas
C-XIII/435	1998.79	1998.74	Fired soil/Suelo quemado
C-XIII/308	1998.79	1998.76	Sherds, charcoal/Tiestos, carbón
C-XIII/355	1998.74	1998.71	Sherds, lithics/Tiestos, líticas
C-XIII/350	1998.73	1998.69	Sherds, charcoal/Tiestos, carbón
C-XIII/329	1998.71	1998.67	No cultural material/Sin material cultural
C-XIII/335	1998.71	1997.94	Sherds, lithics/Tiestos, líticas
C-XIII/418	1998.70	1998.62	No cultural material/Sin material cultural
C-XIII/351	1998.30	1997.87	Disturbance/Alteración

it was so thin that it was difficult to separate from Stratum I and Stratum III. The origin of Stratum II is not clear. It could be the charred remains of a structure, although no daub fragments were found. Perhaps more likely, it could represent the remains of burning during forest clearance from the early twentieth century. Whatever its origins, Stratum II unquestionably seals the underlying strata and thus indicates that they were undisturbed. The uppermost Stratum I is the modern root zone.

A series of features indicates the use of this area for domestic activities (Figure 3.11 and Table 3.4). Most of these features were located near areas of fired soils. In squares B and I, two areas of fired soil were located. The first of these (C-XIII/422 and C-XIII/423) contained a shallow oval depression filled with charcoal (C-XIII/294). A grinding stone (C-XIII/417) about 20 cm long and 15 wide was nearby. In the second area of fired soil (C-XIII/424) was a discrete concentration of 33 Planaditas Burnished Red sherds (C-XIII/289 and C-XIII/324). Two other pockets of concentrated Planaditas Burnished Red sherds were found to the east and west of this fired soil area (C-XIII/288 and C-XIII 323). C-XIII/334 is a small charcoal concentration about 6 cm in diameter and 3 cm deep. These features taken together suggest a discrete area for cooking-related activities.

In square D, near another area of fired soil (C-XIII/425), was a feature about 80cm long and 70cm deep at its deepest point (C-XIII/335), in which abundant small pieces of charcoal, two flakes and 14 Planaditas Burnished Red sherds were recovered. One of the flakes was a very large secondary flake (about 12cm long and 8cm at its widest point). The fill of this feature was a darker soil than Stratum III in which it appeared; the texture was also less compact. The pit fill also included some pieces of yellow soil as well as some hardened reddish soil fragments. C-XIII/338 in Stratum I may be an animal burrow; it contained two bone fragments. Lots C-XIII/339 and C-XIII/355, located to the south of the disturbance described above, correspond to a small circular feature about 7cm deep with 5 flakes and 2 Planaditas Burnished Red sherds, as well as several small pieces of charcoal.

To the west, three more features were uncovered. Feature C-XIII/433 is a root disturbance, while C-XIII/432 is probably an animal burrow. The third feature (C-XIII/306) is a semi-oval concavity about 40cm long, 30cm wide and 8cm deep, which produced 9 Planaditas Burnished Red sherds and small pieces of charcoal. The soil is looser than the rest of Stratum III, and two post molds were found within it.

TABLE 3.5. MEASUREMENTS OF POST MOLDS FROM C-XIII.
TABLA 3.5. ATRIBUTOS METRICOS DE LAS HUELLAS DE POSTE EN C-XIII.

Number/Número	Depth/Profundidad		Diameter/Diámetro	
	Lip Borde	Bottom Fondo	Lip Borde	Bottom Fondo
C-XIII/388	1999.04	1998.79	.12	.08
C-XIII/419	1999.04	1999.00	.11	.09
C-XIII/421	1999.03	1999.00	.08	.06
C-XIII/420	1999.02	1998.98	.09	.06
C-XIII/389	1999.02	1998.96	.07	.05
C-XIII/399	1999.01	1998.96	.08	.06
C-XIII/384	1999.01	1998.98	.07	.05
C-XIII/385	1999.01	1998.93	.08	.06
C-XIII/386	1999.01	1998.95	.08	.06
C-XIII/387	1999.01	1998.90	.07	.05
C-XIII/390	1999.00	1998.93	.10	.07
C-XIII/391	1998.98	1998.86	.10	.07
C-XIII/392	1998.88	1998.76	.07	.05
C-XIII/394	1998.86	1998.69	.10	.07
C-XIII/396	1998.85	1998.75	.06	.05
C-XIII/397	1998.83	1998.73	.08	.06
C-XIII/393	1998.82	1998.76	.06	.05
C-XIII/395	1998.82	1998.65	.12	.08
C-XIII/398	1998.80	1998.73	.09	.06

TABLE 3.6. LIST OF PROVENIENCES FROM C-XIII USED FOR
ANALYSIS.
TABLA 3.6. LISTA DE LAS PROCEDENCIAS DE C-XIII USADAS EN
EL ANALISIS.

Square/Cuadrícula		Square/Cuadrícula	
A	C-XIII/281	G	C-XIII/311
	C-XIII/282		C-XIII/355
	C-XIII/280		C-XIII/339
B	C-XIII/288		C-XIII/314
	C-XIII/289	H	C-XIII/319
	C-XIII/323		C-XIII/318
	C-XIII/322		C-XIII/348
	C-XIII/324		C-XIII/352
	C-XIII/269		C-XIII/303
	C-XIII/287	I	C-XIII/337
C	C-XIII/285		C-XIII/327
D	C-XIII/335	J	C-XIII/316
	C-XIII/272		C-XIII/341
	C-XIII/305		C-XIII/346
	C-XIII/328	K	C-XIII/302
E	C-XIII/274		C-XIII/336
	C-XIII/320		C-XIII/321
	C-XIII/340	L	C-XIII/308
	C-XIII/350		C-XIII/323
F	C-XIII/310		C-XIII/347
	C-XIII/309		C-XIII/354
	C-XIII/330	M	C-XIII/331
	C-XIII/342		C-XIII/349
	C-XIII/306		C-XIII/356

bertura horizontal. El área adyacente a la cuadrícula B no fue excavada debido no tanto a las limitaciones de tiempo sino porque había pocos artefactos y rasgos en esa unidad.

La cuadrícula B será omitida de esta discusión inicial porque ésta parece estar relacionada con una unidad doméstica arqueológica diferente. La evidencia proporcionada por las otras cuadrículas es compleja en la medida en que cuatro superficies de ocupación pueden ser distinguidas y puesto que hay indicación de al menos dos unidades domésticas arqueológicas diferentes.

La excavación de C-XII reveló cinco estratos (Figura 3.20) claramente superpuestos. El Estrato III fue particularmente variable en el color, pero no se observaron limites confiables como para establecer subdivisiones. El Estrato IV corresponde a una superficie de ocupación claramente definida. El Estrato V es el subsuelo estéril, común a toda la zona de La Vega.

Los rasgos de C-XII están agrupados en cuatro superficies de ocupación. Aparentemente, éstas no corresponden con ocupaciones distintas claramente separadas por períodos de abandono, sino más bien, con estados en una ocupación Formativa más o menos continua. Los rasgos asignados a una superficie dada, presentan alguna variación en cuanto a profundidad, como lo indica la representación esquemática en la Figura 3.21. Para definir estos pisos y establecer sus límites, tomamos la presencia de áreas de suelos quemados y/o otros rasgos principales (ver Tabla 3.7).

contextos que nos interesaban. La profundidad de este depósito, aunado al hecho de que no existen pendientes adyacentes pronunciadas de las que pudieran haberse depositado sedimentos, indican que este sitio fue el foco de una ocupación intensa y/o continua.

La excavación de C-XII comenzó con cuatro cuadrículas de 2 x 2m (cuadrículas A–D [ver Figura 2.53]), las cuales proporcionaron evidencias claras de áreas de actividad asociadas con unidades domésticas (ver abajo). Un análisis preliminar de los fragmentos cerámicos encontrados en estas cuadrículas confirmó lo que ya sabíamos con la excavación de C-I y C-II (i.e. que la parte superior del depósito estaba mezclada). Estas cuadrículas también indicaron que aunque en los estratos más profundos había algo de mezcla de los materiales Formativos, sus frecuencias, especialmente en las cuadrículas C y D, eran más consistentes con nuestras expectativas (que Tachuelo Pulido estaba al fondo y Planaditas Rojo Pulido y Lourdes Rojo Engobado eran más comunes en los niveles más altos). Con base en estos resultados, decidimos concentrarnos en el área alrededor de las cuadrículas A, C y D. Las cuadrículas E, F y G fueron entonces abiertas para proporcionar una mayor co-

Figura 3.14. Mapa de la distribución de obsidiana en el contexto de ocupación el Formativo 3 en C-XIII.
Figure 3.14. Distribution map of obsidian in the Formative 3 context at C-XIII.

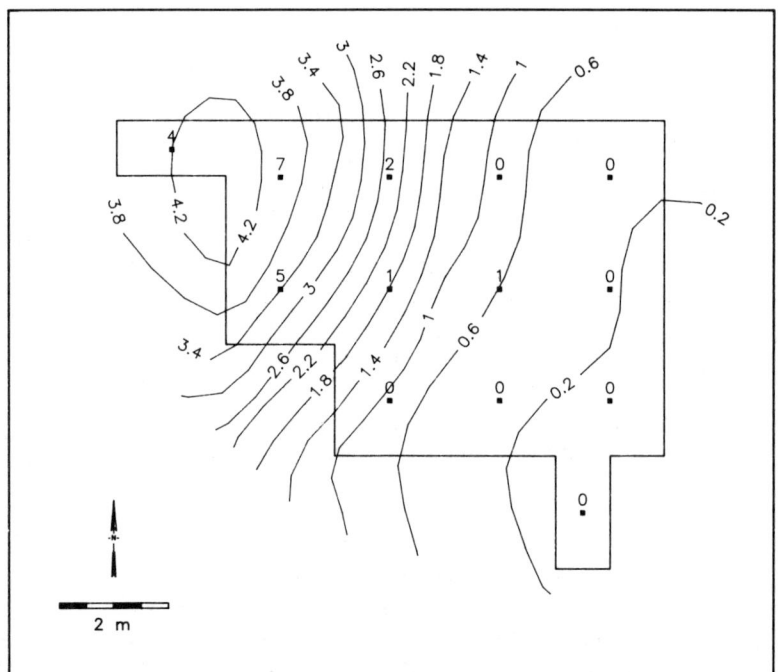

In square K another area of fired soil was located (C-XIII/426). Nearby, six more features were uncovered. Features C-XIII/428, C-XIII/434, C-XIII/429 and C-XIII/430 were small concavities in Stratum IV filled with a soil darker than that of the surrounding matrix, but they did not produce any cultural materials. Feature C-XIII/431 in Stratum IV was a deeper and larger pit although its edges and shape were not very clear. The soil was dark and loose, but no cultural materials were recovered. Feature C-XIII/345 in Stratum IV was another pit with a circular plan about 24cm across and 36cm deep. Small pieces of charcoal were present but no other cultural materials were found. These elements also suggest a distinctive cooking activity area.

Another discrete area of fired soil was located in square H (C-XIII/319 and C-XIII/417). Nearby, three circular features were located. In features C-XIII/353 and C-XIII/317 in Stratum III only charcoal fragments were recovered. Feature C-XIII/350 in Stratum III produced some charcoal and one Tachuelo Burnished sherd. The northeast corner of square H is a disturbed area (C-XIII/344). The southeastern corner of square J (C-XIII/333) is a disturbance resulting from a shovel probe excavated during the shovel testing phase.

Five more features were isolated in the areas of squares L and M, all in Stratum III. Feature C-XIII/435 corresponds to a small area of burned soil while C-XIII/308 is a small feature which contained charcoal and three Planaditas Burnished Red sherds. Features C-XIII/418 and C-XIII/329 correspond to pockets of dark soil with no cultural materials. The last feature (C-XIII/351), which was below the level of the other features, appears to be an animal burrow.

As Figure 3.11 indicates, the other kind of abundant features in C-XIII were post molds. Table 3.5 lists the measurements of the 19 post molds found as well as the depths at which they appeared. In the excavation of C-XIII, as it was the case at C-XI, the distribution and variation in size and depth of the post molds made interpretation difficult. Of the 19 post molds, 9 are between 3 and 6cm deep, and thus do not appear to be part of the main structure. Post molds in square F, are deeper than in other squares, perhaps because at least two of them (C-XIII/393, C-XIII/394), and possibly a third (C-XIII/305) were interrupted by feature C-XIII/306. The site's general east-west slope also helps to explain the differences among the levels at which features were encountered.

Even though no single structure outline is evident, the post molds, cooking areas, midden deposits, and pit features indicate a household cluster.

The proveniences from C-XIII, which will be included for the comparative analysis of household clusters, come mainly from Strata III, IV and V. The exceptions are those squares in which Stratum II produced only Formative materials. The late materials in Strata I and II appear to be from a later occupation near the excavated area. Even in Strata I and II, however, the percentage of late materials is low—only 21% in Stratum I and most come from squares A, L and M at the outer edge of the tambo. The percentage of late materials in Stratum II is only

14%. Three lots from Stratum III were excluded from the analysis (all from squares A, L and M, where Stratum II was absent or indistinct). C-XIII/312, C-XIII/315, and C-XIII/279 had low percentages of late sherds from apparent disturbance where the lower strata were not well sealed under Stratum II. Three more proveniences (C-XIII/ 280, C-XIII/322, and C-XIII/316) from Stratum III, with very small amounts of late ceramics, were included in the analysis.

The proveniences (listed in Table 3.6) used for the analysis yielded a total of 1174 ceramic fragments. Of these, 83.5% are Planaditas Burnished Red, 14.5% Tachuelo Burnished, 1.8% Lourdes Red Slipped. The presence of Lourdes Red Slipped ceramic fragments means that the occupation of C-XIII persisted into the Formative 3 period. The proportion of Tachuelo Burnished, twice as great as in the C-XI household cluster, suggests that this occupation began somewhat earlier than that of C-XI—at the very beginning of Formative 2 or perhaps even late in Formative 1.

The Formative ceramic distribution analysis reveals that these sherds tend to be concentrated toward the edges of the terrace (see Figure 3.12). This pattern is also apparent for lithic materials, including obsidian, as seen in Figures 3.13 and 3.14, respectively. These patterns of distribution of materials are very consistent with those suggested for a tambo trenched at Barranquilla Alta (Drennan 1985:131).

Figures 3.15 to 3.19 show the general location of C-XIII and details of the excavation carried out there.

Household Cluster Evidence from C-XII at VP0466-A

The location of C-XII, as Figure 2.53 shows, is the northern section of a natural flat area referred to as VP0466-A. The shovel probes and test units excavated earlier in this sector (see C-I and C-II, described in Chapter 2) indicated that even though the uppermost 30cm had a component of late materials mixed with Formative ones, the deeper deposits produced exclusively Formative materials.

In addition, since the deposits in this area turn out to be the deepest ones we located (about 90–110cm below the surface), this site seemed to be a good location for getting the kind of undisturbed Formative contexts we were concerned with. The depth of this deposit, added to the fact that there are no adjacent steep slopes from which sediments may be deposited, indicates that this site was the focus of an intense and/or continuous occupation.

Excavation of C-XII began with four 2 x 2m squares (squares A–D [see Figure 2.53]) which provided clear evidence of household activity areas (see below). A preliminary analysis of the ceramics from these squares confirmed what we already knew from the excavation of C-I and C-II—that is, that the upper part of the deposit was mixed. These squares also indicated that, although there was some mixing of Formative materials in the lower strata, their frequencies, especially in squares C and D, were more consistent with our expectations

Figura 3.15
Vista general de C-XIII desde el
sureste.

Figura 3.15
General view of C-XIII from the
southeast.

Figura 3.16
Detalle de la cuadrícula B con la
localización de un metate.

Figure 3.16
Details of square B with location
of grinding stone.

La Superficie 4 (la más temprana—Figura 3.22), a aproximadamente 1999.00m, corresponde al Estrato IV. En la cuadrícula A se localizaron una concentración de tiestos (C-XII/197) y una vasija *in situ* (C-XII/208 y 209). La vasija, de aproximadamente 14cm de altura, estaba fracturada por el peso del suelo. El suelo alrededor de la vasija y los otros tiestos, no presenta ninguna indicación de la acción de fuego, a diferencia de los rasgos en otras superficies. C-XII/217 es un pozo alargado, de aproximadamente 0.08 m² y 0.14m de profundi-

dad, lleno con suelo oscuro que contenía 5 tiestos Tachuelo Pulido. C-XII/207 corresponde a un rasgo ovalado de aproximadamente 0.32m de largo, 0.20m de ancho y 0.34m de profundidad, lleno con suelo oscuro que contenía 6 tiestos Tachuelo Pulido. El lote C-XII/216 corresponde a un rasgo circular de 0.15m de diámetro y 0.17m de profundidad, relleno con suelo oscuro y pequeños fragmentos de carbón. El único tiesto en C-XII/216 estaba tan erosionado que se desintegró. Finalmente, C-XII/212, corresponde a una concentración de

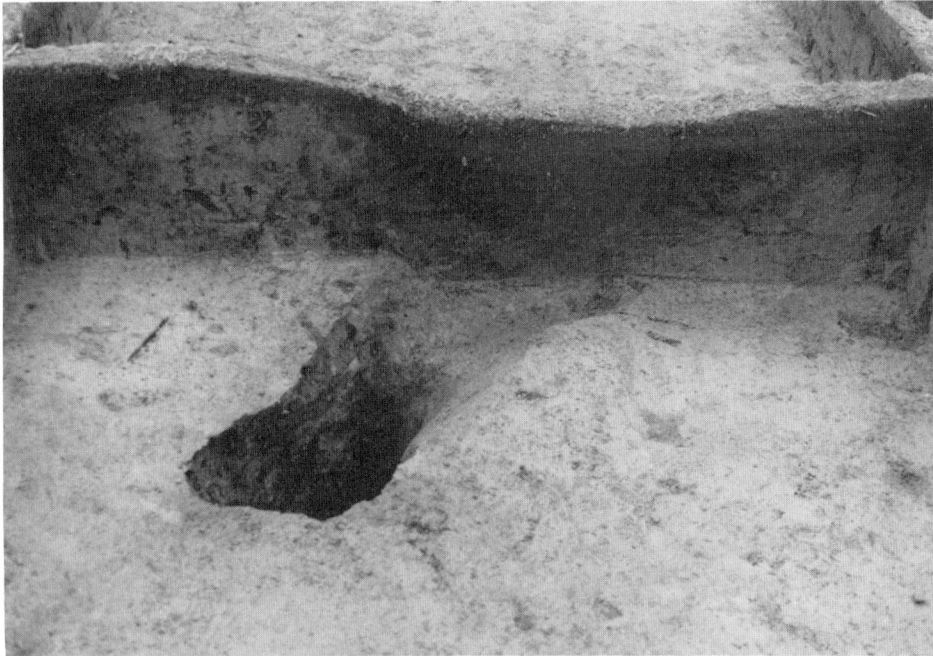

Figure 3.17
Detail of square D with Feature
C-XIII/335.

Figura 3.17
Detalle de la cuadrícula D con
Rasgo C-XIII/335.

Figure 3.18
Detail of square D with location
of Features C-XIII/432 and 306
and post molds.

Figura 3.18
Detalle de la cuadrícula D con la
localización de los Rasgos
C-XIII/432 y 306 y huellas de
poste.

(Tachuelo Burnished was at the bottom and Planaditas Burnished Red and Lourdes Red Slipped were more common in the upper levels.) Based on these findings, we decided to concentrate in the area around squares A, C and D. Squares E, F and G were then opened to provide a wider exposure of the area. The area adjacent to square B was not excavated due to time constraints, but above all because there were few artifacts and features in that unit.

Square B will be omitted from the initial discussion because it seems to pertain to a different household cluster. The evidence from the remaining squares is complex inasmuch as four occupational surfaces can be distinguished, and since at least two different household clusters are indicated.

C-XII revealed five strata (Figure 3.20) in fairly simple superposition. Stratum III was particularly variable in color, but no reliable boundaries were observed to identify natural

Figura 3.19
Vista general de C-XIII mirando
de oeste a este.

Figure 3.19
General view of C-XIII from
west to east.

tiestos parcialmente excavada en la esquina noroeste de la cuadrícula D.

Se encontraron también cinco huellas de poste (C-XII/462, 454, 455, 456, 444) sugiriendo un patrón ligeramente ovalado. El lado opuesto de tal óvalo, estaría en las cuadrículas G y E, donde, no obstante, no se encontraron huellas de poste. Las diferencias en los atributos métricos de estas huellas de poste (Tabla 3.8) hacen la situación más dudosa. El área definida por las huellas de poste y el área con la vasija *in situ*, podrían representar dos áreas discretas de actividad.

La Superficie 3 (Figura 3.23), a aproximadamente 1999.20m en el Estrato III, consiste en un área de suelo ligeramente quemado en las cuadrículas D y F (C-XIII/446). El lote CXII/G/253 es un área de aproximadamente 0.32 m², a través de la sección suroeste de la cuadrícula G, con fragmentos cerámicos más o menos concentrados. Uno de éstos tiestos (C-XII/238), es un borde particularmente grande. El rasgo C-XII/247 es una concentración de 5 tiestos Tachuelo Pulido dentro de un suelo ligeramente suelto. El lote C-XII/201, por su parte, es una concavidad irregular de

Figura 3.20. Perfil Norte de las cuadrículas A, G y F en C-XII.—Figure 3.20. North Profile of squares A, G and F at C-XII.

VP0466-A   C-XII

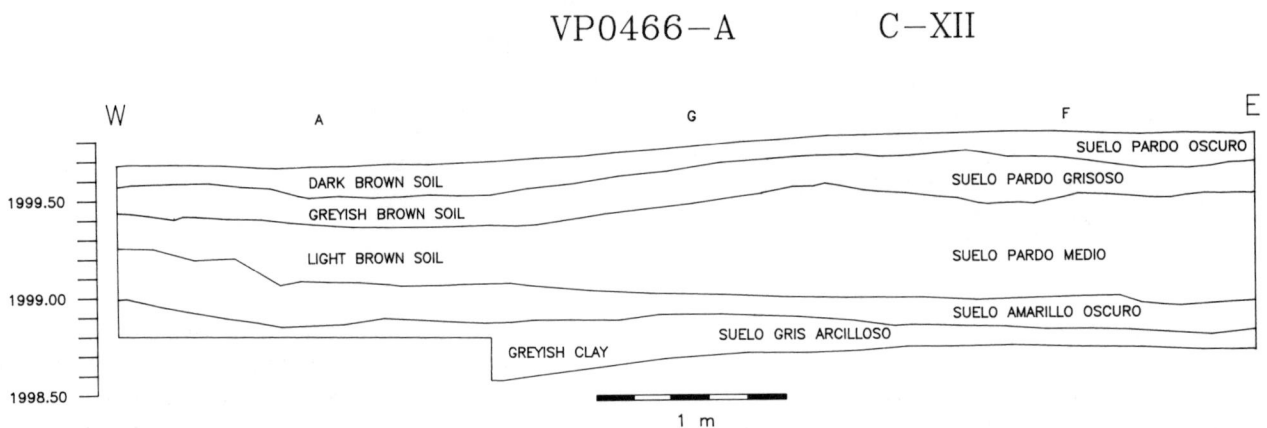

North Profile — Perfil Norte

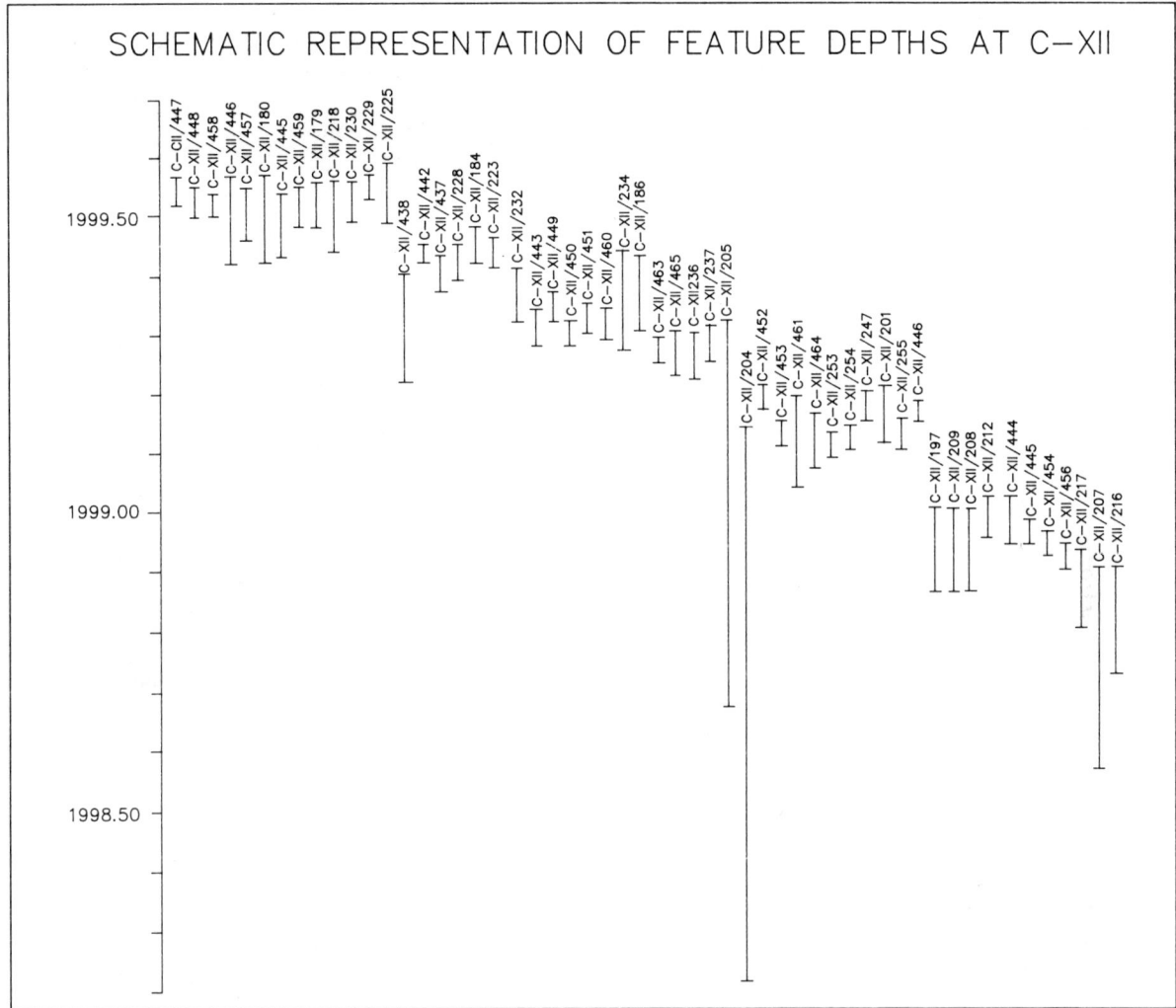

Figure 3.21. Schematic representation of features at C-XII.—Figura 3.21. Representación esquemática de los rasgos en C-XII.

subdivisions. Stratum IV corresponds to a distinctive occupational surface. Stratum V is the sterile subsoil common to the La Vega zone.

The features of C-XII are grouped into four occupational surfaces. They are apparently not distinct occupations separated by abandonment, but rather stages in a more or less continuous Formative occupation. The features assigned to a given surface show some variation in depth, as the schematic representation in Figure 3.21 indicates. In defining these floors we took the presence of areas of fired soils and/or other major features to set the limits (see Table 3.7).

Surface 4 (the earliest—Figure 3.22), at about 1999.00 m. corresponds to Stratum IV. A concentration of sherds (C-XII/197) and an *in situ* vessel (C-XII/208 and 209) occurred in square A. The vessel, about 14cm tall, was fractured by the weight of the soil. The soil around the vessel and the other sherds did not show any indication of fire, unlike features on other surfaces. C-XII/217 is an elongated pit about 0.08 m^2 and 0.14m deep, filled with a darker soil which contained 5

Tachuelo Burnished sherds. C-XII/207 corresponds to an oval feature about 0.32 m long and 0.20 m wide and 0.34 m deep, filled with a darker soil which yielded 6 Tachuelo Burnished sherds. Lot C-XII/216 corresponds to a circular feature, 0.15 m across and 0.17 m deep, filled with darker soil and small pieces of charcoal. The only sherd in C-XII/216 was so eroded that it disintegrated. Finally, C-XII/212 corresponds to a partially exposed concentration of sherds in the northeast corner of square D.

There were also five post molds (C-XII/462, 454, 455, 456, 444) in a rough oval arrangement. The opposite side of such an oval would be in squares G and E, however, where no other post molds were found. The differences in the measurements of these post molds (Table 3.8) add further uncertainty. The area defined by these post molds and the area of the *in situ* vessel may be two discrete activity areas.

Surface 3 (Figure 3.23), at about 1999.20m in Stratum III, consists of an area of slightly burned soil in squares D and F (C-XIII/446). Lot CXII/G/253 is an area about 0.32 m^2 across

aproximadamente 0.04 m^2 y 0.10m de profundidad, rellena con un suelo oscuro; en este rasgo no se recobraron fragmentos visibles de carbón o materiales culturales, aunque fue tomada una muestra para flotación.

En el área de las cuadrículas D y E, se encontró un rasgo (C-XII/204 y 255) que penetraba los estratos IV y V. Este tenía

aproximadamente 0.60m en diámetro y 0.95m de profundidad. El relleno tenía una consistencia bien particular; éste era oscuro, muy blando y suelto. El único material recuperado fueron fragmentos cerámicos (26 tiestos Planaditas Rojo Pulido y 19 Tachuelo Pulido). Varias muestras para flotación fueron también colectadas. El fondo y las paredes inferiores de éste rasgo tenían un color rojizo y una consistencia compacta tal como si hubiesen sido alterados por la acción de fuego (como en el caso de un horno?); no obstante, no se recobró carbón, al menos en fragmentos grandes.

Se encontraron cuatro huellas de poste (C-XII/453, 461, 464 y 452). Estas no forman ningún patrón claro, aunque están localizadas en la misma área general que las huellas de poste en la Superficie 4. Esto puede sugerir que a través del tiempo, la misma área fue utilizada repetidamente como sitio de vivienda.

La Superficie 2 (Figura 3.24), a aproximadamente 1999.40m en el Estrato III, presenta un área de suelo quemado en las cuadrículas F y D (C-XII/460). En la esquina sureste de la cuadrícula C, se encontró un rasgo de forma indefinida, que fue parcialmente excavado (C-XII/205), de 0.65m de profundidad, relleno con una arcilla rojiza y blanca-amarillenta. No se recobraron materiales culturales.

En las cuadrículas G y A, existe otra área de suelos quemados (C-XII/228 y C-XII/437) de aproximadamente 1.84 m^2. En esta se encontró una vasija cerámica *in situ* (C-XII/234). La vasija, del tipo Planaditas Rojo Pulido,

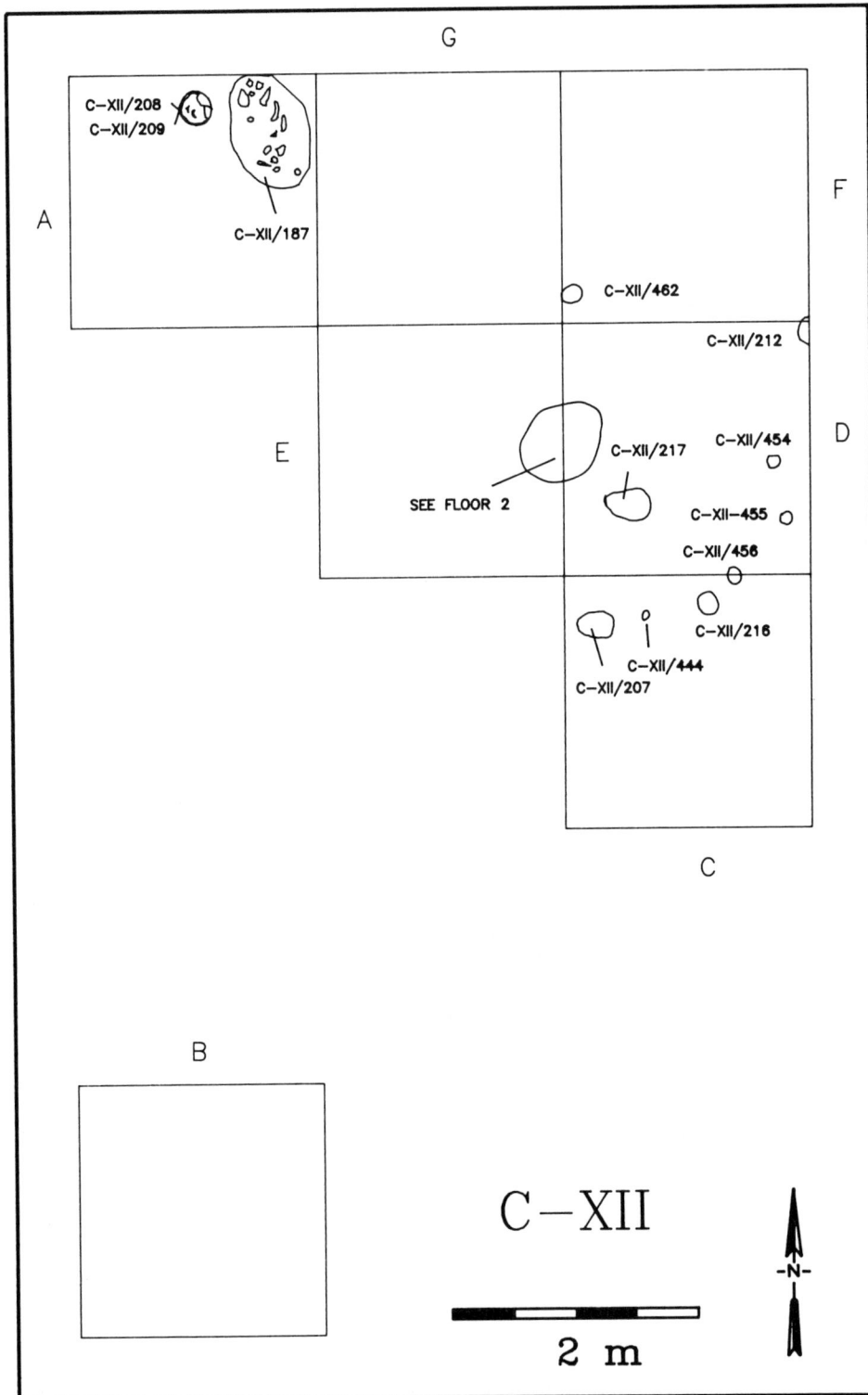

Figura 3.22
Vista general de la Superficie 4
en C-XII.

Figure 3.22
Plan view of Surface 4 at C-XII.

the southwestern section of square G with more or less concentrated ceramic fragments. One of these sherds (C-XII/238) is a particularly large rim fragment. Feature C-XII/247 is a concentration of 5 Tachuelo Burnished sherds embedded in a slightly softer soil. Lot C-XII/201, on the other hand, is an irregular concavity about 0.04 m^2 and 0.10m deep, filled with darker soil; no visible charcoal pieces nor cultural materials were recovered from this feature, although one flotation sample was taken.

In the area of squares D and E, a feature which cut down into Strata IV and V (C-XII/204 and 255) was found. It was about 0.60m across and 0.95m deep. The fill had a very distinctive nature; it was darker, very soft and loose. The only cultural materials recovered in it were ceramic fragments (26 Planaditas Burnished Red and 19 Tachuelo Burnished sherds).

TABLE 3.7. LIST OF FEATURES FROM C-XII.
TABLA 3.7. LISTA DE RASGOS EN C-XII.

Feature/Rasgo	Depth/Profundidad		Type of Feature/Tipo de Rasgo
	Lip/Borde	Bottom/Fondo	
C-XII/216	1998.88	1998.71	Sherds, charcoal/Tiestos, carbón
C-XII/207	1998.90	1998.56	Sherds/Tiestos
C-XII/217	1998.93	1998.80	Sherds/Tiestos
C-XII/197	1999.00	1998.86	Sherds/Tiestos
C-XII/209	1999.00	1998.86	Sherds/Tiestos
C-XII/208	1999.00	1998.86	Sherds/Tiestos
C-XII/212	1999.03	1998.95	Sherds/Tiestos
C-XII/253	1999.13	1999.09	Sherds/Tiestos
C-XII/204	1999.14	1998.21	Pit, sherds/Hueco, tiestos
C-XII/255	1999.15	1999.10	Sherds/Tiestos
C-XII/446	1999.18	1999.15	Fired soil/Suelo quemado
C-XII/247	1999.20	1999.15	Sherds/Tiestos
C-XII/201	1999.21	1999.11	No cultural material/Sin material cultural
C-XII/238	1999.23	1999.19	Sherds/Tiestos
C-XII/463	1999.29	1999.25	Rocks/Roca
C-XII/465	1999.30	1999.23	No cultural material/Sin material cultural
C-XII/236	1999.30	1999.22	Charcoal/Carbón
C-XII/237	1999.31	1999.25	Charcoal/Carbón
C-XII/205	1999.32	1998.67	No cultural material/Sin material cultural
C-XII/460	1999.34	1999.29	Fired soil/Suelo quemado
C-XII/232	1999.41	1999.31	Fired soil/Suelo quemado
C-XII/186	1999.43	1999.30	Sherds/Tiestos
C-XII/437	1999.43	1999.37	Fired soil/Suelo quemado
C-XII/234	1999.44	1999.22	Ceramic Vessel/Vasija cerámica
C-XII/228	1999.45	1999.39	Fired soil/Suelo quemado
C-XII/223	1999.46	1999.41	Mixed soil/Suelo mezclado
C-XII/184	1999.48	1999.42	Fired soil/Suelo quemado
C-XII/445	1999.54	1999.43	Fired soil/Suelo quemado
C-XII/457	1999.55	1999.46	Grinding stone/Metate
C-XII/459	1999.55	1999.48	Fired soil/Suelo quemado
C-XII/179	1999.56	1999.48	Rocks/Roca
C-XII/180	1999.56	1999.42	Sherds/Tiestos
C-XII/218	1999.56	1999.44	Fired soil/Suelo quemado
C-XII/230	1999.56	1999.49	No cultural material/Sin material cultural
C-XII/466	1999.56	1999.42	Fired soil/Suelo quemado
C-XII/229	1999.57	1999.53	Sherds, charcoal/Tiestos, carbón
C-XII/225	1999.59	1999.49	Charcoal/Carbón

TABLE 3.8. MEASUREMENTS OF POST MOLDS FROM C-XII.
TABLA 3.8. ATRIBUTOS METRICOS DE LAS HUELLAS DE POSTE EN C-XII.

Number/Número	Depth/Profundidad		Diameter/Diámetro	
	Lip Borde	Bottom Fondo	Lip Borde	Bottom Fondo
C-XII/462	1998.88	1998.80	.18	.16
C-XII/454	1998.96	1998.92	.12	.09
C-XII/455	1998.98	1998.94	.08	.08
C-XII/456	1998.94	1998.90	.09	.08
C-XII/444	1999.03	1998.99	.08	.07
C-XII/452	1999.21	1999.17	.95	.07
C-XII/453	1999.15	1999.11	.10	.09
C-XII/461	1999.19	1999.04	.09	.08
C-XII/464	1999.16	1999.07	.12	.10
C-XII/438	1999.40	1999.22	.10	.08
C-XII/442	1999.45	1999.42	.08	.07
C-XII/443	1999.34	1999.28	.08	.07
C-XII/449	1999.37	1999.32	.09	.07
C-XII/450	1999.32	1999.28	.10	.08
C-XII/451	1999.35	1999.30	.12	.10
C-XII/458	1999.54	1999.50	.08	.08
C-XII/447	1999.57	1999.52	.10	.08
C-XII/448	1999.55	1999.50	.08	.07

Several samples for flotation were taken. The bottom and the lower walls of the feature had a reddish color and harder consistency, as if they had been altered by fire (such as in a roasting pit?), but charcoal, at least in large fragments, was absent.

Four post molds were found (C-XII/453, 461, 464 and 452). They form no clear pattern, but they are located in the same general area as the post molds of Surface 4. This may suggest that the same area was used repeatedly for the location of a house through time.

Surface 2 (Figure 3.24), at about 1999.40m in Stratum III, presents an area of fired soil in squares F and D (C-XII/460). In the southeastern corner of square C, a partially excavated feature (C-XII/205) of an indefinite shape was found; it was 0.65m deep, filled with a reddish and yellowish to white clay. No cultural materials were recovered.

In squares G and A, there is another area of fired soils (C-XII/228 and C-XII/437) of about 1.84 m^2. In it, one *in situ* ceramic vessel was found (C-XII/234). The vessel, of Planaditas Burnished Red, was broken by the weight of the soil and the rim was absent. It was about 0.17m tall and, at the exterior edge, about 0.32m across. Nearby, a concentration of 23 Planaditas Burnished Red and 7 Tachuelo Burnished sherds embedded in the fired soil area was also isolated (CXII/186). Four more features were nearby. Lot C-XII/237 corresponds to a small oval pocket of darker soil with small pieces of charcoal. Feature C-XII/236 is an area of about 0.04 m^2 and about 0.08m deep, of a darker soil with abundant small particles of charcoal and 3 pieces of white sandstone (C-XII/463). Feature C-XII/465 is a small oval concavity with irregular edges about 0.02 square meters and 0.10m deep filled with a darker soil.

estaba rota por el peso del suelo y le faltaba el borde. Tenía una altura de aproximadamente 0.17m y un diámetro de aproximadamente 0.32m en el borde exterior. Cerca, dentro del área de suelos quemados, se delimitó una concentración de 23 tiestos Planaditas Rojo Pulido y 7 tiestos Tachuelo Pulido (CXII/186). Cuatro rasgos más se encontraron muy cerca del anterior. El lote C-XII/237 corresponde a una concavidad pequeña, ovalada, de suelo oscuro con pequeños fragmentos de carbón. El rasgo C-XII/236 es un área de aproximadamente 0.04 m^2 y aproximadamente 0.08m de profundidad, con un color oscuro con abundantes y pequeñas partículas de carbón y 3 fragmentos de roca arenisca blanca (C-XII/463). El rasgo C-XII/465 es una concavidad ovalada pequeña con bordes irregulares, rellena con un suelo oscuro, de aproximadamente 0.02 m^2 y 0.10 m. de profundidad.

En el área entre las cuadrículas D y E, se encontró una zona de suelos mezclados (C-XII/223 y C-XII/232). Este suelo mezclado indicó la localización del rasgo C-XII/204 en la Superficie 3. Por esta razón, C-XII/204 (así como algunos otros rasgos de la Superficie 3) podría haberse asignado igualmente a la Superficie 2.

La Superficie 2 tenía seis huellas de poste (ver C-XII/438, 442, 443, 449, 450 y 451). Tres de éstas estaban muy cerca unas de otras y ubicadas sólo un poco al sur de las de la Superficie 4. La huella de poste C-XII/443 penetra el rasgo C-XII/205. La huella de poste C-XII/438, no obstante, parece corresponder a una unidad doméstica o área de actividad diferente.

En la cuadrícula C había otra área de suelo quemado (C-XII/184), la cual podría corresponder a la parte más profunda de la zona grande descrita en la Superficie 1, que indicar un área de actividad o un episodio de quema diferente.

La superficie de ocupación más tardía (Superficie 1—Figura

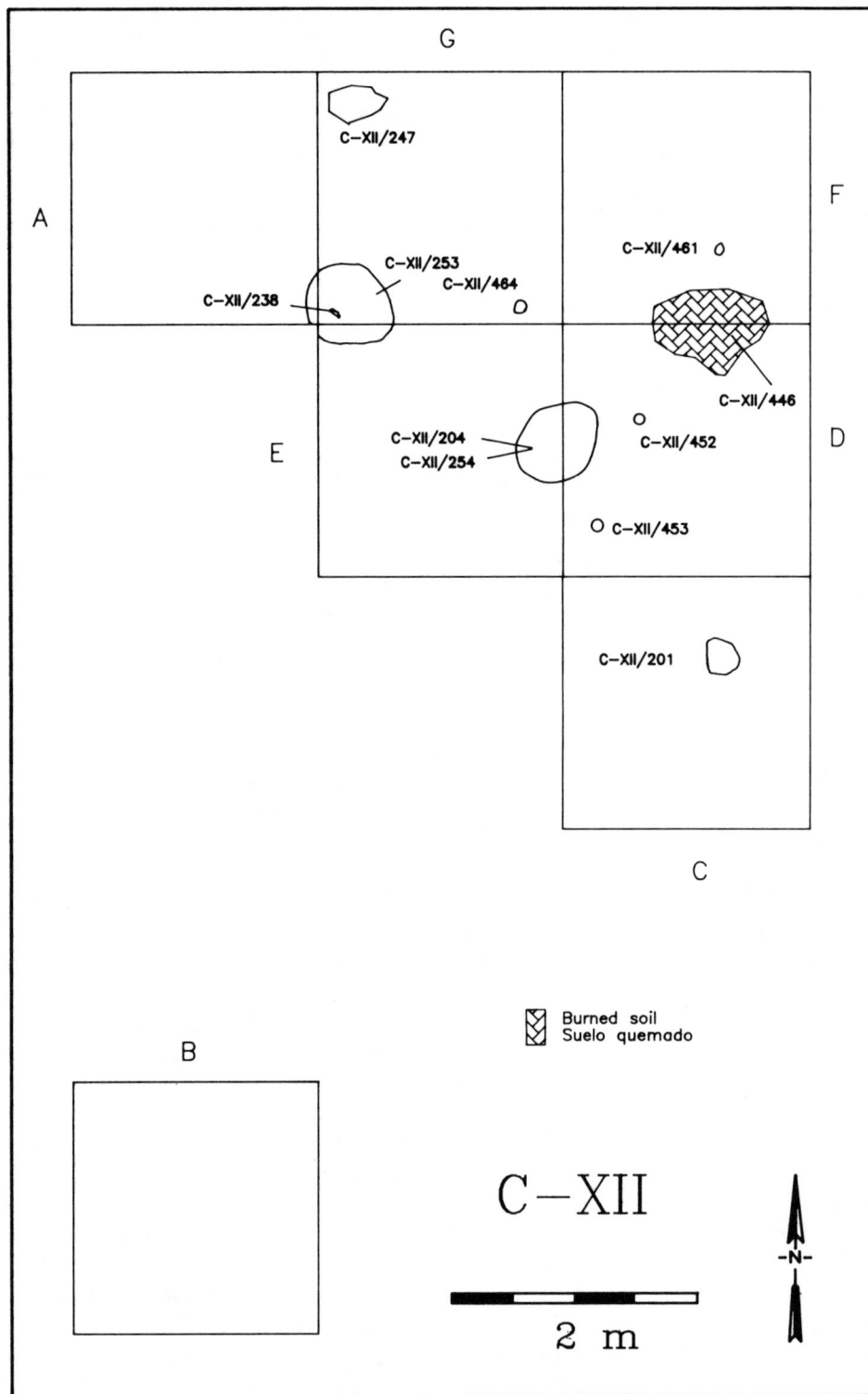

Figura 3.23
Vista general de la Superficie 3 en C-XII.

Figure 3.23
Plan view of Surface 3 at C-XII.

In the area between squares D and E, a zone of mixed soils was found (C-XII/223 and C-XII/232). This mixed soil turned out to indicate the location of feature C-XII/204 in Surface 3. Thus C-XII/204 (as well as some of the other features of Surface 3) might well have been assigned to Surface 2.

Surface 2 had six post molds (see C-XII/438, 442, 443, 449, 450 and 451). Three of these were very close together and only slightly south of the ones in Surface 4. Post mold C-XII/443 intrudes into feature C-XII/205. Post mold C-XII/438, however, seems to correspond to a different cluster or activity area.

In square C was another burned soil area (C-XII/184), which may correspond to the deepest part of the larger area described in Surface 1 rather than indicate a different activity area or firing episode.

The latest of the occupational surfaces (1—Figure 3.25), at about 1999.55m in Stratum II, consists of three areas of compact burned soils. The first and largest is about 1.72 m^2 with an average thickness of 0.18m is located in squares C, D and E (C-XII/466). Lot C-XII\180 represents more or less concentrated sherds embedded in the fired soil. Lot C-XII/179 corresponds to a concentration of white sandstone fragments. The texture and consistency of these fragments was similar to those found in the excavation of the household cluster C-XI and may reflect the effects of thermal exposure. None of the fragments showed any of the diagnostic features of tool making. The second

area of fired soil, located in squares F and D (C-XII/459 and C-XII/445) had an area of about 0.48 m^2 and a mean thickness of about .09m.

The third area of fired soil is in the northwest section of square F (C-XII/218). It is about 0.32 m^2 and 0.12m deep.

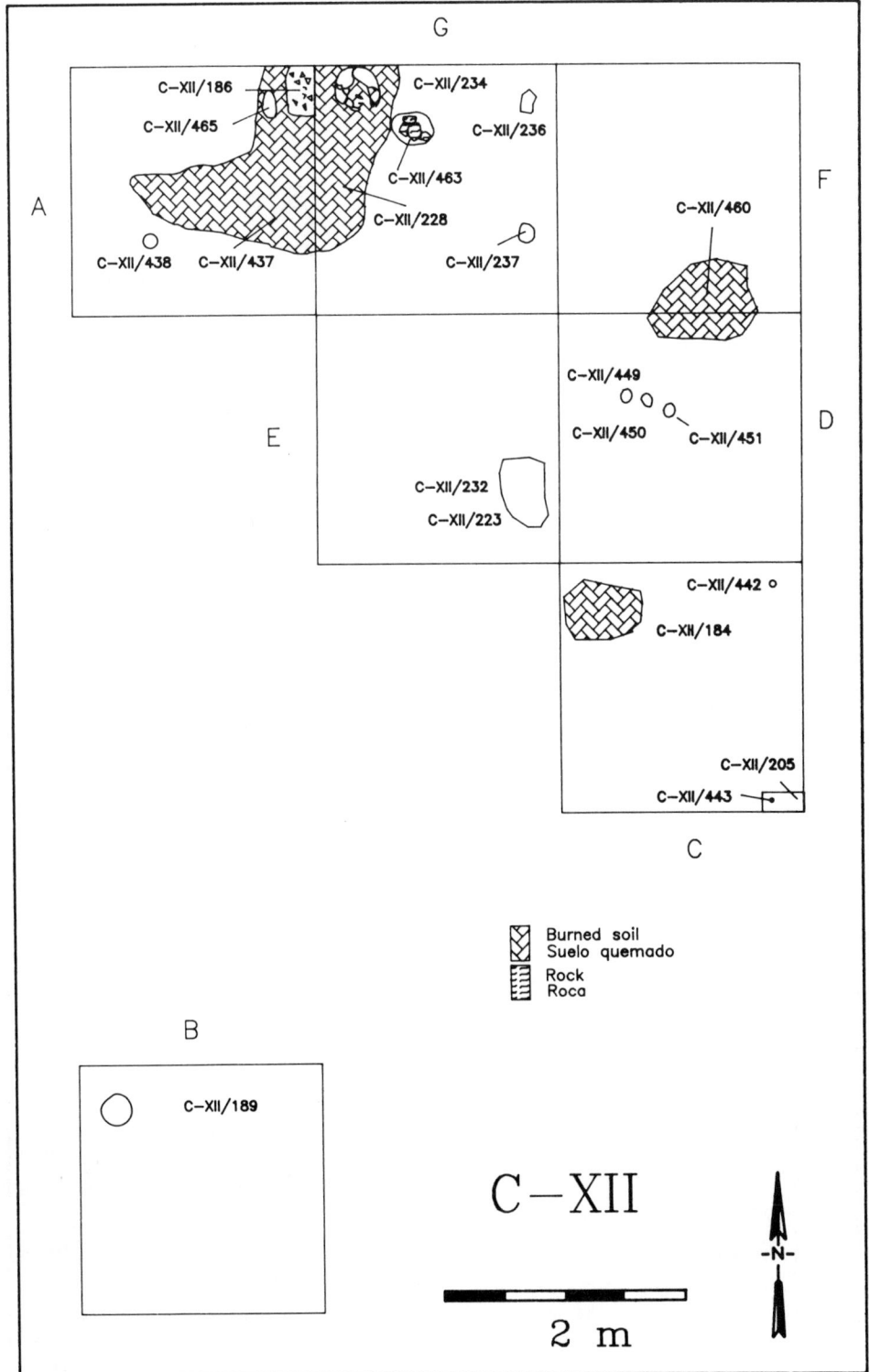

Figure 3.24
Plan view of Surface 2 at C-XII.

Figura 3.24
Vista general de la Superficie 2 en C-XII.

3.25), a aproximadamente 1999.55m, en el Estrato II, consta de tres áreas de suelos quemados compactos. La primera y más grande, con un área de aproximadamente 1.72 m^2 y un grueso promedio de 0.18m, está localizada en las cuadrículas C, D y E (C-XII/466). El lote C-XII\180 representa un conjunto de tiestos más o menos concentrados, dentro del suelo quemado.

El lote C-XII/179 corresponde a una concentración de fragmentos de arenisca blanca. La textura y consistencia de éstos fue similar a los encontrados en la excavación de la unidad doméstica arqueológica C-XI y podrían reflejar los efectos de la exposición al fuego. Ninguno de los fragmentos presenta los rasgos diagnósticos del proceso de manufactura de herramientas. La segunda área de suelos quemados, localizada en las cuadrículas F y D (C-XII/459 y C-XII/445) tiene un área de aproximadamente 0.48 m^2 y un grueso promedio de aproximadamente 0.09m.

La tercera área de suelos quemados está en la sección noroeste de la cuadrícula F (C-XII/218) y tiene un área de aproximadamente 0.32 m^2 y 0.12m de profundidad. Dentro de ésta área de suelos quemados se encontró una alteración causada por hormigas (C-XII/221 y 227). En las cercanías se delimitaron otros tres rasgos. El primero, C-XII/225, es un área circular de aproximadamente 0.04 m^2 con un suelo oscuro y pequeñas partículas de carbón, pero sin materiales culturales. El segundo rasgo (C-XII/230) es un área redonda pequeña, con un suelo oscuro y sin partículas de carbón visibles. De este rasgo se tomó una muestra para flotación. El tercer rasgo (C-XII/229) es un área circular de aproximadamente 0.04 m^2 y aproximadamente 0.04m de profundidad con un suelo oscuro, pequeños fragmentos de carbón y 1 tiesto Planaditas Rojo Pulido.

En esta superficie se encontraron también tres huellas de poste (C-XII/448, 447 y 458). La distribución espacial de éstas sugiere un

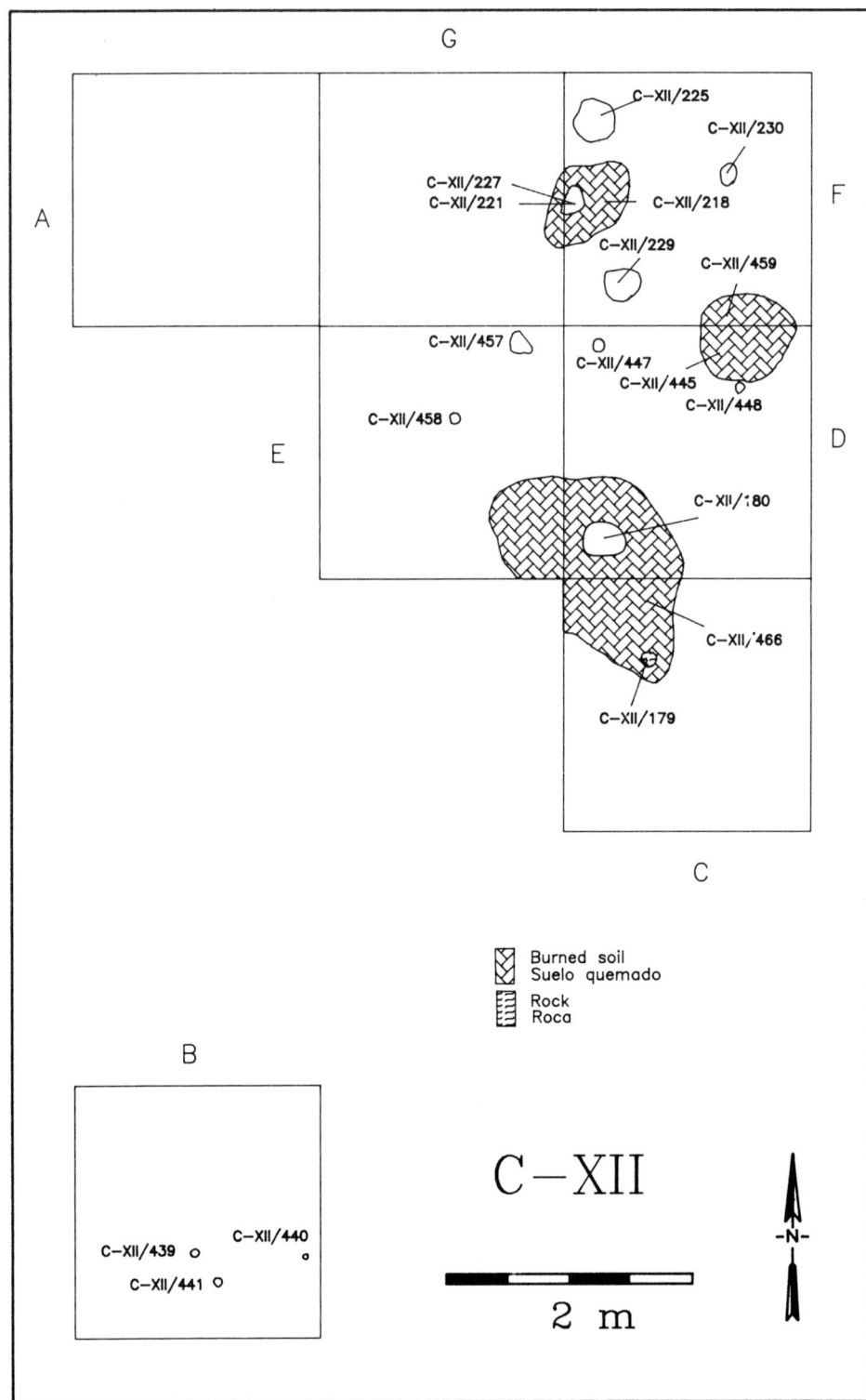

Figura 3.25
Vista general de la Superficie 1
en C-XII.

Figure 3.25
Plan view of Surface 1 at C-XII.

Within this fired area, a disturbance caused by ants was found (C-XII/221 and 227). Three more features were also isolated nearby. The first one, C-XII/225, is a circular area of about 0.04 m² with a darker soil and small pieces of charcoal but no cultural materials. The second feature (C-XII/230) is a small round area with darker soil and no visible charcoal fragments. A flotation sample was taken from this feature. The third (C-XII/229) is a circular area about 0.04 m² and about 0.04m deep with darker soil, small pieces of charcoal and 1 Planaditas Burnished Red sherd.

Three post molds (C-XII/448, 447, and 458) were also found in this surface. The spatial distribution of these suggests a circular pattern which would enclose the largest of the fired soil areas (lot C-XII/466). The last feature to report in this surface is a grinding stone fragment (C-XII/457). These features suggest at least two discrete activity areas. The one in square F seems to be only partially represented.

The overall patterns of post molds in these surfaces did not clearly indicate structure plans. In some instances, the overall arrangement tends to indicate circular shapes. On all surfaces they are concentrated in squares C, D, and E. This may indicate that at least one structure was built and rebuilt over time. As was also the case at C-XI and C-XIII, most of the post molds are relatively shallow features, which may not represent the principal structural posts of a building.

There was no clear stratigraphic separation of Formative ceramic types all across the units of C-XII. Tachuelo Burnished and Planaditas Burnished Red fragments occurred, however, in very similar proportions across excavation units and strata (Table 2.5). Consequently we will use the evidence gathered in Strata III to V as a sample of "Formative occupation" for exploring some general patterns. Given the paucity

TABLE 3.9. MEASUREMENTS OF POST MOLDS FROM C-XII SQUARE B.
TABLA 3.9. ATRIBUTOS METRICOS DE LAS HUELLAS DE POSTE EN C-XII CUADRICULA B.

Number/Número	Depth/Profundidad		Diameter/Diámetro	
	Lip Borde	Bottom Fondo	Lip Borde	Bottom Fondo
C-XII/439	1999.56	1999.52	.10	.08
C-XII/440	1999.53	1999.51	.06	.03
C-XII/441	1999.52	1999.47	.10	.08

of information about Formative occupations in the Alto Magdalena, this excavation, which produced 14,223 ceramic fragments of which about 83.0% are Formative, can yield insights into the nature of Formative occupations. Complete data about these Formative proveniences can be accessed electronically (see Appendix) with counts for all materials and all proveniences from this excavation. Figures 3.26 to 3.30 show the general location of C-XII and details of the excavations carried out there.

Household Cluster Evidence from C-XII Square B

C-XII square B provides evidence for the presence of two different household clusters from two different time periods. The stratigraphy in square B was different from that of the other squares in C-XII (compare Figure 3.20 to 3.31). The major difference is the absence of Stratum V, the occupational surface 4. The deposits in square B were all of undifferentiated middens with the exception of three post molds (see Table 3.9) and one pit. These features, however, seem to be related to two

Figure 3.26
General view of squares C and D at C-XII with areas of fired soils in Surface 4.

Figura 3.26
Vista general de las cuadrículas C y D en C-XII con áreas de suelos quemados en la Superficie 4.

Figura 3.27
Detalle de la cuadrícula D con el
rasgo C-XII/204 parcialmente
excavado.

Figure 3.27
Detail of square D with Feature
C-XII/204 partly excavated.

Figura 3.28. Detalle de la cuadrícula C con el rasgo
C-XII/205 parcialmente excavado.
Figure 3.28. Detail of sqaure C with Feature C-XII/205
partly excavated.

patrón circular que podría encerrar el área más grande de
suelos quemados (lote C-XII/466). El último rasgo para ser
reportado en esta superficie es un fragmento de metate (C-
XII/457). Estos rasgos sugieren, al menos, dos áreas de actividad discretas. La de la cuadrícula F parece estar sólo parcialmente representada.

El patrón general de las huellas de poste en estas superficies
no indica de manera clara la planta de las estructuras. En
algunas instancias, la distribución general tiende a indicar
formas circulares. En todas las superficies las huellas están
concentradas en las cuadrículas C, D y E. Esto podría indicar
que al menos una estructura fue construida y reconstruida a
través del tiempo. Como en el caso de C-XI y C-XIII, la
mayoría de las huellas de poste son rasgos relativamente
pequeños, los cuales podrían no representar los postes estructurales principales de una construcción.

En las unidades de C-XII no se encontró una clara separación estratigráfica de los tipos cerámicos Formativos. Los
fragmentos Tachuelo Pulido y Planaditas Rojo Pulido se encontraron, no obstante, en proporciones muy similares a través
de las unidades de excavación y de los estratos (Tabla 2.5). En
consecuencia, la evidencia recuperada en los estratos III a V
se usará como muestra de "ocupación Formativa" para explorar algunos patrones generales. Dada la escasez de información
sobre las ocupaciones del Formativo en el Alto Magdalena,
ésta excavación, que produjo 14.223 fragmentos cerámicos, de
los cuales aproximadamente el 83.0% son del Formativo,
puede proporcionarnos un buen punto de partida para el estudio de las ocupaciones Formativas. Información completa
acerca de estas procedencias Formativas se puede obtener por
vía electrónica (ver Apéndice), así como las frecuencias de
todos los materiales para todas las otras procedencias. Figuras

Figure 3.29 (above)
Detail of square A with location of
in situ vessel in Surface 1.

Figura 3.29 (arriba)
Detalle de la cuadrícula A con la
localización de una vasija *in situ*
en la Superficie 1.

different moments of occupation since there is a 20-cm difference in the depth at which they appear.

Thus, in the first occupational surface (see Figure 3.24),
feature C-XII/189, located in the northwestern corner at
1999.36, corresponds to a circular concavity about 30cm
across and 15cm deep, filled with dark soil, pieces of charcoal
and 2 Tachuelo Burnished fragments.

In the second occupational surface (see Figure 3.25), there
is evidence for three post molds. These post molds are closely
spaced; they are also relatively small (see Table 3.9). It is
possible that C-XII/440 may not even be a post mold at all. A
distinctive artifact recovered in this floor was a round polished
stone about 5cm in diameter.

Given the distance between square B and the area of squares
E, D and C, and the differences in stratigraphy, it may be that
the artifactual remains in square B are related to a different
household cluster than the one represented in squares E, C and
D.

Formative Households and Community in Context

Based on the evidence thus far presented from stratigraphic
excavations and shovel tests we can provide some generaliza-
tions about the households and Formative communities of the
Valle de la Plata.

Houses were evidently circular or oval. Although we did
not recover a complete post mold pattern, some alignments of
post molds and the overall distribution of features in our
excavations support this conclusion. The post molds suggest

Figure 3.30
Detail of square A with *in situ*
vessel in Surface 1.

Figura 3.30
Detalle de la cuadrícula A con la
vasija *in situ* en la Superficie 1.

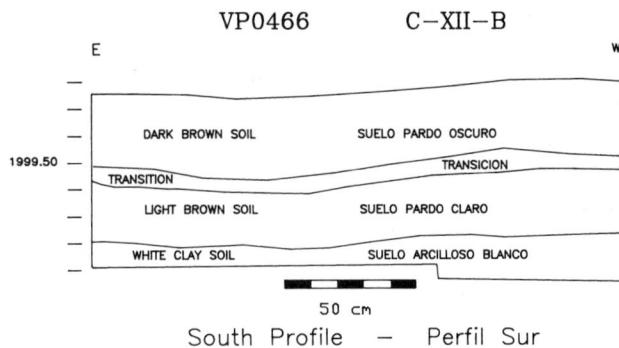

VP0466   C–XII–B

Figura 3.31. Perfil Sur de C-XII cuadrícula B.
Figure 3.31. South Profile of C-XII square B.

3.26 a 3.30 muestran la ubicación general de C-XII y detalles de la excavación realizada.

Evidencia de Unidad Doméstica en C-XII cuadrícula B

La cuadrícula B de C-XII, proporciona evidencia de dos unidades domésticas arqueológicas diferentes correspondientes a dos períodos distintos. La estratigrafía en la cuadrícula B fue diferente de aquella en las otras cuadrículas en C-XII (compare Figuras 3.20 y 3.31). La mayor diferencia es la ausencia del Estrato V que corresponde a la superficie de ocupación 4. Los depósitos en la cuadrícula B, corresponden todos a acumulaciones de basuras sin límites espaciales discretos, con excepción de tres huellas de poste (ver Tabla 3.9) y un hoyo. Estos rasgos, no obstante, parecen estar relacionados con dos momentos de ocupación diferentes, puesto que existe al menos una diferencia de 20cm en la profundidad a la que aparecen.

En consecuencia, en la primera superficie de ocupación (ver Figura 3.24), el rasgo C-XII/189, localizado en la esquina noroeste a 1999.36, corresponde a una concavidad circular de aproximadamente 30cm de diámetro y 15cm de profundidad, rellena con suelo oscuro, partículas de carbón y 2 fragmentos Tachuelo Pulido.

En la segunda superficie de ocupación (ver Figura 3.25), hay evidencia de tres huellas de poste. Estas huellas de poste están muy juntas y son también relativamente pequeñas (ver Tabla 3.9). Es posible que C-XII/440 no sea una huella de poste después de todo. Un artefacto que merece ser destacado entre los recobrados en esta superficie, es una piedra redonda pulida con un diámetro de aproximadamente 5cm.

Dada la distancia entre la cuadrícula B y el área de las cuadrículas E, D y C y de las diferencias en la estratigrafía, podría ser que los restos de artefactos en la cuadrícula B estén relacionados con una unidad doméstica arqueológica diferente de la representada en las cuadrículas E, C y D.

Las Unidades Domésticas y la Comunidad Formativa en Contexto

Basados en la evidencia hasta aquí presentada, recobrada en las excavaciones estratigráficas y pruebas de pala, podemos proporcionar algunas generalizaciones acerca de las unidades domésticas y de las comunidades Formativas del Valle de la Plata.

Las viviendas fueron evidentemente circulares u ovaladas. Aunque no recobramos un patrón de huellas de poste completo, algunas alineaciones de huellas y la distribución general de los rasgos en nuestras excavaciones, soportan esta conclusión. Las huellas de poste sugieren que las estructuras de las viviendas fueron hechas de postes de madera, con un diámetro entre los 10 y 20cm. Nuestra investigación, no obstante, no proporciona evidencia de paredes de bahareque, que algunos han postulado como la técnica más probable para la construcción de éstas (Duque Gómez 1963:50; Llanos 1990:69). Los fragmentos de arcilla quemada encontrados en las excavaciones de unidades de vivienda pertenecientes al período Clásico Regional, parecen confirmar el uso de esta técnica (ver Blick 1993:140). La presencia de estructuras interiores pequeñas, parece estar indicada por la muestra de huellas de poste pequeñas y poco profundas (aproximadamente 4–8 cm).

Nuestra evidencia relacionada con otros tipos de rasgos asociados con las viviendas o unidades domésticas, incluye varias clases diferentes de pozos. Aunque la evidencia no fue lo suficientemente clara como para distinguir sus funciones específicas, estos rasgos se encontraron en conjuntos que sugieren áreas de actividad discretas. Estos rasgos fueron, en general, concavidades generalmente de tamaño mediano a pequeño y con profundidades variables. Puesto que el análisis de las muestras para flotación tomadas de estos rasgos no se ha realizado, no es posible decir nada más sobre éstos en el momento. No obstante, dos de los rasgos más grandes y mejor definidos, parecen haber sido usados como hornos. El más profundo de éstos (en C-XII) proporciona la indicación más clara en este sentido. El otro (en C-VII), parece haber sido utilizado como un basurero y, una vez lleno, sirvió para localizar el que es el ejemplo más claro de fogón que recobramos. Toda la otra evidencia relacionada con actividades involucrando la acción del fuego, está proporcionada por la presencia de suelos compactos, generalmente asociados con fragmentos cerámicos, metates y, al menos en un caso, con una vasija completa (C-XII).

El desempeño de actividades como la trituración, probablemente de maíz, está indicada por metates. Nuestra muestra también incluye algunos ejemplos de otras herramientas en piedra pulida, como los barretones. El análisis de la distribución de los materiales líticos, al menos en un caso, parece indicar la presencia de un área discreta donde tales actividades estaban concentradas (ver C-XI).

Los patrones funerarios de estas ocupaciones del Formativo son aún poco conocidos. En C-X en VP1605, encontramos lo que es probablemente el pozo de una tumba. Tomando ésta

that the house structure was made of wood posts between 10 and 20 cm in diameter. Our research, however, did not provide the evidence for *bahareque* (wattle and daub) walls that some have postulated as the likely technique for wall construction (Duque Gómez 1963:50; Llanos 1990:69). Pieces of daub found at excavations of household areas dating to the Regional Classic seem to confirm the use of this technique (see Blick 1993:140). The presence of small interior constructions seems to be indicated by the sample of smaller and shallower (about 4–8 cm) post molds.

Our evidence regarding other types of features associated with the houses or household areas includes several different kinds of pits. Although the evidence was not clear enough to distinguish their specific functions, these were present in clusters that suggest discrete activity areas. These features were mostly medium to small concavities of varying depth. Since the analysis of flotation samples taken from such features has not been carried out, we cannot specify beyond this point. Two of the biggest and best defined pits however, seem to have been used for roasting. The deeper of these (in C-XII) provides the clearest indications. The other (in C-VII), seems to have been used as a dumping spot and, once filled in, served as the location of the clearest example of hearth we recovered. All other evidence of fire-related activities is provided by the presence of hardened soils, generally associated with ceramic fragments, grinding stones and in one case, at least, by a complete vessel (C-XII).

The performance of activities such as grinding, probably of corn, is indicated by grinding stones. Our sample also includes some cases of other ground stone tools such as *barretones* (digging tools). The analysis of the distribution of lithic materials, in at least one case, seems to indicate the presence of a discrete area where such activities were concentrated (see C-XI).

Burial patterns of these Formative occupations are still poorly known. At C-X in VP1605, we found what was probably the shaft of a tomb. Taking this as an example of burial evidence, it is interesting to note that it is located on the perimeter of a *tambo*, and it seems (judging from the combined evidence at C-IX and C-X) that it was in the interior of a house. Burial inside structures has been generally associated in the San Agustín area with the late part of the sequence (see Llanos 1988:113). Although C-X did yield late materials, the stratigraphy seems to indicate this as an earlier tomb. The greater proportion of Planaditas Burnished Red materials in the lower levels of the excavation, linked to the fact that the only vessel recovered seems to be a Lourdes Red Slipped one, suggests that burial within the house may be a practice that is as old as the Formative 3 period.

Our evidence also indicates that the immediate area of activity for a household cluster, although it can vary considerably, may be estimated at between 50 and 100 m^2, based on sherd and lithic distributions and other features encountered in the excavations and the shovel probes. An area of this size can include a house and maybe some storage facility, as some

evidence for the Regional Classic seems to indicate (see Blick 1993:262). Variation in the size of household clusters may depend on the setting in which they occur (i.e., a natural terrace or an artificial *tambo*) or could vary in regard to the size of the household (number of people). The socioeconomic status of a household can be another element to explain size variations. The evaluation of household cluster size requires a larger sample than is available at present and more extensive investigation in each location.

The household clusters of VP0466 (C-XII, C-XII square B, C-I and C-II and C-VII) provide some indication of a relatively compact settlement during the Formative period. Figures 3.32, 3.33 and 3.34 show a continuous distribution of Formative sherds at high densities, which seems most consistent with the presence of several houses in this area during the Formative period.

These sherd distributions contrast with the ones found at other areas such as VP0466-LA/0073-A (Figures 3.1 and 3.2) and VP1614 (Figures 3.35, 3.36, 3.37, and 3.38) and VP1605 (Figures 3.39, 3.40 and 3.41), or with Blick's (1993:50 Figure 2.3) distributions at VP0001-A. These are also wide flat areas, and yet the evidence for Formative household clusters is minimal. The comparison with Blick's VP0001-A site is interesting, since that area is about the same size as the area being discussed here and because it is located at the heart of one of the Regional Classic population concentrations centered on burial sites of that period. In Blick's case, the distribution was taken to indicate the presence of a single household. At VP0466, on the other hand, even though the shovel probes did not cover the whole area in as intense a fashion as in Blick's case, there is evidence for substantial occupation between the tested zones.

As seen in Figure 2.53, there are two large areas that we did not test because they were waterlogged. Furthermore, these areas had a concave shape which probably indicates the location of houses (see Duque and Cubillos 1981:15; Moreno 1991:38; Blick 1993:109, 134, 138).

Ceramic fragments were abundant in the back dirt from the excavation of a nearby fish pond. Two surface collections were made where collecting was possible (see Figure 2.53). Finally, ceramic fragments were also notable in the area labeled as a disturbance (see Figure 2.53), where salt is given to the cows. Several shovel probes revealed .60 to .70m of cultural deposits. In shovel probes which were excavated to the conventional .40m deep, we noted that materials continued further down.

Table 2.3 compares the overall density of ceramic materials for this and all other sites. As is evident, densities equivalent to those found at VP0466 (see VP0466-A, VP0466-C and VP0466-D) are only found at two other sites (VP1067 [see VP1067-C] and VP2238 [see VP2238-BE/1214, VP2238-BE/1213 and VP2238-BE/1215]). In these cases, however, Formative materials represent a modest percentage of the total of sherds, while at VP0466, Formative materials account for most of the assemblage.

como un ejemplo de evidencia sobre enterramientos, es interesante anotar que está localizada en el perímetro de un tambo y parece (a juzgar por la evidencia combinada de C-IX y C-X), que estaba localizada en el interior de una vivienda. El enterramiento dentro de las viviendas ha sido generalmente asociado en el área de San Agustín con la parte tardía de la secuencia (ver Llanos 1988:113). Aunque C-X produjo materiales tardíos, la estratigrafía parece indicar que esta es una tumba más temprana. La mayor proporción de materiales Planaditas Rojo Pulido en los niveles más profundos de la excavación, aunado al hecho de que la única vasija recuperada parece ser del tipo Lourdes Rojo Engobado, sugiere que el enterramiento dentro de las viviendas es una práctica que se remonta al período Formativo 3.

Nuestra evidencia también indica que el área de actividad inmediata de una unidad doméstica arqueológica, aunque puede variar considerablemente, puede estimarse entre 50 y 100 m^2, con base en las distribuciones de tiestos y líticos y otros rasgos encontrados en las excavaciones y en las pruebas de pala. Un área de este tamaño puede incluir una vivienda y probablemente algunas instalaciones para almacenamiento, así como lo sugiere alguna evidencia en el Clásico Regional (ver Blick 1993:262). La variación en el tamaño de las unidades domésticas arqueológicas, puede depender de la topografía en el que estas se levantan (i.e., una terraza natural o una artificial o tambo), o podría variar en relación con el tamaño de la familia (número de personas). El estatus socioeconómico de la unidad doméstica, puede ser otro elemento para explicar las variaciones en el tamaño. La evaluación del tamaño de las unidades domésticas arqueológicas requiere de una muestra mayor que la disponible en el presente y de investigaciones más exhaustivas en cada asentamiento.

Las unidades domésticas arqueológicas en VP0466 (C-XII, C-XII cuadrícula B, C-I, C-II y C-VII) proporcionan alguna indicación de un asentamiento relativamente compacto durante el período Formativo. Las Figuras 3.32, 3.33 y 3.34 muestran una distribución continua de tiestos Formativos en altas densidades, las que parecen más consistentes con la presencia de varias viviendas en esta área durante el período Formativo.

Estas distribuciones de tiestos contrastan con las encontradas en otras áreas tales como VP0466-LA/0073-A (Figuras 3.1 y 3.2) y VP1614 (Figuras 3.35, 3.36, 3.37, y 3.38) y VP1605 (Figuras 3.39, 3.40 y 3.41), o con las distribuciones encontradas por Blick (1993:50 Figura 2.3) en VP0001-A. Estas áreas son también amplias y planas y, sin embargo, la evidencia de la presencia de unidades domésticas arqueológicas del Formativo es mínima. La comparación con el sitio VP0001-A investigado por Blick, creemos es interesante ya que el área es casi del mismo tamaño que la que estamos discutiendo aquí y porque está localizada en el corazón de una de las concentraciones de población organizadas alrededor de sitios funerarios en el período Clásico Regional. En el caso de Blick, la distribución es asumida como indicando la presencia de una sola unidad doméstica. En VP0466, por su parte, aunque las pruebas de pala no cubrieron la totalidad de la zona en forma tan

intensa como en el caso de Blick, hay no obstante evidencia de ocupación substancial entre las zonas prospectadas.

Como se ve en la Figura 2.53, hay dos áreas que no se prospectaron porque estaban inundadas. Mas aún, éstas áreas tenían una forma cóncava que pensamos reflejan la localización de viviendas (ver Duque y Cubillos 1981:15; Moreno 1991:38; Blick 1993: 109, 134, 138).

En la tierra removida para la construcción de un estanque piscícola (ver Figura 2.53), se encontraron abundantes fragmentos cerámicos. Se hicieron dos recolecciones de superficie en donde fue posible. Finalmente, también se notaron fragmentos cerámicos en la zona marcada como alterada (ver Figura 2.53) y en donde se da sal al ganado. Varias pruebas de pala revelaron la presencia de depósitos culturales hasta los 0.60–0.70cm de profundidad. En algunas pruebas de pala que fueron excavadas sólo hasta la profundidad convencional de .40m, se notó que los materiales continuaban hacia abajo.

La Tabla 2.3 compara las densidades generales de materiales cerámicos para éste y todos los otros sitios. Como es evidente, densidades equivalentes a las encontradas en VP0466 (ver VP0466-A, VP0466-C y VP0466-D), sólo se encuentran en otros dos sitios: VP1067 (ver VP1067-C) y VP2238 (ver VP2238-BE/1214, VP2238-BE/1213 y VP2238-BE/1215). En estos casos, no obstante, los materiales del Formativo representan un modesto porcentaje del total de tiestos, mientras que en VP0466, los materiales del Formativo representan la mayor parte de la colección.

La distribución de los rasgos en C-XII, C-XII cuadrícula B y C-VII, proporciona soporte adicional para la interpretación de esta área como el centro de un asentamiento nucleado.

Los sitios VP1614 y VP1605 están también en áreas relativamente amplias y planas, en las que el programa de prospección fue intenso. Las Figuras 3.35, 3.36, 3.37 y 3.38, proporcionan la información para VP1614 (ver también el Apéndice). Aquí, la evidencia indica una ocupación desde el Formativo 2, pero no más de 3 viviendas son sugeridas en ningún momento. Las Figuras 3.39, 3.40, 3.41, 3.42 y 3.43 proporcionan la información para VP1605, indicando aproximadamente tres viviendas en el período Reciente, cuatro en el Clásico Regional y dos o tres durante el período Formativo. De estas viviendas, dos se correlacionan con concavidades observadas en la superficie (ver Figura 2.48). Otras tres depresiones claras en el área no fueron prospectadas puesto que la información previa del reconocimiento regional indicaba que estas eran áreas de ocupación tardía (ver la discusión en el Capitulo 2). Nuestro programa de prospección confirmó ésta interpretación. Por lo tanto, la ocupación más densa en VP1605 fue durante los períodos tardíos cuando cerca de cinco viviendas fueron ocupadas en este sitio.

En VP0466, por consiguiente, consideramos que una cifra de aproximadamente 12 viviendas, parece un estimativo razonable para el área prospectada en esta zona de asentamiento durante los períodos Formativo 2 y Formativo 3. Para cuatro de estas viviendas hay evidencia directa y/o amplia (ver la discusión de las unidades de excavación C-I, C-II, C-VII,

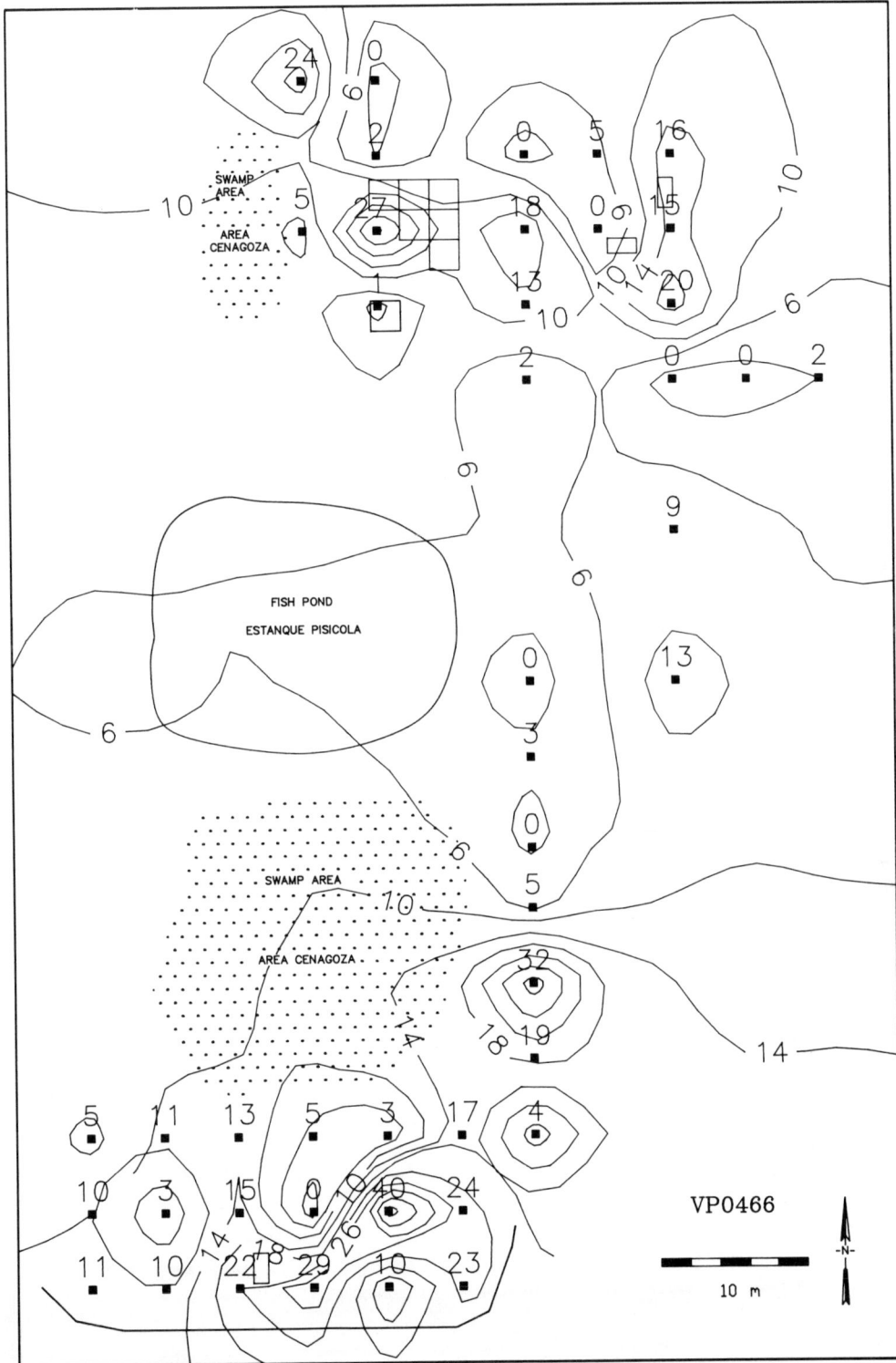

Figure 3.32. Distribution of Tachuelo Burnished sherds in shovel probes at VP0466 sectors A, C and D.
Figura 3.32. Distribución de tiestos Tachuelo Pulido en las pruebas de pala en VP0466 sectores A, C y D.

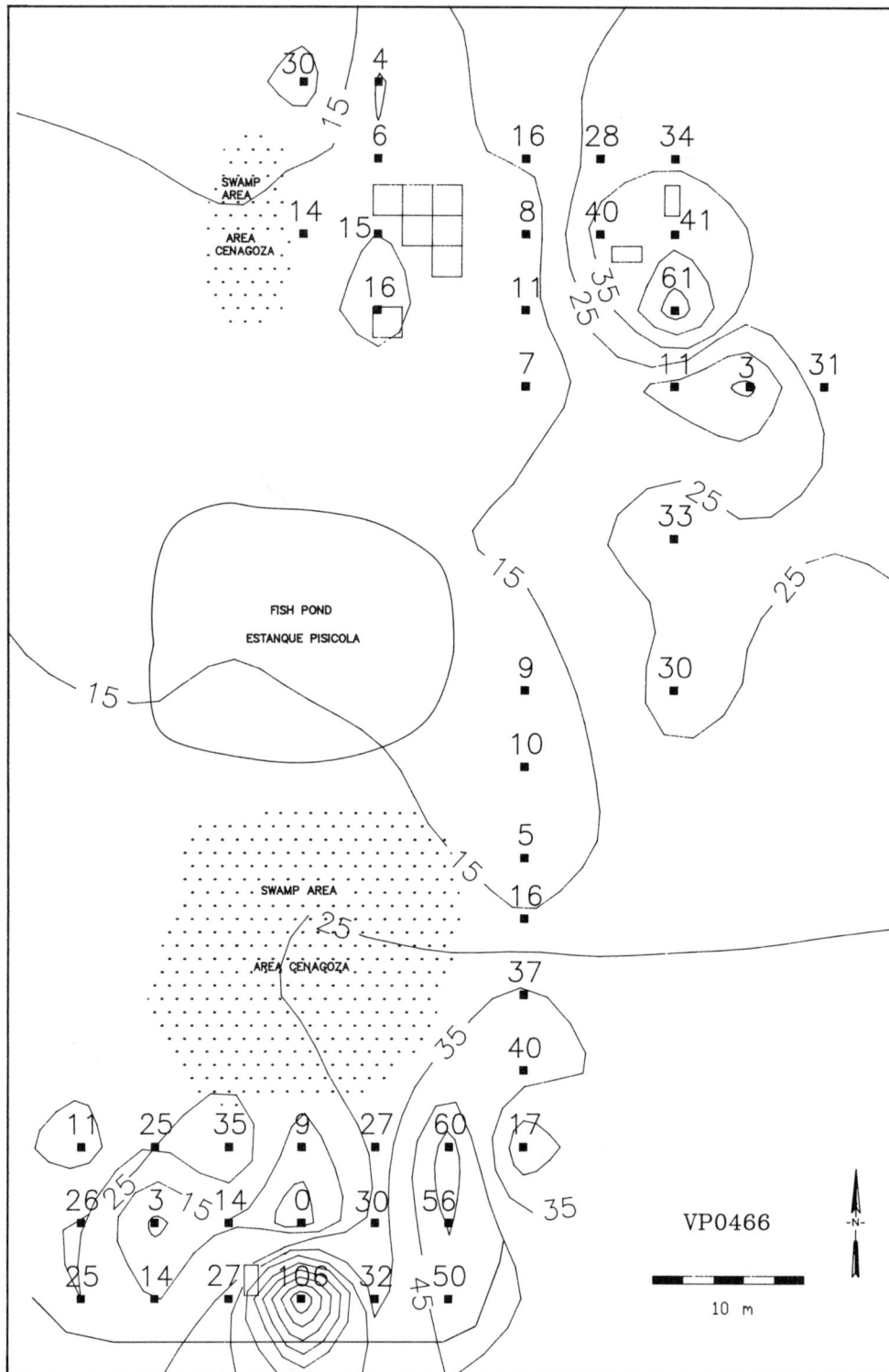

Figura 3.33. Distribución de tiestos Planaditas Rojo Pulido en las pruebas de pala en VP0466 sectores A, C y D.
Figure 3.33. Distribution of Planaditas Burnished Red ceramics in shovel probes at VP0466 sectors A, C and D.

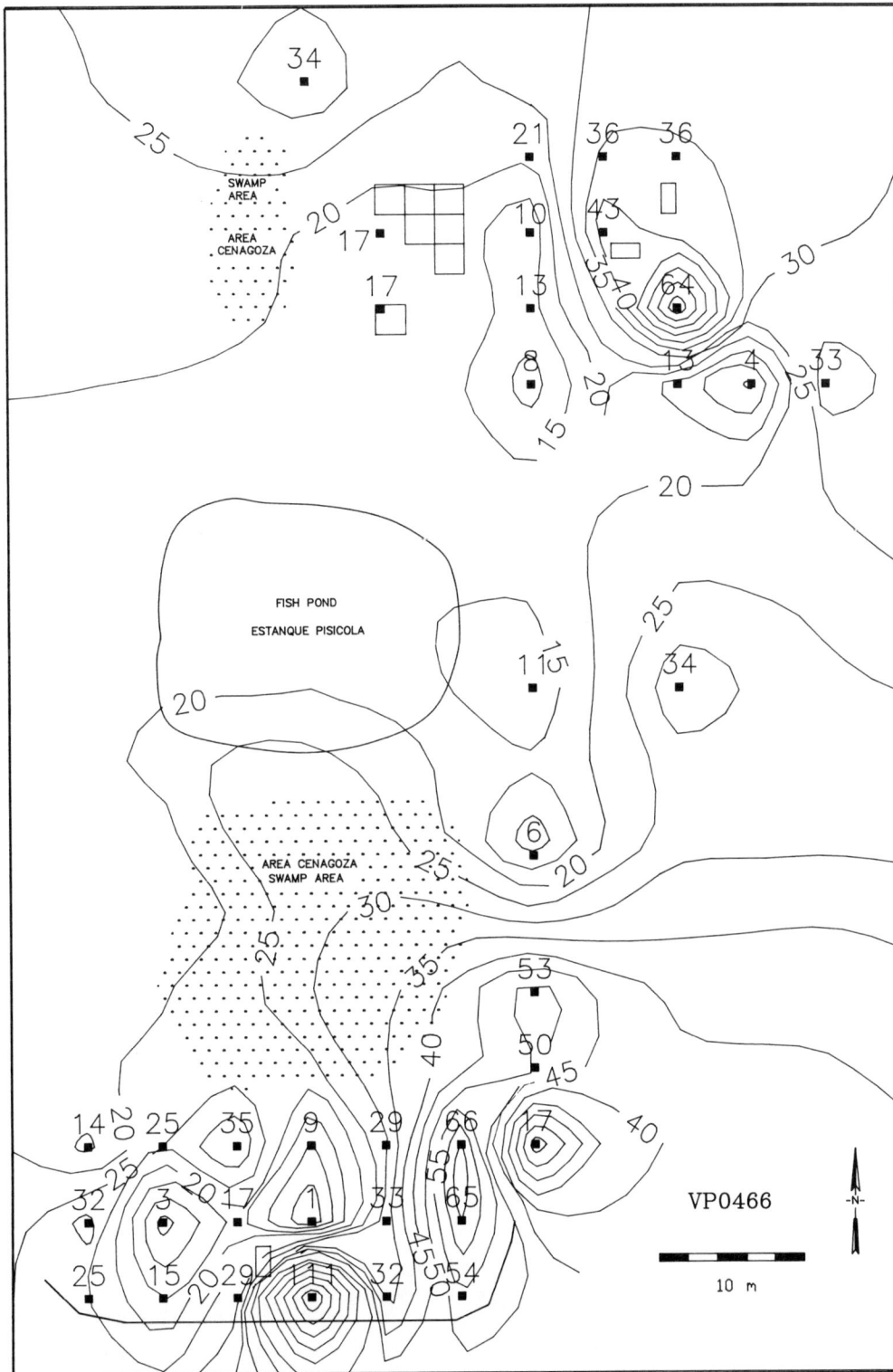

Figure 3.34. Distribution of Planaditas Burnish Red and Lourdes Red Slipped ceramics in shovel probes at VP0466 sectors A, C and D.
Figura 3.34. Distribución de tiestos Planaditas Rojo Pulido y Lourdes Rojo Engobado en las pruebas de pala en VP0466 sectores A, C y D.

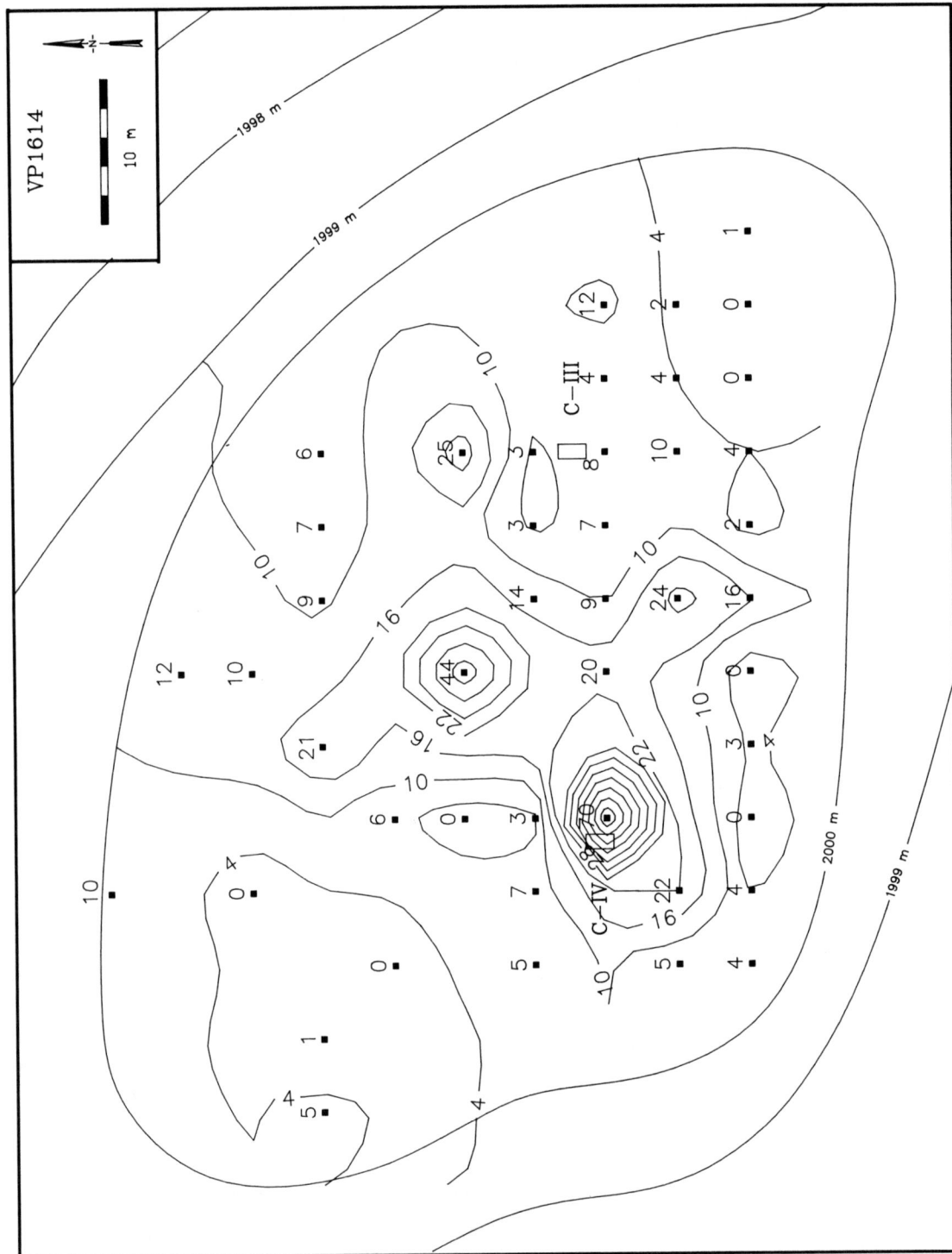

Figura 3.35. Distribución de tiestos Barranquilla Crema en las pruebas de pala en VP1614.
Figure 3.35. Distribution of Barranquilla Buff ceramics in shovel probes at VP1614.

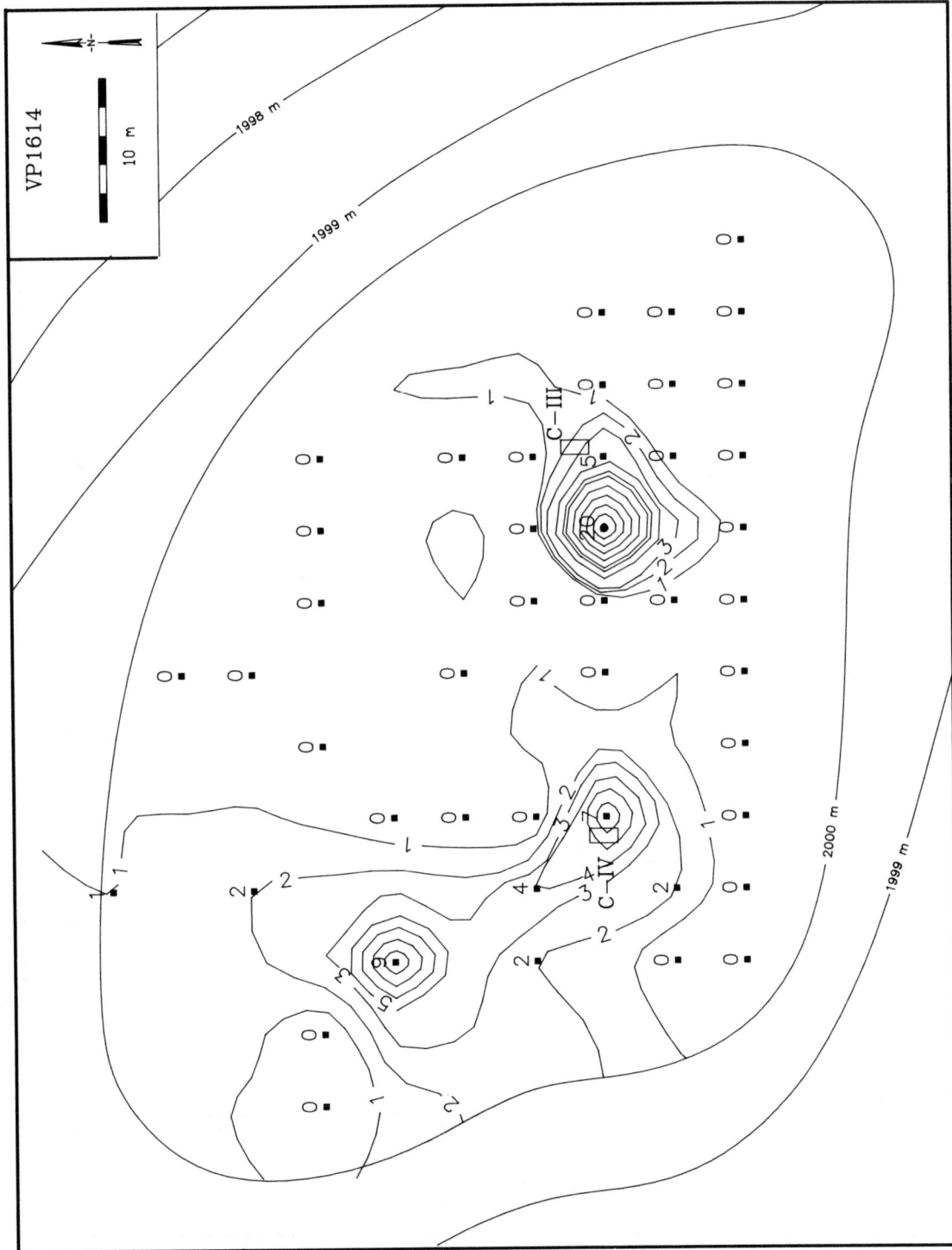

Figure 3.36. Distribution of Guacas Reddish Brown ceramics in shovel probes at VP1614.
Figura 3.36. Distribución de tiestos Guacas Café Rojizo en las pruebas de pala en VP1614.

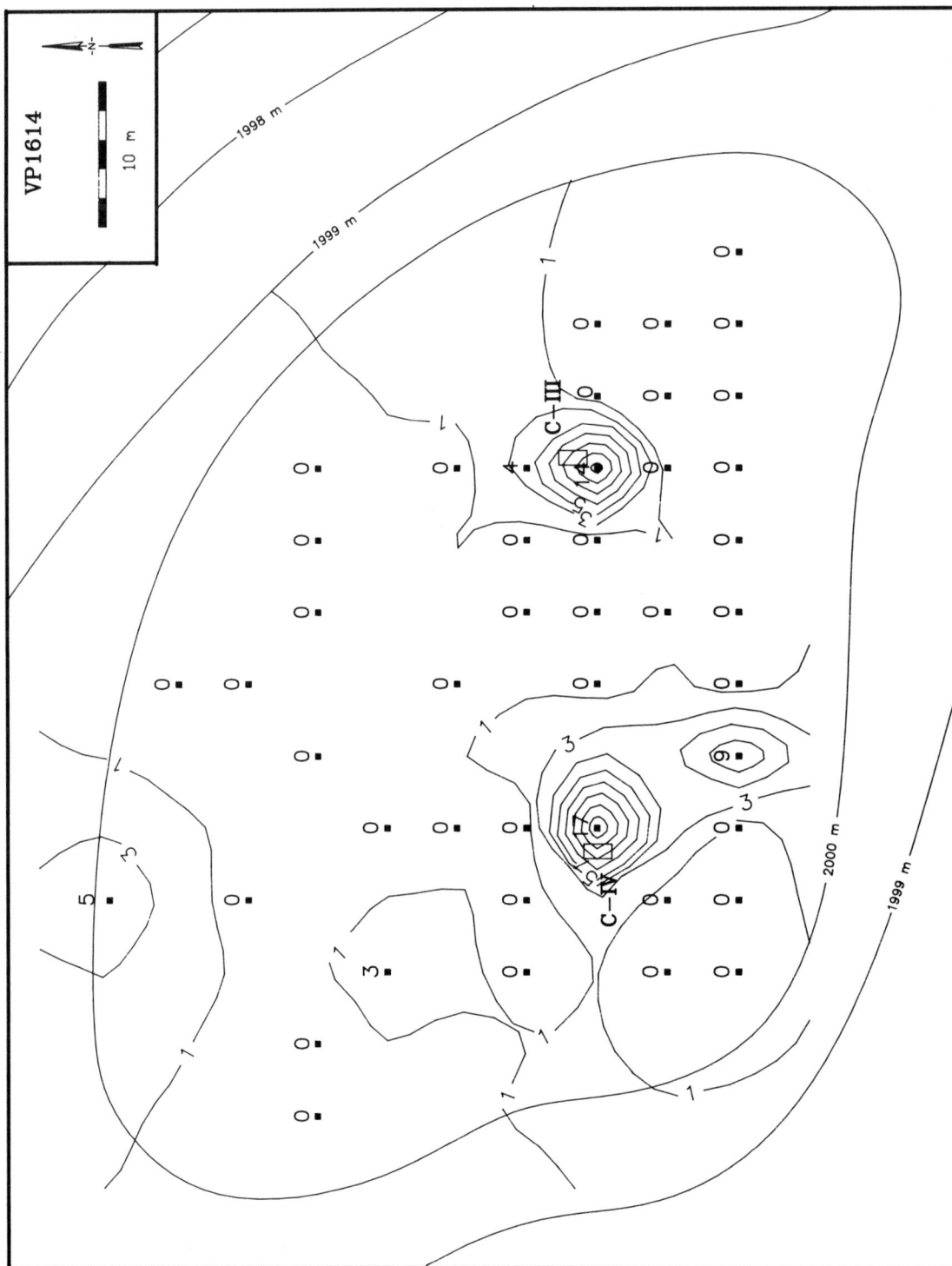

Figura 3.37. Distribución de tiestos Lourdes Rojo Engobado y Planaditas Rojo Pulido en las pruebas de pala en VP1614.
Figure 3.37. Distribution of Lourdes Red Slipped and Planaditas Burnished Red ceramics in shovel probes at VP1614.

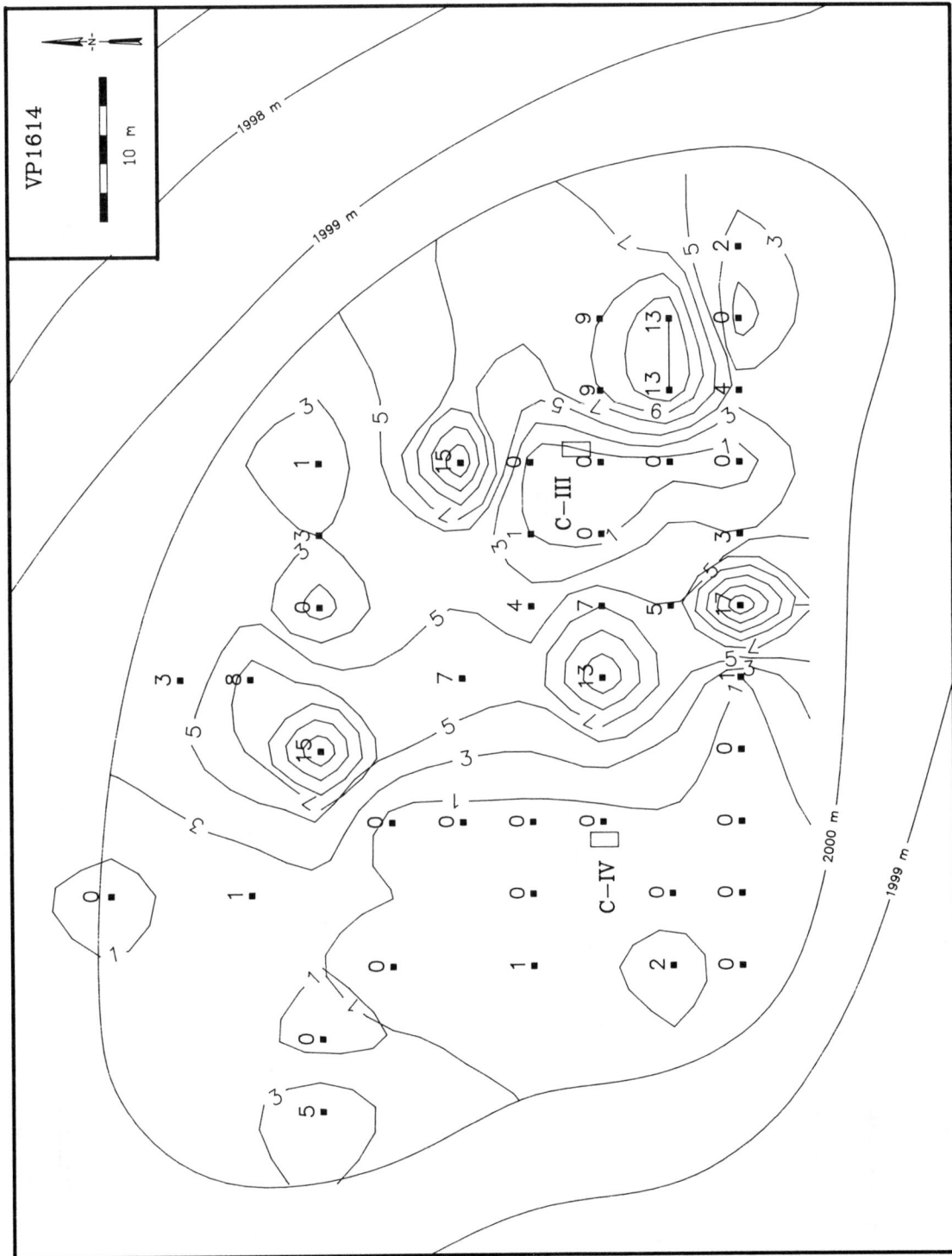

Figure 3.38. Distribution of Planaditas Burnished Red ceramics in shovel probes at VP1614.
Figura 3.38. Distribución de tiestos Planaditas Rojo Pulido en las pruebas de pala en VP1614.

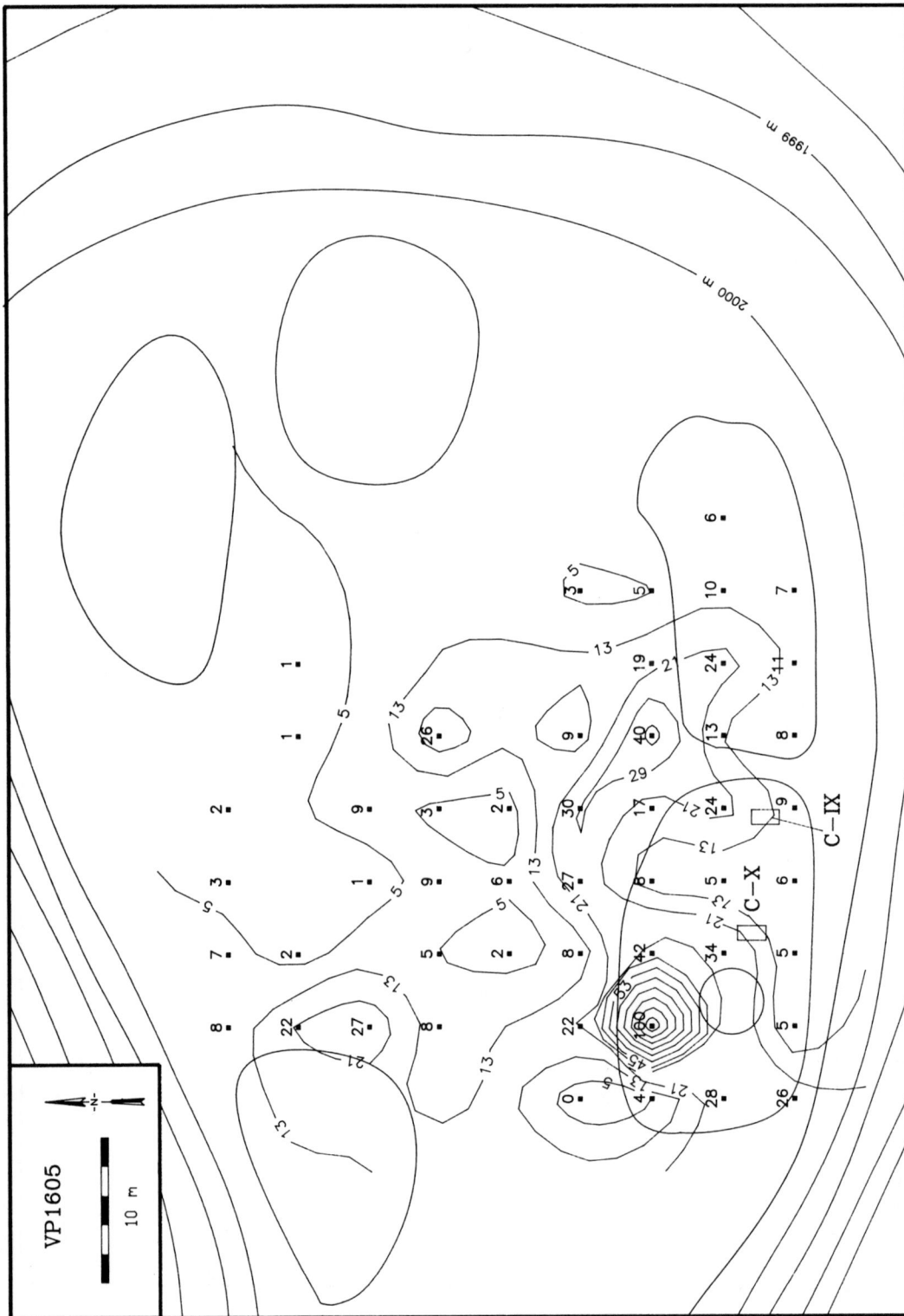

Figura 3.39. Distribución de tiestos Barranquilla Buff en las pruebas de pala en VP1605.
Figure 3.39. Distribution of Barranquilla Buff ceramics in shovel probes at VP1605.

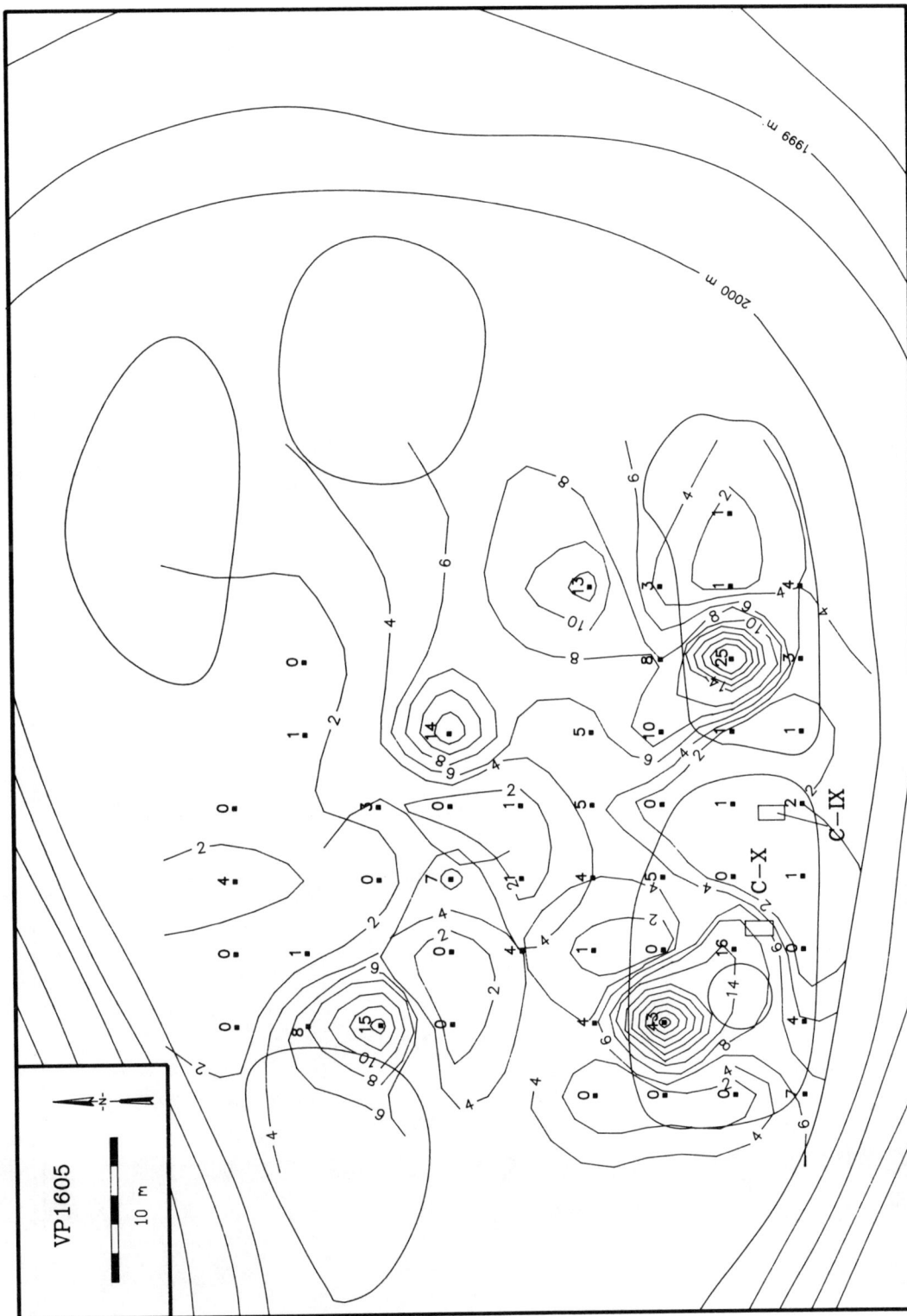

Figure 3.40. Distribution of Guacas Reddish Brown ceramics in shovel probes at VP1605.
Figura 3.40. Distribución de tiestos Guacas Café Rojizo en las pruebas de pala en VP1605.

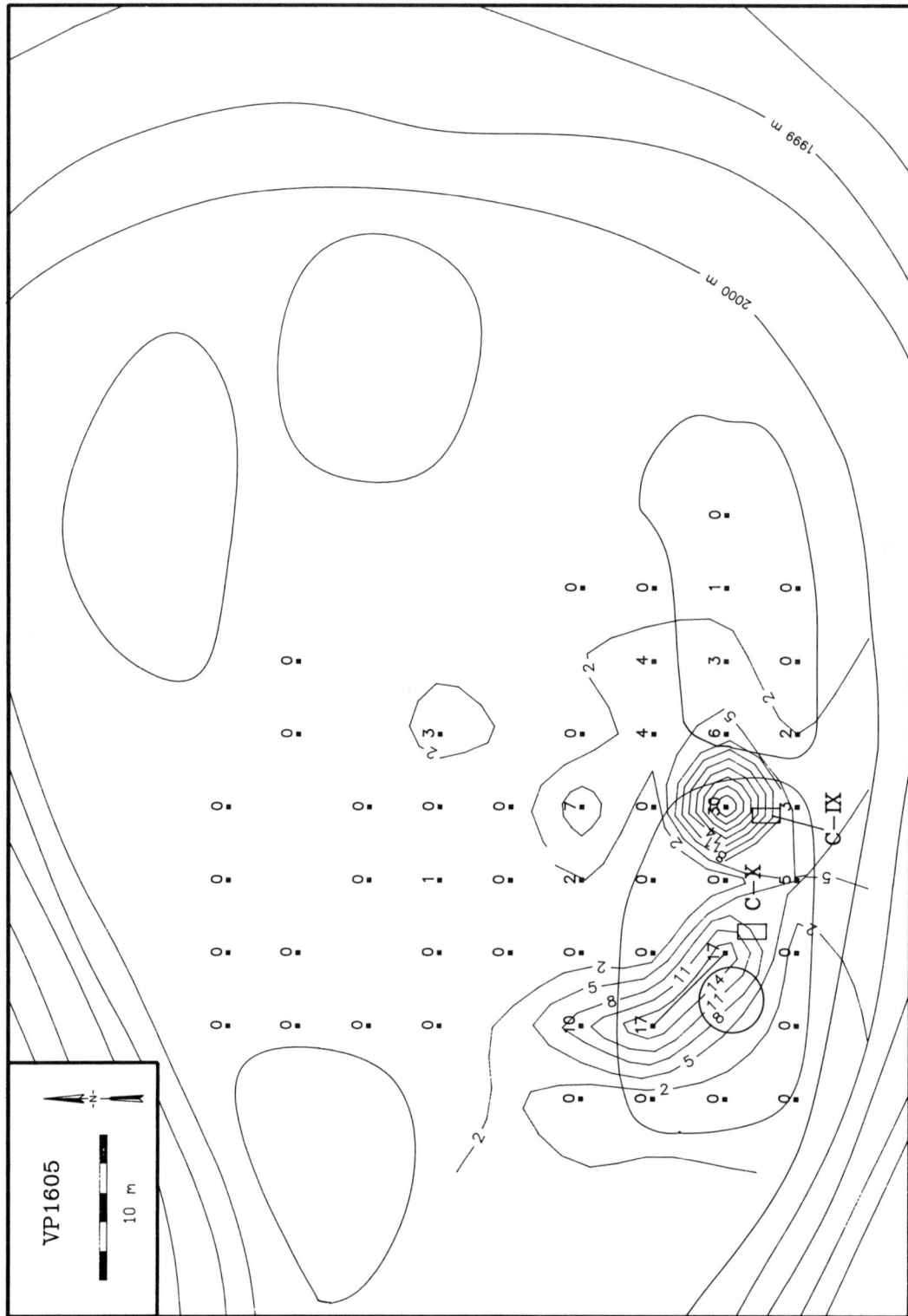

Figura 3.41. Distribución de tiestos Lourdes Rojo Engobado y Planaditas Rojo Pulido en las pruebas de pala en VP1605.
Figure 3.41. Distribution of Lourdes Red Slipped and Planaditas Burnished Red ceramics in shovel probes at VP1605.

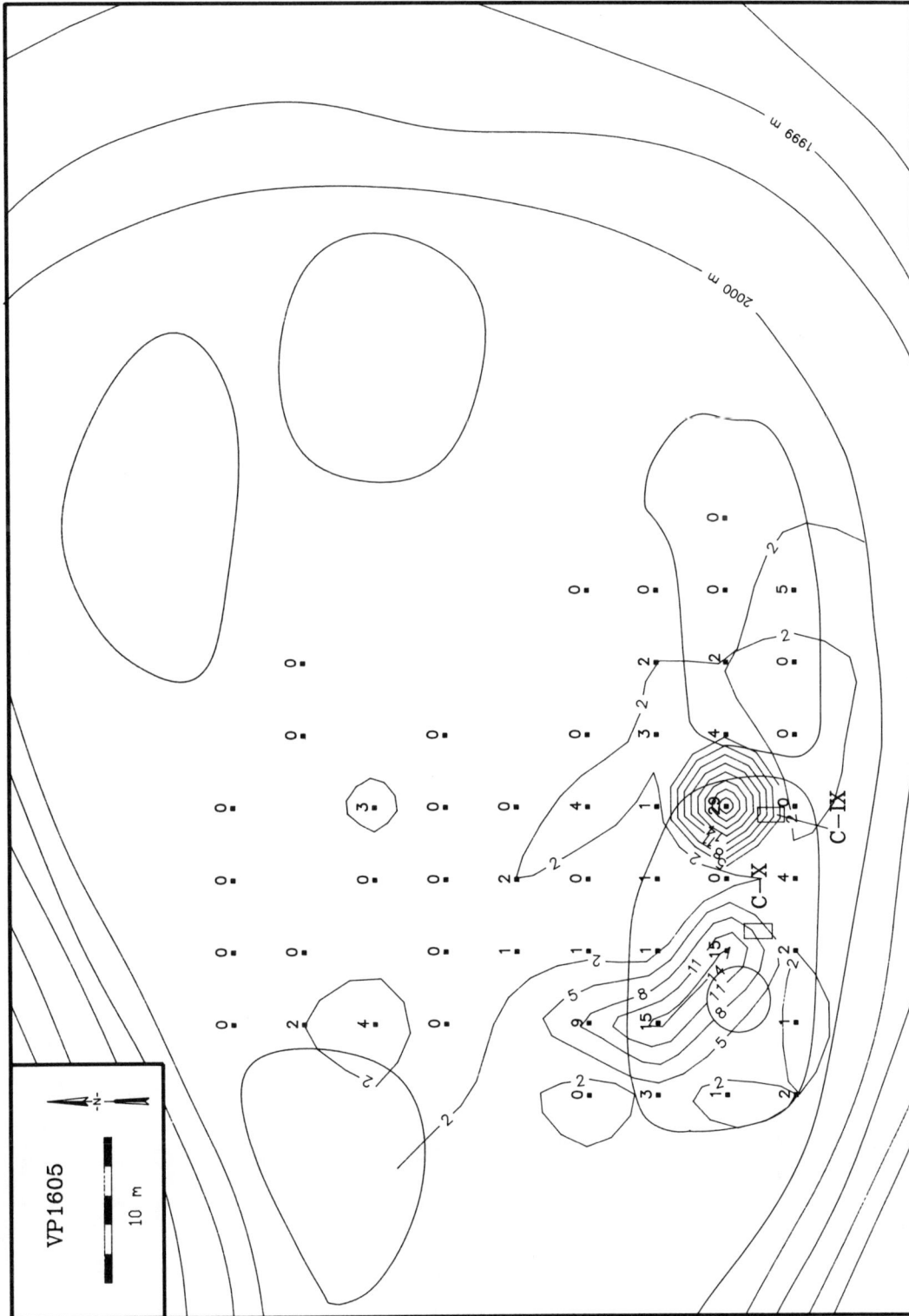

Figure 3.42. Distribution of Planaditas Burnished Red ceramics in shovel probes at VP1605.
Figura 3.42. Distribución de tiestos Planaditas Burnished Red en las pruebas de pala en VP1605.

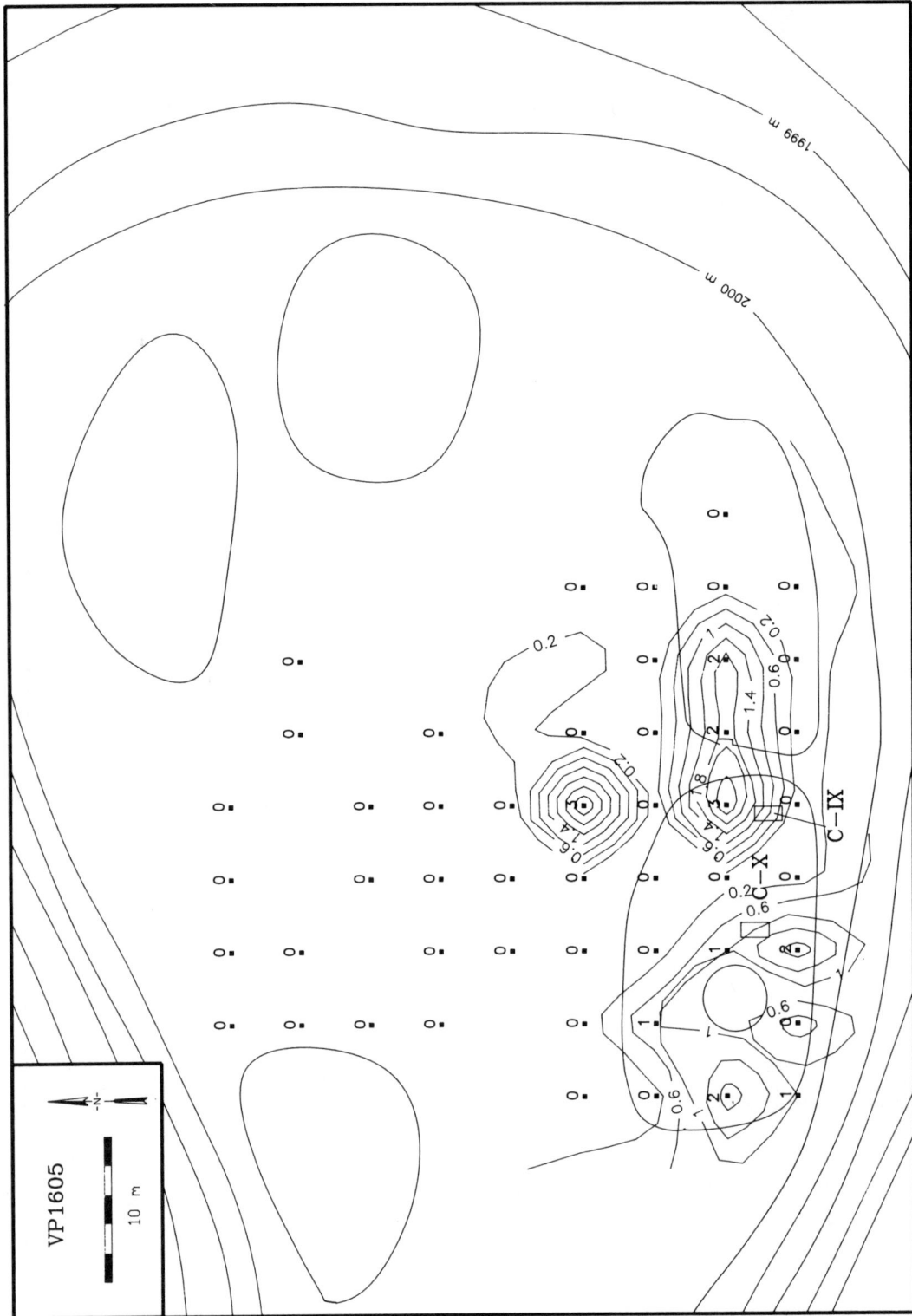

Figura 3.43. Distribución de tiestos Tachuelo Pulido en las pruebas de pala en VP1605.
Figure 3.43. Distribution of Tachelo Pulido ceramics in shovel probes at VP1605.

The distribution of features in C-XII, C-XII square B, and C-VII provides additional support for the interpretation of this area as a locus for a nucleated settlement.

VP1614 and VP1605 are also in relatively large and flat areas where the testing program was intense. Figures 3.35, 3.36, 3.37 and 3.38, provide the data for VP1614 (see Appendix). The evidence here indicates occupation from Formative 2 times on, but no more than three houses are suggested at any given point in time. Figures 3.39, 3.40, 3.41, 3.42 and 3.43 provide information for VP1605, indicating approximately three houses in the Recent period, about four in the Regional Classic period, and two or three during the Formative period. Two of these houses correlate with two concavities we noted in the ground (see Figure 2.48). Three other clear depressions in the area were not tested since previous data from the regional survey indicated these as areas of late occupation (see discussion in Chapter 2). Our testing program corroborates this interpretation. Thus the densest occupation at VP1605 was during the late periods when about five houses were occupied at this site.

At VP0466, then, we consider that a figure of about 12 houses seems a reasonable estimate in the area tested during the Formative 2/Formative 3 periods. Of these houses, there is direct and/or ample evidence for four (see discussion of excavation units C-I, C-II, C-VII, C-XII and Square B at C-XII) and their locations are indicated by circles drawn in continuous line in Figure 2.53. The evidence for the remaining houses, whose approximate locations are indicated in Figure 2.53 by circles drawn in dashed lines, comes from the analysis of the distribution of ceramic fragments from the intensive testing program, from surface collections, from the evaluation of disturbed areas, and from the interpretation made of some depressions on the ground as locations of houses. The possibility of finding nucleated settlements during the Formative period is an issue of importance because it could help to provide more precise population estimates and a better understanding of the functioning of Formative communities in the Valle de la Plata. Such a nucleus of settlement is not inconsistent with the dispersed settlement distribution reconstructed from regional survey data. VP0466, however, does seem to be a larger and more tightly nucleated community than the regional settlement data had indicated. Clearly not all Formative communities were like this. It remains to be seen if it is just an isolated case or if there are other such nuclei in other areas of population concentration during the Formative period. In the Belén area, for example, there are several zones with flat and wide topography which may have been the loci for house concentrations as well.

Further investigation of this topic requires a research program whose methodology, based on our results, should be a combination of intensive shovel testing with the excavation of test units of about 4 m^2 As we found, an area of this size can provide enough evidence for several related features to be used in analysis at the household level. This, along with distribution maps for ceramics and other artifacts, can provide the basis for evaluating the number of structures and the distances between them, so as to assess the extent of nucleation of households.

C-XII y cuadrícula B en C-XII) y sus localizaciones están indicadas con círculos dibujados con líneas continuas en la Figura 2.53. Para las viviendas restantes, cuya ubicación aproximada es indicada en la Figura 2.53 con círculos dibujados con líneas punteadas, la evidencia proviene del análisis de la distribución de los fragmentos cerámicos recobrados en el programa de prospección intensiva, de las recolecciones superficiales, de la evaluación de las áreas alteradas, y de la interpretación hecha de algunas depresiones en el suelo como localización de viviendas. La posibilidad de encontrar asentamientos nucleados durante el período Formativo, es un hecho de importancia porque puede ayudar a proporcionar cálculos de población más precisos y un mejor entendimiento del funcionamiento de las comunidades del Formativo en el Valle de la Plata. Un núcleo de asentamiento como este, no es inconsistente con el patrón de asentamiento disperso reconstruido a partir de la información del reconocimiento regional. No obstante, VP0466 parece ser una comunidad más grande y compacta que lo indicado por la información regional de asentamientos. Está claro que no todas las comunidades del Formativo fueron como ésta. Falta ver si ésta es un caso único o si hay otras en otras áreas de concentración de la población en el período Formativo. En el área de Belén, por ejemplo, hay varias zonas que, dada la topografía (plana y amplia), podrían también haber sido el terreno apropiado para concentraciones de casas.

Una investigación más detallada de éste tópico, requiere un programa de investigación cuya metodología, con base en nuestros resultados, debe ser una combinación de prospección intensiva con pruebas de pala y la excavación de pozos de sondeo de aproximadamente 4 m^2. Por nuestra experiencia, sabemos que un área de este tamaño puede proporcionar evidencia suficiente de varios rasgos relacionados, lo que permitiría conducir un análisis al nivel de las unidades domésticas, tal y como se ha utilizado y definido este término en éste reporte. Esto, junto con mapas de distribución de artefactos cerámicos y otros artefactos, puede proveer las bases para la evaluación del número de estructuras y la distancia entre ellas y así evaluar el grado de nucleación de las viviendas.

Chapter 4

Formative Household Clusters: A Comparative Analysis

In this chapter, our goal is to explore the presence or absence of wealth differentiation in a sample of household clusters dating to the Formative 3 period. The available data from the Valle de la Plata, especially that concerning the Regional Classic period, will be used to provide comparative context.

The types of evidence we expected to gather (see Chapter 1) to evaluate the nature of economic differences between Formative 3 household clusters included the following variables: size and shape of houses; the size, shape, function and quantity of pits; richness of burial offerings; proportion of decorated sherds and proportion of high quality lithic raw materials. We did not assume a priori that one or several of the above variables were indicators of wealth differences although any of them might have been. The perspective of this study is empirical, seeking variation that might reflect wealth differences to see whether the patterns of variation are interpretable in this way.

Of the several sources of information that might have been available for analysis, burials, polished stone tools (including ground stones and grinding stones), and beads were found in such small quantities that no special classification system was devised for them. This is also true for pit features, whose specific use was often not determinable. Similarly, the fragmentary evidence about the size and shape of the houses made it impossible to work with these variables. The most common cultural materials were ceramic and lithic objects, so these materials provide most of our information concerning wealth differences.

Analysis of Ceramic Materials

Sherds were typed initially according to the ceramic types established by the Proyecto Arqueológico Valle de la Plata (see Drennan 1993:3–25). Tachuelo Burnished and Planaditas Burnished Red sherds were divided into two broad categories: jars and bowls. These were further subdivided into highly burnished, moderately burnished, and lightly burnished. This provided a relative scale for evaluating the "cost" involved in the production of these ceramic wares. Since rim sherds were, by and large, the most elaborate part of these vessels, and the only location of decoration on Planaditas Burnished Red, they were additionally divided into three categories according to "cost of elaboration" within the three classes of burnishing for each vessel form: very elaborate, moderately elaborate, and non-elaborate. Examples of these rims are illustrated in Figures 4.1, 4.2 and 4.3. Very elaborate rim bowls include flared rims with an almost rectangular lip (Figure 4.1a); slightly excurved rims with the lip forming a groove on the under side (Figure 4.1). Others present a slight depression on what had been otherwise a straight flat flared rim (like an inverted "L" [Figure 4.1]). Moderately elaborate bowl rims included direct and/or incurved rims with almost flat lips with punctate decoration (Figure 4.1g, h); rims with lips folded towards the exterior are also present (Figure 4.1i). Non-elaborate bowl rims include straight, everted and slightly incurved rims in which the lip does not present any further elaboration; lips, however, vary into flat, rounded, and angular categories (Figure 4.2). Very elaborate jar rims present a folded profile (Figure 4.3a, b, c). Moderately elaborate jar rims included "folded" rims although the end of the folding is not very clearly separated from the body, as in those of the category of very elaborate (Figure 4.3f). Not elaborate jar rims present no further elaboration but included a variation of rounded and straight lips (Figure 4.3g–r).

In the following analysis, we use the counts of Planaditas Burnished Red exclusively because, although Lourdes Red Slipped sherds are the marker for the Formative 3 occupation, as discussed here elsewhere, the characteristics of this ceramic type (a soft red slip that resists erosion very poorly [see Drennan 1993:13]) did not allow us to study them in terms of cost of elaboration.

Erosion is almost entirely absent from Planaditas Burnished Red (see Drennan 1993:9), so the degree of burnishing and elaborateness of decoration can be reliably established. As a case in point, cooking pots, even with much accumulation of charcoal on the exterior, were noticeably less well burnished than serving bowls in all three categories. The greater surface finish on the interior of bowls was also a diagnostic element to distinguish between bowl and jar sherds. This, together with the greater thickness of jars, enabled differentiation between bowls and jars.

To reduce bias in classification, the bags of sherds from the three large excavations (C-XI, C-XII and C-XIII) were randomly sorted and then classified. Thus, it was not until all materials were classified that we could look at the distribution

Capítulo 4

Unidades Domésticas del Formativo:
Un Análisis Comparativo

En este capítulo, nuestro objetivo es explorar la presencia (o no) de diferencias en riqueza en una muestra de unidades domésticas arqueológicas del período Formativo 3. La información disponible del Valle de la Plata, especialmente aquella relacionada con el período Clásico Regional, será usada como marco comparativo.

Los tipos de evidencia que esperábamos recolectar (ver Capítulo 1) para evaluar la naturaleza de las diferencias económicas entre unidades domésticas arqueológicas del Formativo 3, incluían las siguientes variables: tamaño y forma de las viviendas; el tamaño, la forma, la función y la cantidad de rasgos; la riqueza de las ofrendas funerarias; la proporción de tiestos decorados y la proporción de materias primas líticas de alta calidad. En el estudio, no se asumió *a priori* que una o varias de estas variables fueran indicadores de riqueza, aunque cualquiera de ellas bien lo podría ser. La perspectiva de este estudio fue la búsqueda empírica de variaciones que puedan reflejar diferencias de riqueza para ver si los patrones de variación se pueden interpretar de esta forma.

De las varias fuentes de información que pensábamos tener disponibles para el análisis, los enterramientos, las herramientas de piedra pulida (incluyendo manos y metates), y las cuentas de collar, se encontraron en tan pocas cantidades que no se hizo ningún sistema de clasificación especial para éstas. Esto es válido también para los rasgos, cuyo uso específico no fue siempre posible determinar. De igual modo, el tamaño y la forma de las viviendas son variables con las que no se pudo trabajar debido a lo fragmentario de la información. Los materiales culturales más comunes fueron los objetos cerámicos y líticos, así que estos proporcionan la mayor parte de la información relacionada con las diferencias de riqueza.

Análisis de Materiales Cerámicos

Inicialmente, los tiestos fueron clasificados de acuerdo con los tipos cerámicos establecidos por el Proyecto Arqueológico Valle de la Plata (ver Drennan 1993:3–25). Los tiestos Tachuelo Pulido y Planaditas Rojo Pulido fueron divididos en dos categorías amplias: ollas y cuencos. Estos fueron adicionalmente subdivididos entre altamente pulidos, moderadamente pulidos, y ligeramente pulidos. Esta subdivisión proporciona una escala relativa para evaluar el "costo" de producción de estos tipos cerámicos. Puesto que los bordes son, en general, la parte más elaborada de estas vasijas, y la única localización de decoración en el tipo Planaditas Rojo Pulido, estos se subdividieron en tres categorías de acuerdo con el "costo de elaboración", dentro de las tres clases de acabado para cada forma de vasija, así: muy elaborado, moderadamente elaborado, y no elaborado. Ejemplos de estos bordes están ilustrados en las Figuras 4.1, 4.2 y 4.3. Los bordes de cuencos muy elaborados incluyen bordes evertidos con un labio casi rectangular (Figura 4.1a); bordes ligeramente evertidos con labios formando un reborde en la parte inferior (Figure 4.1c). Otros son bordes evertidos planos (como una "L" invertida [Figura 4.1d), salvo que presentan una depresión suave como acanaladura en la parte superior. Los bordes de cuencos moderadamente elaborados incluyen bordes directos y/o invertidos con labios casi planos con decoración circular impresa (Figura 4.1g, h); también están presentes bordes con labios doblados hacia el exterior (Figura 4.1i). Los bordes de cuencos no elaborados incluyen bordes directos, evertidos y ligeramente incurvados en los que el borde no presenta ninguna elaboración; no obstante hay variación en los labios: planos, redondeados, angulares (Figura 4.2). Los bordes de las ollas muy elaborados presentan un perfil doblado (Figura 4.3a, b, c). Los bordes de ollas moderadamente elaborados incluyen bordes "doblados" aunque el extremo del doblado no está claramente separado del cuerpo de la vasija como sí ocurre en aquellos descritos en la categoría de bordes muy elaborados (Figura 4.3f). Los bordes de las ollas no elaborados no presentan ninguna elaboración adicional, pero incluyen una variación de labios redondeados y rectos (Figura 4.3g–r).

En los análisis siguientes se usa el total de tiestos Planaditas Rojo Pulido exclusivamente, porque aunque los tiestos Lourdes Rojo Engobado son el marcador de la ocupación del Formativo 3, tal y como se ha discutido aquí en otras secciones, las características de este tipo cerámico (un engobe rojo suave que resiste muy mal a la erosión [ver Drennan 1993:13]) no nos permitió su estudio en términos del costo de elaboración.

Puesto que el tipo Planaditas Rojo Pulido no presenta casi erosión (ver Drennan 1993:9), es posible establecer con confianza el grado de pulimento y de elaboración de la decoración. Como un ejemplo de esto, cabe señalar que las vasijas para cocinar, aunque tienen una buena acumulación de carbón en la

for each particular class of vessel form, burnishing, and rim elaboration for each context.

With regard to the subdivision of the sherds between bowls and jars, it should be noted that such an approach is not novel at all (see, for instance, Drennan 1976). The underlying argument is based on the assumption that a high ratio of bowls to jars might mean higher status or wealth because bowls are considered nice serving vessels. Likewise more highly burnished and more elaborately decorated vessels are more costly to produce and are likely to occur in higher proportion in wealthier households (see Drennan 1976; Feinman, Upham and Lightfoot 1981, Plog 1983).

Analysis of Lithic Materials

Lithic materials were classified initially with regard to raw material and, then, according to a series of morphological categories within each raw material type (see below). Determination of the types of raw materials relies on a study made by geologist Gabriel Fernando Arias (Universidad Nacional de Colombia, Manizales) on a sample of 150 pieces analyzed with the naked eye and, then, the analysis of 80 of these fragments with monocular and binocular lenses. Determination of raw material type for the entire collection was then performed using this sample as a reference collection.

The morphological analysis relied on a series of rudimentary categories sufficient for the purpose of comparing the lithic inventory of different households and identifying specialization or other patterns which could be related to wealth differences. The categories are:

1) Flakes: Pieces of material exhibiting one or more of the following features: striking platform, bulb of percussion or distal part with unambiguous form of a flake part.

2) Utilized Flakes: Flakes exhibiting clear wear scars on one or more edges.

3) Debitage: Generally small pieces with none of the diagnostic features of a flake, these pieces are the waste material resulting from reduction.

4) Chunks: Larger fragments than the debitage, mostly amorphous tabular pieces.

5) Nuclei: Large to medium size pieces of raw material exhibiting scars of flakes that had been struck off.

Figure 4.1. Planaditas Burnished Red very elaborate (a–f) and moderately elaborate (g–i) bowl rim sherds at C-XI and C-XIII.

Figura 4.1. Bordes de cuencos Planaditas Rojo Pulido muy elaborados (a–f) y moderadamente elaborados (g–i) provenientes de C-XI y C-XIII.

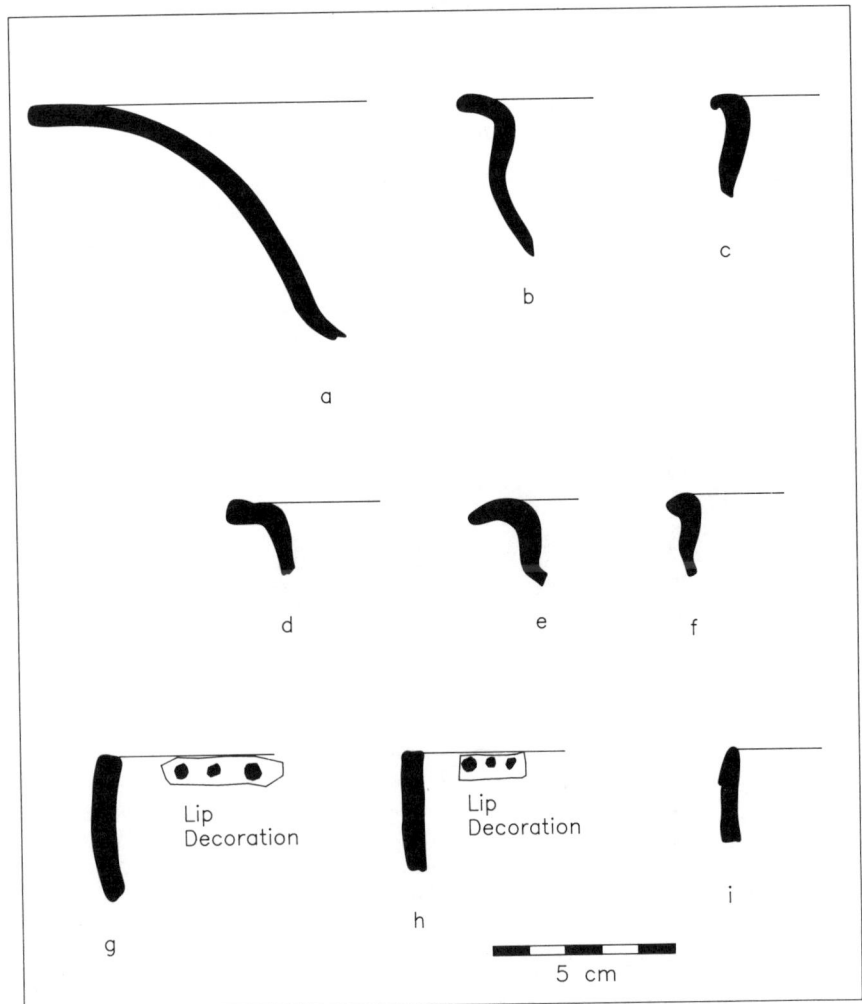

6) Other Tools: All other finished tools, including polished stone tools. These were not abundant enough to merit a finer distinction.

The types of raw material identified in our total lithic assemblage are quartz, quartzite, dacite, rhyolite, andesite, chert, obsidian, pumice, black argillite, brown argillite, gneiss amphibolitic, sandstone with fine siliceous material, granodiorite, and unidentified. Table 4.1 shows the counts of each type in the sample recovered from the J92 intensive testing program and from all of the stratigraphic excavations and the proportion of each type as a reflection of the total in both assemblages.

Obsidian, a material that may have reached the zone through some type of exchange network (as opposed to the other types of raw material that are readily available in the zone [Wolford, personal communication]), was further divided for analysis into eight varieties according to color (see Table 4.2):

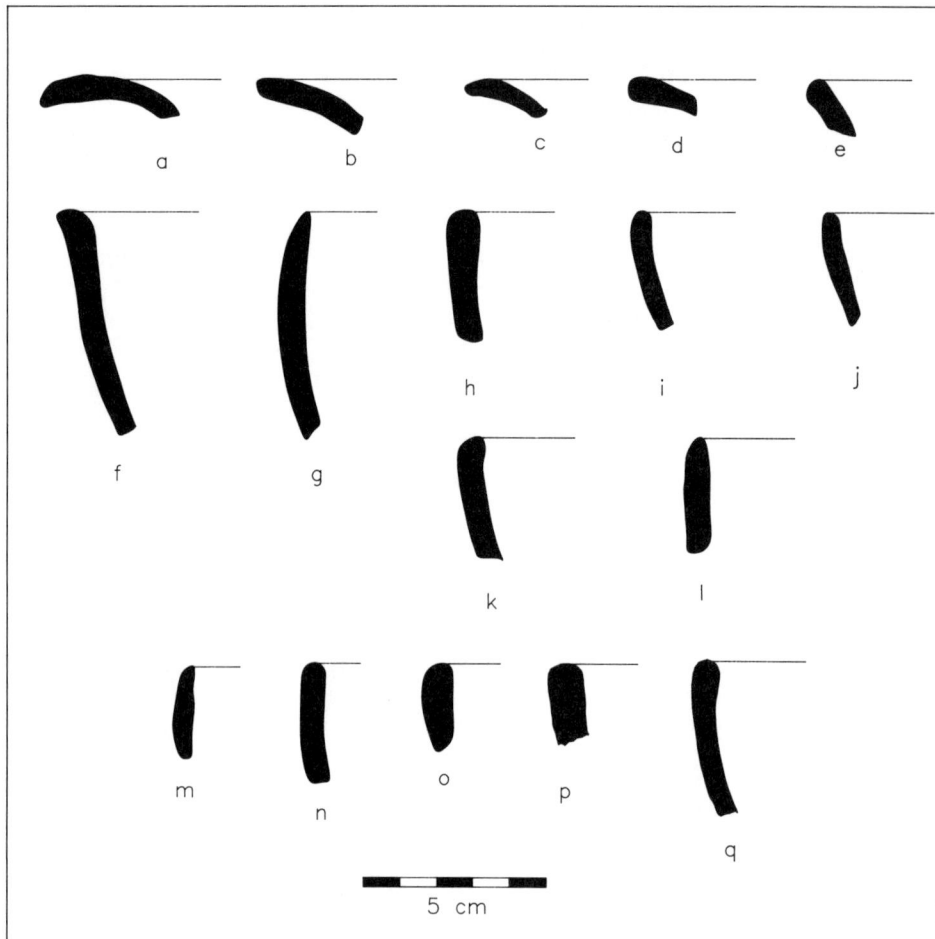

Figura 4.2
Bordes de cuencos Planaditas
Rojo Pulido no elaborados
provenientes de C-XI y C-XIII.

Figure 4.2
Planaditas Burnished Red not
elaborate bowl rim sherds at
C-XI and C-XIII.

5 cm

parte externa, son vasijas notoriamente menos pulidas que los cuencos utilizados para servir, en cualquiera de las tres categorías de acabado. El mejor acabado de las superficies internas de los cuencos, fue otro elemento diagnóstico para distinguir entre tiestos de cuencos y tiestos de ollas. Esto, junto con el mayor grosor de las ollas, nos permitió hacer la diferencia entre ambos tipos de vasijas.

Para reducir sesgos en la clasificación, las bolsas de tiestos provenientes de las excavaciones en área (C-XI, C-XII y C-XIII) fueron organizadas al azar y luego clasificadas. De ésta manera, sólo al final de la clasificación se pudo observar la distribución de cada clase particular de forma de vasija, acabado y grado de elaboración de los bordes, para cada contexto.

En relación con la subdivisión de los tiestos entre cuencos y ollas, se debe anotar que este enfoque no es novedoso (véase por ejemplo Drennan 1976). El argumento subyacente se basa en la premisa, que una proporción mayor de cuencos frente a las ollas puede significar un estatus más alto o riqueza, porque los cuencos son las piezas de servicio más elaboradas. Así mismo, las vasijas más pulidas y más decoradas son más costosas de producir y, por lo tanto, susceptibles de ocurrir en proporciones más altas en unidades domésticas con un estatus

más alto (ver Drennan 1976; Feinman, Upham y Lightfoot 1981, Plog 1983).

Análisis de Materiales Líticos

Los materiales líticos fueron clasificados inicialmente de acuerdo con el tipo de materia prima y luego de acuerdo con una serie de categorías morfológicas dentro de cada tipo de materia (ver abajo). La determinación de los tipos de materia prima se basa en un estudio hecho por el geólogo Gabriel Fernando Arias (Universidad Nacional de Colombia, Manizales) de una muestra de 150 fragmentos analizados a simple ojo y el análisis posterior de 80 de estos fragmentos con lentes monoculares y binoculares. La determinación de los tipos de materia prima para la colección total se realizó usando este análisis como una muestra de referencia.

El análisis morfológico se basó en una serie de categorías simples, suficientes para el propósito de comparar las colecciones líticas de diferentes unidades domésticas y para identificar especialización u otros patrones que podrían estar relacionados con diferencias en riqueza. Estas categorías son:

1) Lascas: Fragmentos de material que exhiben una o más de las siguientes características: plataforma de percusión,

Figure 4.3
Planaditas Burnished Red
very elaborate (a–c),
moderately elaborate (d–f)
and not elaborate (g–r) jar
rim sherds at C-XI and
C-XIII.

Figura 4.3
Bordes de ollas Planaditas
Rojo Pulido muy
elaborados (a–c),
moderadamente elaborados
(d–f) y no elaborados (g–r)
provenientes de C-XI y
C-XIII.

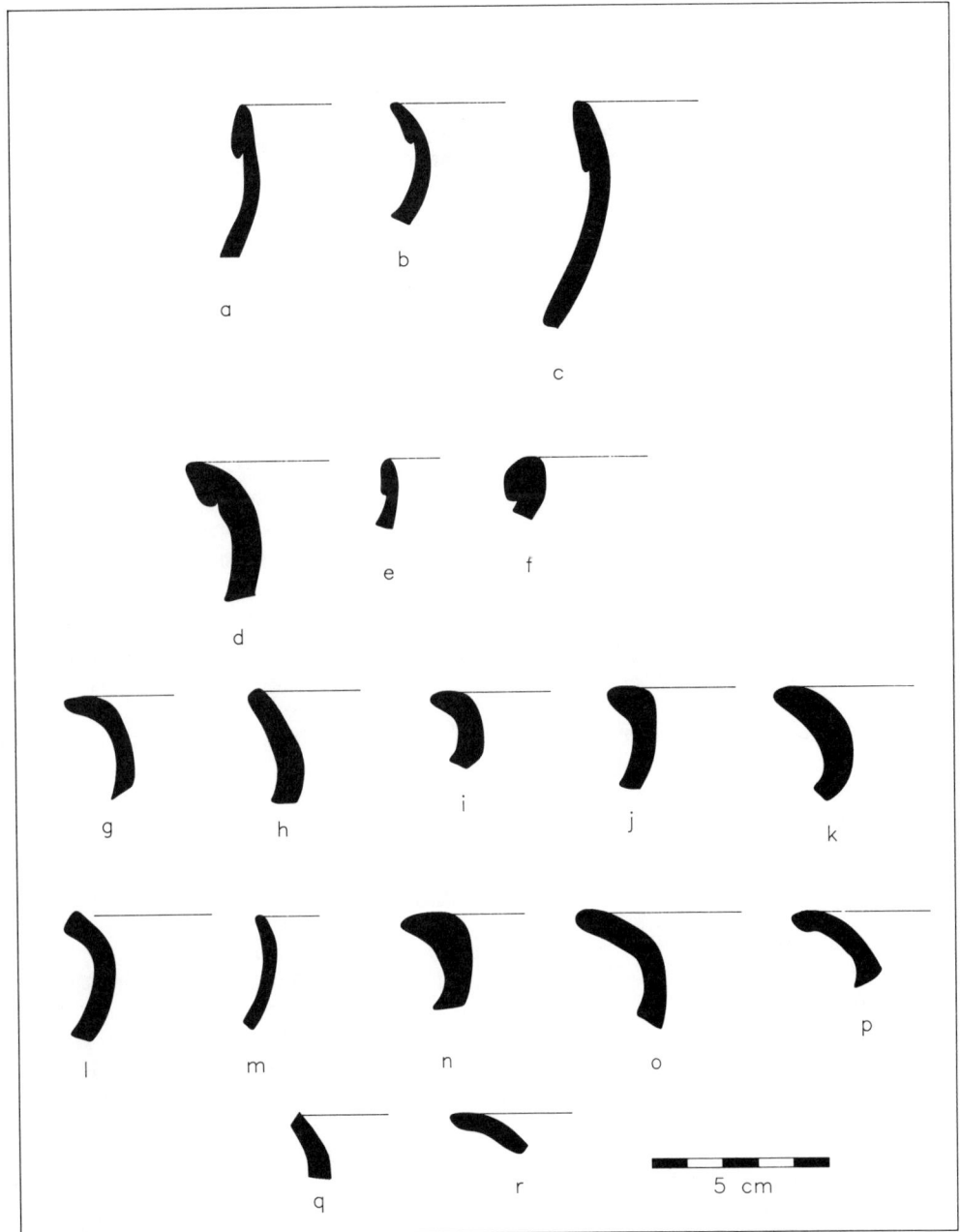

OB1: Black.
OB2: Black with clear bands.
OB3: Black with reddish brown bands organized in a clear alternating sequence.
OB4: Opaque black with hard to distinguish brown bands.
OB5: The same as OB4 plus white clear bands.
OB6: White clear.
OB7: Brown with black spots (not bands).
OB8: Black and olive.

Hurliman (1993:50), has studied the chemical composition of a sample of obsidian from Formative and Regional Classic household contexts in the Valle de la Plata. Each of the sources she tentatively identified "produced obsidian of a variety of different colors. Visual appearance, then, seems to provide little basis for differentiating these obsidian sources." Since Hurliman's study is very preliminary, information on visual appearance of obsidian is presented here in case it should prove relevant to source location.

The household areas at C-XI and C-XIII provide the main corpus of data for assessing wealth differences in the Formative 3 period. Although C-XII is an interesting site, its results are of limited utility because of the lack of stratigraphic separation of the Formative occupations (see Chapter 3).

bulbo de percusión o parte distal reflejando claramente ser parte de una lasca.

2) Lascas Utilizadas: Las que presentan huellas claras de uso en uno o más filos.

3) Desechos: Generalmente partículas pequeñas sin los atributos característicos de una lasca y que resultan como deshecho en el proceso de reducción.

4) Pedazos: Fragmentos más grandes que los desechos, generalmente fragmentos amorfos tabulares.

5) Núcleos: Pedazos de materia prima, de tamaño grande a mediano, con huellas de las lascas desprendidas.

6) Otras Herramientas: Todos aquellos instrumentos terminados, incluyendo herramientas en piedra pulida. Estas fueron tan pocas que no ameritaron una distinción mayor.

Los tipos de materia prima identificados en nuestra muestra total de líticos son cuarzo, cuarzita, dacita, riolita, andesita, chert, obsidiana, pómez, arcillolita negra, arcillolita café, gneis anfibolitico, arenisca con material silíceo fino, granodiorita, y sin identificar. La Tabla 4.1 presenta las cantidades de fragmentos de cada tipo recobrados durante el programa de prospección intensiva J92 y los recobrados en todas las excavaciones estratigráficas, así como la proporción de cada tipo como porcentaje del total de ambas colecciones.

La obsidiana, un material que puede haber llegado a la zona mediante algún tipo de sistema de intercambio (caso contrario al de los otros materiales que se encuentran fácilmente en la zona [Wolford, comunicación personal]), se subdividió para el análisis en ocho variedades de acuerdo al color (ver Tabla 4.2):

OB1: Negra.
OB2: Negra con bandas transparentes.
OB3: Negra con bandas café-rojizo organizadas en una secuencia alterna.
OB4: Negra opaca con bandas café, difíciles de distinguir a simple vista.
OB5: Como la OB4 más bandas blancas transparentes.
OB6: Blanca transparente.
OB7: Café con manchas negras (no bandas).
OB8: Negra y oliva.

Hurliman (1993: 50) ha estudiado la composición química de una muestra de obsidiana procedente de contextos de unidades domésticas del Valle de la Plata de los períodos Formativo y Clásico Regional. Cada una de las fuentes tentativamente identificadas por ella "producen obsidiana de diferentes colores. Por lo tanto, la apariencia visual, parece proporcionar muy poca base como elemento para identificar las fuentes de obsidiana." Puesto que el estudio de Hurliman es muy preliminar, la información sobre la obsidiana por color se presenta aquí, en caso que se confirme posteriormente, que el color sí es relevante para la identificación de las fuentes.

Las unidades domésticas encontradas en C-XI y C-XIII proporcionan la mayor parte de la evidencia para tratar de establecer la presencia de diferencias en riqueza durante el período Formativo 3. Aunque el sitio C-XII es interesante, la evidencia es de uso limitado debido a la falta de separación

estratigráfica de las ocupaciones del Formativo (ver Capítulo 3).

La comparación basada en los casos C-XI, C-XIII, y en menor grado, C-XII, se ampliará con la proveniente de los estudios menos detallados, hechos en las muestras de materiales (especialmente líticos) de sitios en que se excavaron pruebas de pala y pequeños cortes estratigráficos.

Evidencia sobre Diferencias de Riqueza en las Unidades Domésticas: Análisis e Interpretación

El análisis comenzó con la comparación de las proporciones de las diferentes categorías establecidas para los materiales cerámicos y líticos de C-XI y C-XIII. Los materiales excavados se tomaron como una muestra para estimar la proporción de la población de las diferentes categorías en cada unidad. A cada estimativo se le dieron rangos de confianza al nivel del 80% y 95%, para indicar la significancia de cualquier diferencia observada. Las tablas con la información básica para las discusiones siguientes proporcionan los rangos de error a un nivel de confianza de 95%. Los rangos de error al nivel de confianza del 80% se muestran en los gráficos correspondientes. Los valores utilizados para estos análisis se derivan de las procedencias listadas en la Tabla 3.3 y Tabla 3.6, más los lotes C-XI/099 y 100 (ver Capítulo 3).

La proporción de las formas de vasijas Planaditas Rojo Pulido (Tabla 4.3) están graficadas en la Figura 4.4. Sólo se presenta la información sobre cuencos, ya que la comparación de las proporciones de ollas es simplemente el opuesto de la de los cuencos. La proporción estimada para cada unidad doméstica arqueológica, cae fuera del rango de error al 95% de confianza de la otra. Por lo tanto, la confianza que tenemos de que nuestra muestra refleje en verdad una diferencia entre los dos sitios en relación con la proporción de cuencos y ollas, es mayor del 95%. No obstante, la proporción de cuencos es solamente un 5% mayor en C-XI.

La Figura 4.5 presenta la proporción de las diferentes categorías de pulimento para los tiestos de cuencos de C-XI y C-XIII. Tanto para los cuencos moderadamente pulidos como para los ligeramente pulidos, estos sitios presentan una diferencia mayor al nivel de confianza del 95%. Mientras que los tiestos de cuencos altamente pulidos ocurren en proporciones similares en ambos sitios, los tiestos de cuencos moderadamente pulidos son más comunes en C-XI y los tiestos de cuencos ligeramente pulidos son más comunes en C-XIII.

Existe una diferencia muy significativa en todas las categorías de acabado en cuanto a las ollas entre ambos sitios (ver Figura 4.6). El sitio C-XIII tiene una proporción mucho mayor de ollas ligeramente pulidas, mientras que C-XI tiene una proporción mayor de las dos categorías más costosas.

El análisis de los bordes, de acuerdo con las categorías de costo de elaboración (Tabla 4.4), no indica ninguna diferencia al nivel de confianza del 95% entre C-XI y C-XIII (Figura 4.7).

TABLE 4.1. LITHIC MATERIALS BY RAW MATERIAL TYPE FROM
J92 INTENSIVE TESTING PHASE AND STRATIGRAPHIC
EXCAVATIONS.
TABLA 4.1. MATERIALES LITICOS POR TIPO DE MATERIA PRIMA
DE LA FASE DE PROSPECCION INENSIVA J92 Y EXCAVACIONES
ESTRATIGRAFICAS.

Type of Lithic / Tipo de Lítico	Excavations / Excavación	J92 / J92	Total / Total	Percentage / Porcentaje
Quartz/Cuarzo	10	1	11	.4
Quartzite/Cuarzita	75	8	83	3.0
Andesite/Andesita	86	1	87	3.1
Dacite/Dacita	448	27	475	17.3
Rhyolite/Riolita	1226	50	1276	46.6
Pumice/Pomez	2	0	2	.1
Chert	40	2	42	1.5
Brown argillite/Arcillolita Café	18	0	18	.6
Unidentified/Sin identificar	21	0	21	.7
Gneiss amphibolitic/Gneiss Anfibolítico	1	0	1	.1
Black argillite/Arcillolita negra	3	0	3	.1
Granodiorite/Granodiorita	2	0	2	.1
Sandstone/Arenisca	1	0	1	.1
Obsidian/Obsidiana	545	167	712	26.0
Total	2478	256	2734	

The comparisons based on C-XI, C-XIII, and, to a lesser
extent, C-XII will be amplified by less detailed study of the
smaller .samples of materials (especially lithics) from sites
where shovel probes and test pits were dug.

Household Cluster Evidence for Wealth Differences: Analysis and Interpretations

Proportions of ceramic and lithic categories were compared
for C-XI and C-XIII. The excavated materials were taken as a
sample for estimating the population proportions of the different categories at each cluster. Error ranges at the 80% and 95%
confidence level were attached to each estimate to indicate the
significance of any difference observed. The tables with the
data base for the following discussions provide the error ranges

TABLE 4.2. COUNTS OF OBSIDIAN FRAGMENTS BY COLOR VARI-
ETY FROM EXCAVATIONS AND THE J92 INTENSIVE TESTING
PHASE.
TABLA 4.2. NUMERO DE FRAGMENTOS DE OBSIDIANA POR
VARIEDAD DE COLOR DE LAS EXCAVACIONES Y FASE DE
PROSPECCION INTENSIVA J92.

Color type / Tipo de color	Excavations / Excavación	J92 / J92	Total / Total	Percentage / Porcentaje
OB1	64	29	93	13.0
OB2	183	89	272	38.1
OB3	74	7	81	11.3
OB4	140	22	162	22.7
OB5	57	17	74	10.4
OB6	0	2	2	.3
OB7	25	1	26	3.6
OB8	2	0	2	.3
Total	545	167	712	

at the 95% confidence level. The error ranges at the 80%
confidence level are shown in the corresponding graphs. The
values for these analyses are derived from the proveniences
listed in Table 3.3 and Table 3.6 plus lots C-XI/099 and 100
(see Chapter 3).

The proportions of Planaditas Burnished Red vessel forms
(Table 4.3) are graphed in Figure 4.4. Only bowls are shown
since the comparison of jar proportions is simply the opposite
of that for bowls. The estimated proportion for each household
cluster falls outside the 95% confidence error range of the
other. Thus, our confidence that our samples actually reflect a
difference between the two sites regarding the proportion of
bowl and jar sherds is greater than 95%. Yet, the proportion of
bowls is only 5% greater at C-XI.

Figure 4.5 displays the proportion of different categories of
burnishing for bowl sherds at C-XI and C-XIII. For both

TABLE 4.3. PLANADITAS BURNISHED RED SHERDS FROM
C-XI AND C-XIII.
TABLA 4.3. TIESTOS PLANADITAS ROJO PULIDO DE C-XI Y C-XIII.

Artifacts—Artefactos	Household Cluster/Unidad Doméstica			
	C-XI		C-XIII	
Total Formative sherds/tiestos	1434		1174	
Total Planaditas sherds/tiestos	1282		981	
Total Bowls/Cuencos	330	26% ± 2.3%	205	21% ± 2.5%
Total Jars/Ollas	952	74% ± 2.3%	776	79% ± 2.5%
Highly burnished bowls/ Cuencos altamente pulidos	103	32% ± 5.1%	59	29% ± 6.2%
Mod. burnished bowls/Cuencos moderadamente pulidos	216	65% ± 5.2%	113	55% ± 6.8%
Lightly burnished bowls/ Cuencos ligeramente pulidos	11	3% ± 1.7%	33	16% ± 5.0%
Highly burnished jars/Ollas altamente pulidas	160	17% ± 2.3%	50	6% ± 1.7%
Moderately burnished jars/Ollas moderadamente pulidas	507	53% ± 3.1%	324	42% ± 3.5%
Lightly burnished jars/Ollas ligeramente pulidas	285	30% ± 2.9%	402	52% ± 3.5%

(Error ranges are for 95% confidence)
(Rangos de error al nivel de confianza del 95%)

moderately and lightly burnished bowls, the sites differ at more
than the 95% confidence level. While highly burnished bowl
sherds occurred in similar proportions at the two sites, moderately burnished bowls are more common at C-XI and lightly
burnished bowls are more common at C-XIII.

There is a very significant difference in all burnishing
categories of jars between the two sites (see Figure 4.6). C-XIII
has a much higher proportion of lightly burnished jars and
C-XI has more of the two costlier categories.

The analysis of the rim sherds according to cost of elaboration (Table 4.4) does not indicate any difference at the 95%
confidence level between C-XI and C-XIII (Figure 4.7).

In sum, there are significant differences in several of the
categories of costly ceramics between C-XI and C-XIII, with
C-XI consistently having higher proportions of more costly
vessels.

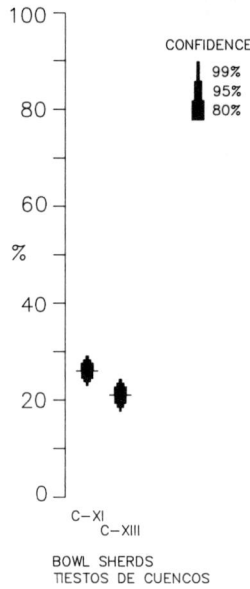

Figura 4.4. Gráfico de la proporción estimada y los rangos de error para tiestos de cuencos en C-XI y C-XIII.
Figure 4.4. Graph of estimated proportions and error ranges for bowl sherds from C-XI and C-XIII.

En suma, existen diferencias significativas en varias de las categorías de cerámica costosa entre C-XI y C-XIII, teniendo C-XI consistentemente, una proporción mayor de las vasijas más costosas.

Como se ve en la Tabla 4.5, sólo cuatro tipos de materia prima, entre todos aquellos presentes en los conjuntos en estudio, estaban presentes en ambos sitios. La diferencia mayor entre estos sitios está en la proporción de obsidiana. Los tipos dacita, riolita y andesita están presentes en proporciones muy similares, mientras que los otros tipos de materiales están

Figura 4.5. Gráfico de la proporción estimada y los rangos de error para tiestos de cuencos muy elaborados, moderadamente elaborados y no elaborados en C-XI y C-XIII.
Figure 4.5. Graph of estimated proportions and error ranges for highly, moderately and not elaborate bowl sherds from C-XI and C-XIII.

Figura 4.6. Gráfico de la proporción estimada y los rangos de error para tiestos de ollas de acuerdo con el grado de acabado provenientes de C-XI y C-XIII.
Figure 4.6. Graph of estimated proportion and error ranges for jar sherds by finishing degree from C-XI and C-XIII.

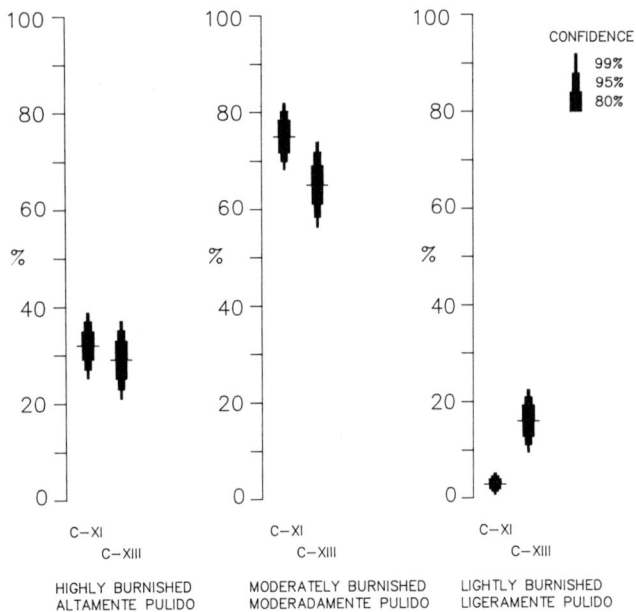

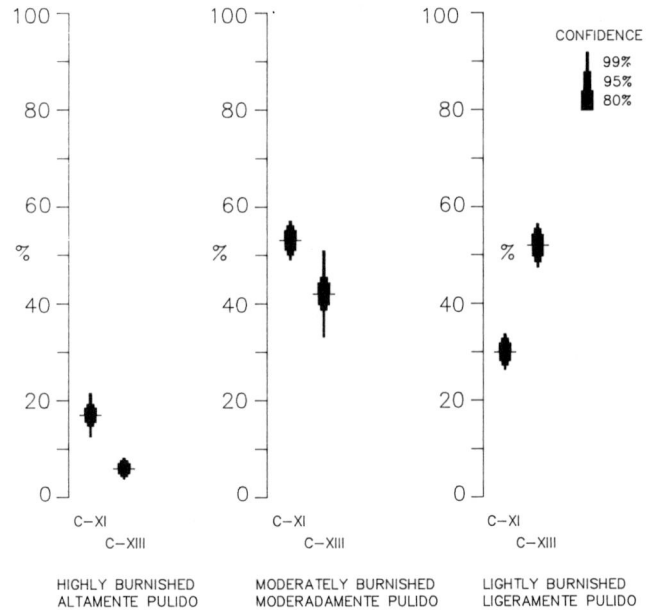

As seen in Table 4.5, of the several different kinds of raw material types present in the assemblages being compared, only four raw material types were present at both sites. Of

---

TABLE 4.4. COUNTS OF RIM SHERDS BY VESSEL TYPE AND "COST OF PRODUCTION" FROM C-XI AND CIII.
TABLA 4.4. CONTEOS DE BORDES POR TIPO DE VASIJA Y "COSTO DE PRODUCCION" DE C-XI Y C-XIII.

		C-XI		C-XIII	
Bowls/ Cuencos	very elaborate/muy elaborados	7	21% ± 14%	3	16% ± 18%
	mod. elaborate/moderadamente elaborados	19	58% ± 17%	11	58% ± 23%
	not elaborate/no elaborados	3	9% ± 10%	1	5% ± 10%
Jars/ Ollas	very elaborate/muy elaborados	0	0%	2	11% ± 15%
	mod. elaborate/moderadamente elaborados	4	12% ± 12%	2	11% ± 15%
	not elaborate/no elaborados	0	0%	0	0%
Total		33		19	

(Error Ranges are for 95% confidence.—Rangos de error al nivel de confianza del 95%.)

Figure 4.7. Graph of estimated proportion and error ranges for rim sherds at C-XI and C-XIII.
Figura 4.7. Gráfico de la proporción estimada y los rangos de error para bordes provenientes de C-XI y C-XIII.

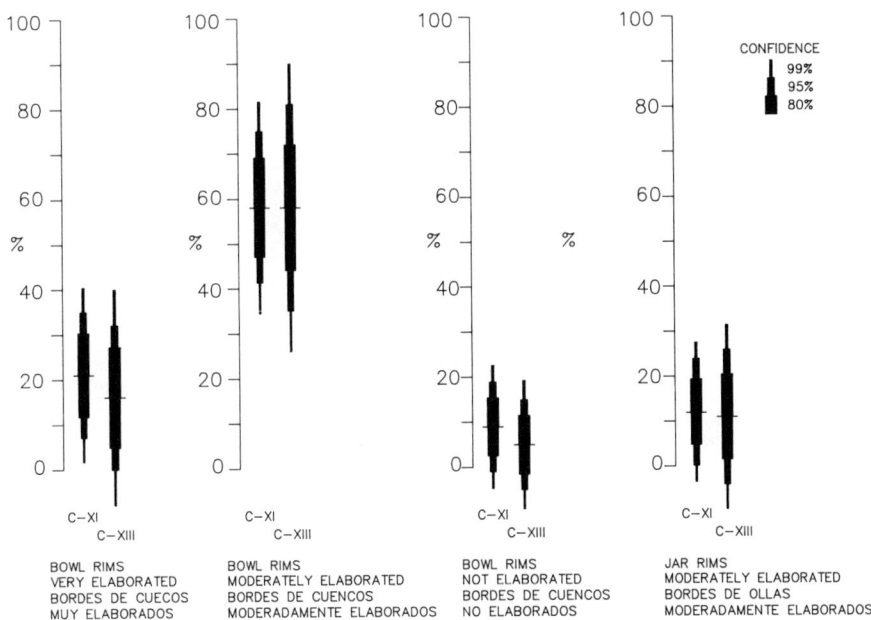

CONFIDENCE
99%
95%
80%

BOWL RIMS
VERY ELABORATED
BORDES DE CUECOS
MUY ELABORADOS

BOWL RIMS
MODERATELY ELABORATED
BORDES DE CUENCOS
MODERADAMENTE ELABORADOS

BOWL RIMS
NOT ELABORATED
BORDES DE CUENCOS
NO ELABORADOS

JAR RIMS
MODERATELY ELABORATED
BORDES DE OLLAS
MODERADAMENTE ELABORADOS

these, the largest difference between the sites is in the proportion of obsidian. Dacite, rhyolite and andesite are present in very similar proportions while other types of materials are present in one case but not in the other. Since these other materials constitute a very small percentage of the total lithic assemblage (see Table 4.1), they were probably not very important in the lithic industry. Thus we will concentrate for analysis on the four common types. Figures 4.8 and 4.9 show the estimated proportion for each type with an error range at the 95% confidence level.

Only in the case of obsidian does the estimated proportion for one cluster fall outside the error range of the other. Although we thus have confidence in a difference in the proportion of obsidian between these sites, the difference in favor of C-XIII is not very large.

Artifact types (flakes, debitage, chunks, etc.) do not show major differences between C-XI and C-XIII (Table 4.6). The absence of nuclei and the overall small size of flakes suggests that the primary stages of reduction were carried out elsewhere, perhaps at the procurement sources. The two household clusters show similar patterns of access to raw material and manufacturing lithic artifacts.

The obsidian sample is so small that any differences in proportions of particular categories will have little significance. It is, however, interesting to note how many different kinds of obsidian there are in each site (Table 4.7). If color is related to source (see above), then differences in this regard might indicate or be related to the wealth or status of the household. In C-XI, the five specimens represent five different kinds—OB1, OB2, OB3, OB4 and OB5. On the other hand, even with a sample four times as large, C-XIII has only one additional category (OB7). If visual appearance has anything at all to do with sources, then both of these households had access to a full range of obsidian sources. The absence of nuclei, the relatively small size of flakes and debitage fragments and the small proportion that obsidian represents in any assemblage all indicate that obsidian was a non-local resource.

To summarize, then: our analysis has shown a higher proportion of bowls and of the most costly types of sherds at C-XI and a higher proportion of obsidian at C-XIII.

The only other types of artifacts that show a differential distribution among

Figura 4.8. Gráfico de la proporción estimada y los rangos de error para obsidiana y dacita en C-XI y C-XIII. Figure 4.8. Graph of estimated proportions and error ranges for obsidian and dacite at C-XI and C-XIII.

Figura 4.9. Gráfico de la proporción estimada y los rangos de error para andecita y riolita en C-XI y C-XIII. Figure 4.9. Graph of estimated proportions and error ranges for andesite and rhyolite at C-XI and C-XIII.

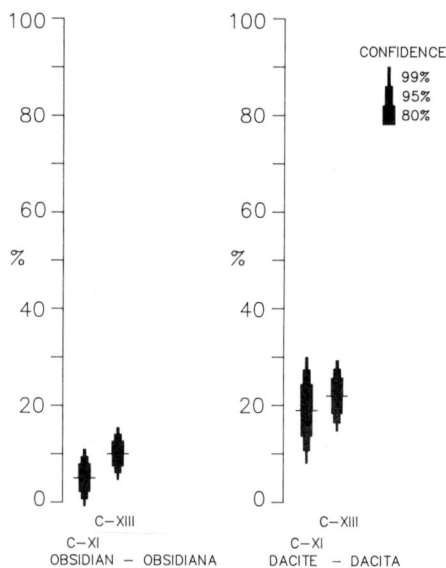

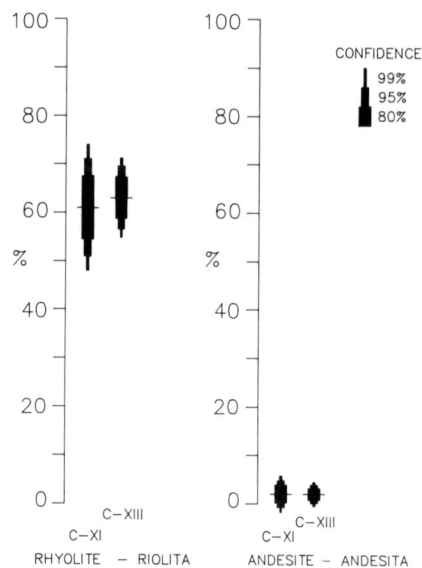

presentes en un caso, pero no en el otro. Puesto que estos otros materiales constituyen un porcentaje muy pequeño del total de la muestra lítica (ver Tabla 4.1), éstos probablemente no fueron materiales muy importantes en la industria lítica. Así, para efectos del análisis, nos concentraremos en los cuatro tipos de materiales más comunes. Las Figuras 4.8 y 4.9 muestran la proporción estimada para cada tipo con un rango de error al nivel de confianza del 95%.

Sólo en el caso de la obsidiana, la proporción estimada de un caso, cae fuera del rango de error del otro. Aunque tenemos confianza en que existe una diferencia en la proporción de obsidiana entre los dos sitios, la diferencia en favor de C-XIII no es muy grande.

Con relación a los diferentes artefactos líticos (lascas, pedazos, desechos, etc.), no se observan diferencias mayores entre C-XI y C-XIII (Tabla 4.6). La ausencia de núcleos y el tamaño generalmente pequeño de las lascas, sugieren que las primeras etapas del proceso de manufactura se realizaron en sitios diferentes a las viviendas, probablemente en las mismas fuentes de materiales. Ambas unidades domésticas arqueológicas muestran patrones similares de acceso a fuentes de materia prima y manufactura de artefactos líticos.

La muestra de obsidiana es tan pequeña, que cualquier diferencia en las proporciones de las diferentes categorías,

tiene poca significación. Es interesante anotar, no obstante, cuántas clases diferentes de obsidiana hay en cada caso (Tabla 4.7). Si el color estuviera relacionado con las fuentes (ver arriba), las diferencias en este sentido podrían indicar o estar relacionadas con la riqueza o el estatus de la unidad doméstica. En C-XI, los cinco ejemplares representan cinco clases diferentes—OB1, OB2, OB3, OB4 y OB5. Por otra parte, C-XIII, aún cuando tiene una muestra cuatro veces más grande, sólo muestra una clase adicional (OB7). Si la apariencia visual tiene algo que ver con las fuentes, entonces ambas unidades domésticas arqueológicas tenían acceso a un espectro amplio de fuentes de obsidiana. La ausencia de núcleos, el tamaño relativamente pequeño de las lascas y de los fragmentos de desecho así como la baja proporción que representa la obsidiana en cualquiera de los conjuntos, parecen todos indicar que la obsidiana no era un recurso local.

Para resumir, tenemos que el análisis muestra que C-XI tiene una proporción mayor de cuencos y de los tiestos más costosos, mientras que C-XIII tiene una proporción mayor de obsidiana.

Los otros tipos de artefactos que muestran una distribución diferencial entre estas unidades domésticas son las cuentas de collar y los tiestos pintados. Las cuentas de collar se

TABLE 4.5. VALUES USED FOR THE COMPARISON OF THE LITHIC ASSEMBLAGE FROM C-XI AND C-XIII.
TABLA 4.5. VALORES USADOS EN LA COMPARACION DE LOS INVENTARIOS LITICOS DE C-XI Y C-XIII.

Type/Tipo	Estimated Proportion/Proporción Estimada			
		C-XI		C-XIII
Rhyolite/Riolita	57	61% ± 10.0%	131	63% ± 6.5%
Dacite/Dacita	18	19% ± 8.0%	45	22% ± 5.6%
Obsidian/Obsidiana	5	5% ± 4.4%	20	10% ± 4.0%
Andesite/Andesita	2	2% ± 2.8%	5	2% ± 1.9%
Quartzite/Cuarzita	0	0%	2	1% ± 1.3%
Quartz/Cuarzo	3	3% ± 3.4%	0	0%
Black argillite/Arcillolita negra	1	1% ± 2.0%	0	0%
Chert	0	0%	6	3% ± 2.3%
Unidentified/Sin identificar	4	4% ± 4.0%	0	0%
Brown argillite/Arcillolita café	3	3% ± 3.4%	0	0%
Total Flaked Stone/ Total piedra lascada	93		209	

(Error Ranges are for 95% confidence)
(Rangos de error al nivel de confianza del 95%)

these households are beads and painted sherds. Beads were found at C-XIII (5 pieces although only 3 correspond to the proveniences we are discussing) but not at C-XI. Beads, however, were also found in Formative contexts at C-XII (7) and C-I (3). Thus beads were not an uncommon artifact.

Painted sherds were absent from C-XI, but 12 were found at C-XIII (9 from the proveniences we have been discussing). Some of these painted sherds are similar to ceramics found during the regional survey of the Valle de la Plata, which, because of lack of stratigraphic information, were left "unclassified" (Robert Drennan, personal communication). These fragments represent two different kinds of decoration. Eight sherds have reddish stripes on a white-cream slip. The small size of the sherds does not allow us to reconstruct the designs, but on at least one sherd, there are vertical and horizontal stripes in possible geometric patterns. The single rim sherd suggests a small bowl. The other type of decoration is represented by one rim sherd with parallel vertical stripes of black or dark red on a red slip. These fragments then seem to provide another indication for higher wealth at C-XIII.

The results of this analysis indicate some contradictory patterns. C-XIII has several relatively rare artifacts that might be related to wealth that are absent or in lower proportions at

C-XI (beads, painted pottery, obsidian). On the other hand, the "cost" characteristics of the bulk of the pottery suggest slightly higher wealth for C-XI. Finally, any wealth differences observed are so slight that they can hardly be said to exist.

In trying to assess the meaning of the differences observed between C-XI and C-XIII, we need to consider the small size of the sample. It is difficult to discuss wealth differences with a sample of two households. They simply might easily fail to include much wealth variation. Thus we will amplify this sample with data from sites studied in less detail.

As seen in Table 4.8, nine other cases produced lithic materials suitable for comparison of Formative households since late materials were not mixed in.

In Table 4.8 we can observe that, of the nine different kinds of raw material represented, three (rhyolite, dacite and obsidian) occur at most sites. The overall lithic distribution pattern for raw material at C-XI and C-XIII is consistent with this broader trend. Yet, it is also clear that there is variation in the proportions in which these most common types occur.

A comparison of the distribution of obsidian according to color between C-XI and C-XIII and the other household clusters listed in Table 4.9, indicates that seven classes (out of eight) are present in the sample (see Table 4.9). As in the former cases, class OB6 is not represented here either, thus suggesting that this type is a rare one. Indeed, in the total collection of obsidian typed this way, there are only two fragments of this class. This represents .3% of the total collection (see Table 4.2). The other rare class is OB8, which was only found at C-XII in a very modest proportion. This type is also .3% in the whole collection (see Table 4.2). Just as in households C-XI and C-XIII, class OB1, OB2, OB3, OB4 and OB5 are the most common varieties in the larger sample of households.

From the above, then, it seems clear that access to obsidian sources (if color proves to be related to source) was open to all households (i.e., that individual households did not procure their obsidian separately from different sources). The larger proportion of obsidian at some of the household clusters listed in Table 4.8, however, deserves a few remarks. As explained at the bottom of the table, the evidence for some of these cases comes from deposits where the evidence did not allow us to define individual households in as clear way as for C-XI and C-XIII. In regard to C-XII, for instance, about four different

TABLE 4.6. LITHICS BY ARTIFACT TYPE FROM C-XI AND C-XIII (OBSIDIAN NOT INCLUDED).
TABLA 4.6. LITICOS POR TIPO DE ARTEFACTO DE C-XI Y C-XIII (OBSIDIANA NO INCLUIDA).

	Chunk Pedazo	Debitage Desecho	Nucleus Núcleo	Flake Lasca	Used flake Lasca utiliz.	Other Otros	Total Total
C-XI	7	18	0	62	1	0	88
%	7.9	20.4		70.4	1.1		
C-XIII	24	32	0	133	0	0	189
%	12.7	16.9		70.4			

TABLE 4.7. DISTRIBUTION OF OBSIDIAN FRAGMENTS BY COLOR VARIETIES FROM C-XI AND C-XIII.
TABLA 4.7. DISTRIBUCION DE FRAGMENTOS DE OBSIDIANA POR VARIEDAD DE COLOR DE C-XI Y C-XIII.

	Color Varieties/Variedades de Color								
	0B1	0B2	0B3	0B4	0B5	0B6	0B7	0B8	Total
C-XI	1	1	1	1	1	0	0	0	5
C-XIII	2	5	1	8	3	0	1	0	20
Total	3	6	2	9	4	0	1	0	25
%	12.0	24.0	8.0	36.0	16.0	-	4.0	-	

encontraron en C-XIII (5 cuentas, aunque sólo 3 provienen de las procedencias que estamos discutiendo) pero no en C-XI. Las cuentas, no obstante, también aparecieron en contextos Formativos en C-XII (7 cuentas) y en C-I (3 cuentas). Por lo tanto, se puede concluir que las cuentas no eran un artefacto raro.

Los tiestos pintados no se encontraron en C-XI, pero si en C-XIII, donde se encontraron 12 (9 de las procedencias que estamos discutiendo). Algunos de estos tiestos con pintura son similares a fragmentos encontrados durante el reconocimiento regional del Valle de la Plata, los que, por falta de información estratigráfica, se dejaron como "sin clasificar" (Robert Drennan, comunicación personal). Estos fragmentos representan dos clases diferentes de decoración. Ocho fragmentos tienen bandas rojas sobre un engobe crema. Debido al tamaño pequeño de estos fragmentos no es posible reconstruir los diseños, pero al menos en uno, se observan bandas verticales y horizontales reflejando patrones geométricos. El único borde recuperado sugiere una vasija tipo cuenco. El otro tipo de decoración está representado en un borde que tiene bandas paralelas verticales de color negro o rojo oscuro, sobre un engobe rojo. Estos fragmentos parecen proporcionar otra indicación de un estatus más alto para la Unidad Doméstica C-XIII.

Los resultados de este análisis indican algunos patrones contradictorios. Por una parte, C-XIII tiene varios artefactos, relativamente raros, que podrían estar relacionados con el estatus o riqueza que no se encuentran o están en bajas proporciones en C-XI (cuentas de collar, cerámica pintada, obsidiana). Por otra parte, las características de "costo" del grueso de la cerámica, sugieren una posición más alta o mayor riqueza para la unidad C-XI. Finalmente, cabe destacar que las diferencias observadas entre ambas unidades son tan pequeñas que su significación es mínima.

Al evaluar el significado de las diferencias observadas entre C-XI y C-XIII, debemos considerar el tamaño pequeño de la muestra. Es claro que resulta difícil discutir aspectos de diferencias en riqueza con una muestra de dos unidades domésticas. Estas podrían fácilmente no incluir mucha variación en este sentido. En consecuencia, para complementar el estudio se ampliará el tamaño de la muestra con sitios estudiados en menor detalle.

Como se ve en la Tabla 4.8, disponemos de otros 9 casos que produjeron materiales líticos apropiados para la comparación de unidades domésticas del Formativo puesto que en éstos no se encontraron materiales cerámicos de los períodos tardíos.

En la Tabla 4.8 se puede observar que de las nueve clases diferentes de materias primas representadas, tres de ellas (riolita, dacita y obsidiana) ocurren en la mayoría de los casos. El patrón general de distribución de materia prima lítica observado en los casos de C-XI y C-XIII es consistente con esta tendencia más general. Sin embargo, es claro que hay variaciones en cuanto a las proporciones en que ocurren las clases más comunes.

Una comparación de la distribución de obsidiana de acuerdo con el color entre C-XI y C-XIII, por una parte, y las otras unidades domésticas listadas en la Tabla 4.9, por la otra, indica que siete de las clases (entre ocho) están presentes en la muestra (ver Tabla 4.9). Así, como ocurre en los dos casos principales, la clase OB6 no está representada aquí tampoco, sugiriendo que ésta es un tipo raro. En verdad, en toda la colección clasificada de esta manera, sólo se encuentran dos ejemplares de este tipo. Este tipo representa el .3% de la colección total (ver Tabla 4.2). La otra clase que es poco frecuente es la OB8, la cual sólo se encontró en C-XII en una proporción muy modesta. Este tipo también representa un .3% de la colección total (ver Tabla 4.2). Tal y como ocurre en los casos C-XI y C-XIII, las clases OB1, OB2, OB3, OB4 y OB5 son también las variedades más comunes en esta muestra más amplia de unidades domésticas.

A partir de lo anterior, parece claro que el acceso a las fuentes de obsidiana (si el color prueba estar relacionado con fuentes) estaba abierto a todas las unidades domésticas (i.e. que cada unidad doméstica no se aprovisionaba de fuentes específicas). Un punto que amerita discusión, no obstante, es la alta proporción de obsidiana que se registra en algunos de los casos listados en la Tabla 4.8. Como se explica en la parte inferior de la tabla, la evidencia para algunos de estos casos proviene de depósitos en donde la evidencia no nos permitió definir las unidades domésticas en forma tan clara, como en los casos de C-XI y C-XIII. En el caso de C-XII, por ejemplo, se encontraron aproximadamente cuatro superficies de vivienda. Por esto, aunque la muestra es útil para tratar de evidenciar los patrones generales con respecto del uso de materiales líticos durante los tiempos Formativos, ella no proporciona una base confiable para comparar unidades domésticas individuales. En otros casos, como en el de VP1007/0376, la evidencia proviene de pruebas de pala y la muestra resultante no es realmente comparable con aquella que proviene de las excavaciones en área. Por esto, y tomando en cuenta la naturaleza de las muestras utilizadas para esta comparación, creemos que las diferencias observadas en relación con la obsidiana entre C-XI y C-XIII no proporcionan una clara evidencia de diferencias de riqueza entre ellas.

Para resumir esta discusión, tenemos que la evidencia relacionada con diferencias en riqueza entre C-XI y C-XIII es, en el mejor de los casos, mínima. Las características generales de la cerámica en cuanto a "costo" de producción, indican mayor riqueza para C-XI, mientras que la presencia de tiestos con pintura y cuentas de collar, proporcionan tal evidencia para el caso de C-XIII. Las colecciones de líticos difieren básicamente en cuanto a la proporción de obsidiana, teniendo C-XIII una proporción mayor, pero tanto C-XI como C-XIII tienen bajas proporciones de obsidiana comparado con otras unidades. Todos los sitios contienen la mayor parte de los diferentes colores de obsidiana, variable ésta que si relacionada con las fuentes, indica un acceso amplio a las mismas fuentes o sistemas de consecución de obsidiana. En síntesis, existen

TABLE 4.8. COUNTS OF LITHICS BY RAW MATERIAL TYPE FROM OTHER HOUSEHOLD CLUSTERS.
TABLA 4.8. CONTEO DE LITICOS POR TIPO DE MATERIA PRIMA DE OTRAS UNIDADES DOMESTICAS.

Site Sitio	Quartz Cuarzo	Quartzite Cuarzita	Andesite Andesita	Dacite Dacita	Riolite Riolita	Chert Chert	Unidentified Sin ident.	Obsidian Obsidiana	Granodiorite Granodiorita	Brown argillite Arcillolita café	Total Total
C-XI	3	0	2	18	57	0	4	5	0	3	93
%	3.0	-	2	19	61	-	4	5	0	3	
C-XIII	0	1	5	45	131	6	0	20	0	0	209
%	0	1	2	22	61	3	0	10	0	0	
C-XII*	3	6	10	88	243	15	2	218	1	1	587
%	.5	1.0	1.7	14.9	41.4	2.5	.3	37.1	.1	.1	
C-XII-B†	0	2	0	5	11	3	3	17	1	0	42
%	-	4.7	-	11.9	26.1	7.1	7.1	40.4	2.3	-	
C-I, C-II✚	0	1	4	16	25	1	0	34	0	0	81
%	-	1.2	4.9	19.7	30.8	1.2	-	41.9	-	-	
C-VII✠	0	1	1	6	15	0	0	15	0	0	38
%	-	2.6	2.6	15.7	39.4	-	-	39.4	-	-	
C-V✚	0	6	0	2	9	0	0	8	0	0	25
%	-	24.0	-	8.0	36.0	-	-	32.0	-	-	
VP0069-B	0	0	0	1	1	0	0	2	0	0	4
%	-	-	-	25.0	25.0	-	-	50.0	-	-	
VP0069-D	0	0	0	0	0	0	0	4	0	0	4
%	-	-	-	-	-	-	-	100.0	-	-	
VP1007/0376	0	0	0	1	1	0	0	11	0	0	13
%	-	-	-	7.6	7.6	-	-	84.6	-	-	
VP1032/0402	0	0	0	3	0	0	0	0	0	0	3
%	-	-	-	100.0	-	-	-	-	-	-	

* C-XII: From Stratum 3 down.—Del Estrato 3 hacia abajo.

† C-XII-B: From level 3 down.—Del nivel 3 hacia abajo.

✚ C-I, C-II : Total is the result of C-I (levels 5 –12) and C-II (levels 4 –10) since these units are taken to represent a single discrete household area.
El total es el resultado de C-I (niveles 5–12) y C-II (niveles 4–10) ya que estas unidades se asumen como una sola unidad doméstica.

✠ C-VII: From level 6 down.—Del nivel 6 hacia abajo.

✚ C-V: Lithics from levels 5 to 7.—Líticos de los niveles 5 a 7.

For all others the data is from shovel probes.—La información para todos los otros casos proviene de pruebas de pala.

surfaces of occupation are represented. Thus, although the sample is useful for assessing the general trends of lithic use in Formative times, it does not provide a reliable basis for comparing individual households. In other instances, such as the case of VP1007/0376, the evidence is from shovel probes and the resulting sample is not really comparable to that from expanded excavations. Thus, at the present, and taking into account the nature of the samples used in this comparison, we think that the observed difference in regard to obsidian between C-XI and C-XIII does not provide clear evidence for wealth differences.

To summarize, then, the evidence for wealth differences between C-XI and C-XIII is, at best, very slight. The overall "cost" characteristics of the pottery indicate greater wealth for C-XI, while the presence of painted sherds and beads provides such evidence for C-XIII. The lithic assemblages differ basically in the proportion of obsidian, with C-XIII having a larger proportion, but both C-XI and C-XIII have low proportion of obsidian compared to other sites. All sites have a wide range of the most common obsidian colors, which, if diagnostic of sources, indicates widespread access to the same sources or networks of obsidian procurement. In short, there are only a very few modest differences in artefact assemblages between households.

The small number of households in the sample studied is a continuing worry for the reliability of these conclusions. Study of the ceramics from the other household clusters could help expand the comparison. Even though the samples are smaller and the contexts less well defined, such study would provide another opportunity to observe differences.

diferencias muy modestas entre las unidades domésticas en cuanto a las colecciones de artefactos se refiere.

El pequeño número de unidades domésticas que conforman la muestra, es una preocupación constante sobre la confiabilidad de estas conclusiones. El estudio de las cerámicas provenientes de las otras unidades domésticas arqueológicas podría contribuir a dar mejor soporte a estas conclusiones. Aún cuando estos contextos son pequeños y menos definidos, este estudio podría proporcionar otra oportunidad para identificar diferencias.

Comparación de la Evidencia sobre Diferencias en Riqueza entre el Formativo 3 y el Clásico Regional

Blick (1993:334) ha concluido que las diferencias en cuanto a riqueza encontradas en unidades domésticas del Clásico Regional ubicadas en cercanías al Cerro Guacas, un sitio con abundante evidencia de diferencias en prestigio expresadas en forma de montículos y estatuas (ver también Drennan y Quattrin 1995a, 1995b), son muy modestas. Las diferencias más notables se expresan en cuanto a los materiales líticos de alta calidad, especialmente la obsidiana. No obstante, Blick (1993:335) concluye que "con base en el análisis de la información sobre cerámica y líticos . . . me veo forzado a concluir que la diferenciación de riqueza estaba muy poco desarrollada en el asentamiento del Cerro Guacas durante el Clásico Regional".

En cuanto a la cerámica se refiere, el resultado básico de la comparación es que en ambos casos, la magnitud de las diferencias encontradas no son muy dramáticas, aunque existen indicaciones de diferencias. En términos generales, estas diferencias son de proporciones, más que de la ausencia total de algunos elementos.

Como en el caso del Formativo, la riolita fue también el tipo de materia prima más común en el Clásico Regional (Blick 1993:292). El cuarzo, la cuarzita y el chert, están presentes en proporciones diferentes, pero todos ellos representan una pequeña parte del total de las colecciones de líticos (Blick 1993: 289, Figure 3.4). Las proporciones de obsidiana varían de sitio a sitio y Blick (1993:324) relaciona estas variaciones con una modesta diferenciación en riqueza.

También, como en el Formativo, en el Clásico Regional las proporciones de artefactos líticos varían poco de sitio a sitio (Blick 1993:305–323). En ambos períodos la evidencia indica que una buena parte del proceso de manufactura se realizó en otros lugares, probablemente en las fuentes mismas, las cuales muy seguramente eran los lechos de las quebradas de la región (Blick 1993:323). Blick (1993:322) sugiere que existía especialización en cuanto a la talla de estatuas y probablemente en la producción de sal. La muestra de sitios del Formativo no proporciona evidencia de tales actividades.

En síntesis, la evidencia indica que tanto en el Formativo como en el Clásico Regional la diferenciación de riqueza se encontraba muy poco desarrollada.

Conclusiones

Esta investigación se concibió como una contribución al estudio del surgimiento de la complejidad social, centrando la atención en el estudio de sociedades generalmente llamadas cacicazgos (Drennan y Uribe 1987). Se intentó evaluar dos de los modelos más difundidos y contrastantes en torno a este proceso. Estos son, de una parte, la posición que ve a los cacicazgos desarrollándose a partir de la necesidad de "enfrentar" los problemas de subsistencia y de otra, la posición que ve éstos emergiendo como consecuencia de intereses propios de los caciques. El contexto específico para la investigación fue una región, el Valle de la Plata, donde no parece haber existido problemas de presión de la población sobre recursos limitados. En esta zona, los cacicazgos parecen haber surgido en épocas tan tempranas como el período Clásico Regional (1 DC) con niveles de población mucho menores de aquellos que soporta la capacidad de carga. La evidencia más clara sobre jerarquización en el Clásico Regional está dada por los complejos funerarios de montículos y estatuas, localizados en los centros de concentraciones de asentamientos que parecen representar comunidades bien definidas. Al enfocarnos en el estudio de las sociedades del Formativo, las cuales preceden aquellas del Clásico Regional, esperábamos recopilar información para un estudio diacrónico del surgimiento de los cacicazgos. La presencia de concentraciones de población durante el Formativo 3, aunque mucho más modestas que aquellas reveladas por el reconocimiento regional sistemático para el período Clásico Regional, pueden indicar el inicio de procesos de centralización que continuaron y se intensificaron durante el Clásico Regional. Ya que la transición entre el Formativo 3 y el Clásico Regional estuvo acompañada por un calentamiento del clima, el cual mejoró las condiciones para la agricultura, se planteó originalmente, a manera de hipótesis, que las evidencias claras de diferenciación en prestigio del Clásico Regional, emanaron de diferencias en riqueza basadas en el mayor potencial de productividad agrícola.

En el proceso de verificar esta hipótesis, la investigación ha producido resultados con implicaciones importantes para el conocimiento de la secuencia de desarrollo al nivel del Valle de la Plata, así como al nivel más general del Alto Magdalena y de la discusión teórica sobre el surgimiento de los cacicazgos. Al nivel del Valle de la Plata, uno de los resultados de la investigación ha sido la redefinición de uno de los períodos (el Formativo 3), el cual se pensó originalmente que estaba identificado por la presencia de un sólo tipo cerámico dominante (Lourdes Rojo Engobado). Nuestra investigación en cerca de 70 sitios diferentes, de los que se sabía con anterioridad que presentaban tiestos Lourdes Rojo Engobado, nos permitió concluir que el inventario cerámico del período Formativo 3 consta de los tipos Planaditas Rojo Pulido y Lourdes Rojo

Comparison of the Evidence for Wealth Differences between the Formative 3 and the Regional Classic

Blick (1993:334) has concluded that there were detectable but only very modest wealth differences between Regional Classic households near Cerro Guacas, a site with abundant evidence of prestige differences in the form of burial mounds and statues (see also Drennan and Quattrin 1995a, 1995b). The more noticeable differences are in high quality raw materials, especially in obsidian. Yet, he says that "Based on the analysis of the ceramic and lithic data . . . I am forced to conclude that wealth differentiation was quite weakly developed in the Cerro Guacas settlement during the Regional Classic period" (Blick 1993:335).

As for ceramic materials, the net result is that, in both cases, the extent of the differences found is not very dramatic, although there is indication of differences. By and large, these differences are ones of proportion rather than the complete absence of some elements.

As in the Formative, rhyolite was the most common lithic raw material in the Regional Classic (Blick 1993:292). Quartz, quartzite and chert are present in varying proportions, but make up a modest part of the total assemblage (Blick 1993:289, Figure 3.4). Obsidian proportions do vary from site to site and Blick (1993:324) relates this to modest wealth differentiation.

Also as in the Formative, proportions of lithic artifact types vary little from site to site in the Regional Classic (Blick 1993:305–323). In both periods the evidence indicates that a good part of the process of reduction took place elsewhere, probably at the procurement sources, very likely the regions's stream beds (Blick 1993:323). Blick (1993:322) suggests specialization in statue carving and probably salt making. There is no indication of such activities in the Formative sample.

In sum, both Formative and Regional Classic provide evidence to indicate that wealth differentiation was only very weakly developed.

Conclusions

This research was conceived as a contribution to the study of the emergence of social complexity by focusing on the study of societies broadly known as chiefdoms (Drennan and Uribe 1987). We attempted to evaluate two of the most widely used and fundamentally different positions about this process. These are, on the one hand, the view that chiefdoms developed from coping with "survival" problems and, on the other hand, the view that they emerged from chiefs' self-interests. The specific research context was a region, the Valle de la Plata, where population pressure on limited

resources does not seem to have occurred. Here chiefdom level societies seem to have emerged as early as the Regional Classic period (1 AD) at population levels well below carrying capacity. The most conspicuous evidence of Regional Classic hierarchy is provided by funerary complexes with stone statues and mound burials, centrally located in concentrations of settlement that appear to represent defined communities or polities.

By focusing on the study of the Formative 3 societies that preceded the Regional Classic, we aimed to gather data for a diachronic study of the emergence of chiefly societies. The presence of population concentrations in the Formative 3, although rather modest if compared with those reveled by systematic regional survey during the Regional Classic period, may indicate the beginnings of a process of centralization which continued and intensified in the Regional Classic. Since the transition from the Formative 3 to the Regional Classic was accompanied by warming climatic conditions which improved conditions for agriculture, we originally hypothesized that the conspicuous prestige differentiation of the Regional Classic flowed from wealth differences facilitated by increased agricultural productivity.

In attempting to investigate this hypothesis, our research has provided results which are of significance at the Valle de la Plata level and at the more general level of the Alto Magdalena and of the theoretical discussion of the emergence of

TABLE 4.9. COUNTS OF OBSIDIAN FRAGMENTS BY COLOR VARIETY FROM OTHER HOUSEHOLD CLUSTERS.
TABLA 4.9. CONTEO DE FRAGMENTOS DE OBSIDIANA POR VARIEDAD DE COLOR DE OTRAS UNIDADES DOMESTICAS.

Site/Sitio	OB1	OB2	OB3	OB4	OB5	OB6	OB7	OB8	TOTAL
C-XII*	23	60	21	68	33	0	11	2	218
C-XII-B†	3	8	3	3	0	0	0	0	17
C-I,C-II✦	3	16	7	3	1	0	4	0	34
C-VII✠	1	8	1	5	0	0	0	0	15
C-V✚	1	2	1	2	1	0	1	0	8
VP0069-A	0	5	0	0	0	0	0	0	5
VP0069-B	0	0	0	2	0	0	0	0	2
VP0069-D	0	3	0	1	0	0	0	0	4
VP1007/0381	0	1	0	0	0	0	0	0	1
VP1007/0376	4	5	0	0	2	0	0	0	11
VP1429	1	0	0	0	1	0	0	0	2
VP1526	3	6	0	0	3	0	0	0	12

* C-XII: From Stratum 3 down.—Del Estrato 3 hacia abajo.

† C-XII-B: From level 3 down.—Del nivel 3 hacia abajo.

✦ C-I, C-II: Total is the result of C-I (levels 5–12) and C-II (levels 4–10) since these units are taken to represent a single discrete household area.
El total es el resultado de C-I (niveles 5–12) y C-II (niveles 4–10), ya que estas unidades se asumen como una sola unidad doméstica.

✠ C-VII: From level 6 down.—Del nivel 6 hacia abajo.

✚ C-V: Lithics from levels 5 to 7.—Líticos de los niveles 5 a 7.

For all others the data is from shovel probes.—La información para todos los otros casos proviene de pruebas de pala.

Engobado. El primero de éstos se produjo en el Formativo 2 y 3; el segundo, sólo en el Formativo 3, pero sólo para vasijas pequeñas, posiblemente utilizadas para servir y no para cocinar. La evidencia de ocupación durante el Formativo 3 recuperada en el sitio VP0466 (ver Capítulo 3), en la región de La Vega, proporciona evidencia de un núcleo de asentamiento relativamente compacto, y abre así las puertas para investigación futura sobre este aspecto del patrón de asentamiento a una escala más fina que aquella que se puede lograr a partir de los reconocimientos sistemáticos regionales.

En relación con las diferencias de riqueza y su importancia en los cambios al nivel de la organización social, encontramos muy poca evidencia de diferencias en el Formativo 3. El análisis de diferentes líneas de evidencia no produjo patrones claros de diferencias económicas. Estos resultados son completamente consistentes con las conclusiones alcanzadas por un estudio similar entre unidades domésticas del Clásico Regional (Blick 1993) y con análisis a escala regional (Taft 1993; Drennan y Quattrin 1995a, 1995b). Todas estas clases de evidencia sugieren que la acumulación de riqueza no es un elemento importante en las etapas tempranas del desarrollo de los cacicazgos aquí, aunque existían claras diferencias en prestigio. Esta perspectiva desde el Valle de la Plata parece consistente con la evidencia de los patrones funerarios del Alto Magdalena en general (Drennan, 1995), los cuales sugieren diferencias substanciales en prestigio, pero sólo modestas diferencias en riqueza.

Esta conclusión, claro está, es contraria con la idea que ve el control económico como base del proceso de desarrollo de los cacicazgos (cf. Gilman 1981, Earle 1987, 1991). Así, el caso del Valle de la Plata habla en favor de la idea que considera que las sociedades jerárquicas pueden desarrollarse por diferentes rutas. En el Valle de la Plata, bases ideológicas-religiosas han sido sugeridas como más importantes (ver Blick 1993; Drennan y Quattrin 1995a, 1995b).

Ciertamente, entender las sociedades del Valle de la Plata y, en general, el surgimiento de las sociedades complejas, es una labor que requiere la adecuación de una gama amplia de evidencias y la comparación con otras secuencias diferentes. En el Valle de la Plata y el Alto Magdalena, una prioridad es el estudio de la parte del Formativo en términos de las unidades domésticas individuales y en términos de las comunidades o asentamientos. Para alcanzar este objetivo se requiere de más información comparativa. En este sentido, creemos que el desarrollo del estudio de las colecciones cerámicas en términos de "costos" puede proporcionar una base para la comparación de más unidades domésticas. El grado de elaboración de los bordes ha sido una manera productiva de evaluar ese aspecto. Y lo que es más importante para poder avanzar más allá de las conclusiones alcanzadas aquí, es la necesidad de incrementar el tamaño de la muestra de unidades domésticas para hacer estas comparaciones.

chiefdoms. At the Valle de la Plata level, one of the outcomes of our research has been a redefinition of one of the periods (the Formative 3) which was originally thought to be represented by a single dominant ceramic type (Lourdes Red Slipped). Our research in about 70 different sites previously known to have Lourdes Red Slipped ceramics allowed us to conclude that the Formative 3 ceramic assemblage actually consists of both Planaditas Burnished Red and Lourdes Red Slipped. The former was made in Formative 2 and 3; the latter, only in Formative 3, but it was used for small vessels, possibly used for serving as opposed to cooking. Evidence of Formative 3 occupation recovered at VP0466 (see Chapter 3) in the La Vega region provides evidence for a relatively compact nucleus of settlement, and it opens the way for further study of this aspect of the settlement pattern at a much finer scale than that gained from systematic regional surveys.

Regarding wealth differences and their importance in changes in social organization, we found precious little evidence of wealth differences in the Formative 3. Analysis of several different lines of evidence failed to provide clear patterns of economic differences. These results are entirely consistent with conclusions from a similar study of Regional Classic households (Blick 1993) and with analysis at a regional scale (Taft 1993; Drennan and Quattrin 1995a, 1995b). All these kinds of evidence suggest that wealth accumulation was not an important element in the early stages of chiefdom development here, even though there were conspicuous prestige differences. This view from the Valle de la Plata seems consistent with evidence from burial patterns from the Alto Magdalena in general (Drennan 1995) which indicate substantial prestige but modest wealth.

This conclusion, of course, runs contrary to the notion which sees economic control at the base of the process of chiefdom development (cf. Gilman 1981, Earle 1987, 1991). Thus, the case of the Valle de la Plata speaks in favor of the proposition that hierarchical societies may develop by various routes. In the Valle de la Plata, ideological-religious bases have been suggested as more important (see Blick 1993; Drennan and Quattrin 1995a, 1995b).

Certainly, understanding Valle de la Plata societies and, in general, the emergence of complex societies, is an endeavor which requires marshalling a broad spectrum of evidence and comparing different sequences. In the Valle de la Plata and the Alto Magdalena, a priority is the study of the Formative part of the sequence in terms of the individual households and in terms of communities or settlements. More comparative data is needed to achieve this goal. In this connection, further study of the "costliness" of Formative ceramic assemblages could provide a basis for comparing more households. The elaborateness of rims has been a productive way to assess such costliness. But to pursue further the conclusions reached here, the size of the sample of households available for comparison must be increased.

Appendix

Electronic Access to the Full Dataset

Detailed data from the research reported on in this volume are available in computerized form on-line in the newly established Latin American Archaeology Database. The objective of the on-line database is to provide detailed primary data in a form directly amenable to further analysis by computer, and thereby complement printed volumes such as this one in serving the fundamental function of an archaeological report—making available the full datasets on which conclusions are based so that interested scholars can explore them further.

Since electronic media, standard formats, and means of access all evolve, and since the Latin American Archaeology Database will attempt to keep pace with this evolution, it is impossible to provide permanently valid full descriptions here of the contents of the database and of means to access them. As of this writing, the detailed datasets on which this study is based are directly accessible to World Wide Web users via the following URL:

http://www.pitt.edu/~laad

The files containing the data can be downloaded via the tools provided in Web browsers such as Lynx, Mosaic, or NetScape. An alternative means of contacting the Latin American Archaeology Database is to send e-mail to the following address:

laad+@pitt.edu

Data files can be sent via e-mail to an interested user without access to the World Wide Web. Other means of access are currently in process of installation, and current information about them (as well as about other contents of the Latin American Archaeology Database) can be obtained via the World Wide Web or e-mail as described above.

Data Available

The complete dataset is available as ASCII text files that can be read directly or easily imported to an application program such as a database manager or statistics package. These files provide the quantities of artifacts in various categories according to the individual lots of materials recovered in the field during the intensive shovel test program (Series J91 and J92), during the excavation of the 1 by 2 m test pits (*C-I* through *C-X*), and during the expanded excavations of larger areas (*C-XI*. (See Chapter 2 for an explanation of the recording system.) The on-line dataset includes the numbers of sherds of each ceramic type, of different vessel forms and rim forms, and of elaborateness of rims; the numbers of lithic artifacts of each tool type and of each raw material class; and the numbers of obsidian fragments of each type and each color.

Apéndice

Acceso Electrónico a los Datos Completos

Los datos completos de la investigación presentada en este volumen están disponibles en la Base de Datos en la Arqueología de América Latina. El objetivo de esta base electrónica de datos es el de proporcionar datos primarios en un formato para análisis por computador, y así complementar volumenes como este cuyo objetivo es divulgar la información recuperada en el campo que apoya las conclusiones presentadas aquí.

Dado que tanto los medios electrónicos para almacenar la información, tanto como los formatos de la misma, están en permanente cambio, la Base de Datos en la Arqueología de América Latina cambiará sus formatos en el futuro. Por lo tanto es imposible incluir aquí una descripción definitiva de cómo utilizarla. En este momento, sin embargo, los datos del estudio reportado aquí están disponibles mediante el World Wide Web en la siguiente URL:

http://www.pitt.edu/~laad

Los archivos que contienen los datos pueden ser obtenidos mediante programas tales como Lynx, Mosaic, o NetScape diseñados para navegar en el World Wide Web. Los archivos también pueden ser enviados por correo electrónico a los interesados que no tengan acceso al World Wide Web. Correo electrónico para la Base de Datos en la Arqueología de América Latina puede ser enviado a la siguiente dirección:

laad+@pitt.edu

Otras modalidades para conseguir los datos electronicamente están en proceso. Información actualizada sobre la base de datos se ofrece en el World Wide Web o por correo electrónico.

Datos Disponibles Electrónicamente

Los datos completos se encuentran organizados en archivos tipo ASCII, que pueden ser leidos directamente o importados facilmente a un programa de manejo de bases de datos o de análisis estadístico. Estos archivos presentan las cantidades de artefactos de varias clases según los lotes individuales de materiales recuperados en el campo durante la prospección intensiva por medio de pruebas de pala (Series J91 y J92), durante la excavación de los cortes de 1 por 2 m (*C-I* a *C-X*), y durante las excavaciones en área (*C-XI* a *C-XIII*). (Ver Capítula 2 para una explicación del sistema de registro.) La información incluye los números de tiestos de cada tipo cerámico, de formas de vasijas y bordes, y de elaboración de bordes; los números de implementos líticos de cada tipo y de cada clase de materia prima; y los números de fragmentos de obsidiana de cada tipo de implemento y de cada color.

Bibliography—Bibliografía

BLICK, JEFFREY P.
1993   Social Differentiation in the Regional Classic Period (A.D. 1–900) in the Valle de la Plata, Colombia. Ph.D. Unpublished Ph.D Dissertation. University of Pittsburgh. Department of Anthropology.

CARNEIRO, ROBERT L.
1970   A Theory of the Origin of the State. *Science* 169:733–738.
1981   The Chiefdom: Precursor of the State. In *The Transition to Statehood in the New World*, edited by G. D. Jones and R. R. Kautz, pp. 37–79. Cambridge University Press, Cambridge.
1990   Chiefdom-level Warfare as Exemplified in Fidji and the Cauca Valley. In *The Anthropology of War*, edited by Jonathan Hass, pp.190–211. Cambridge University Press, Cambridge.
1991   The Nature of the Chiefdom as Revealed by Evidence from the Cauca Valley of Colombia. In *Profiles in Cultural Evolution*, edited by A. Terry Rambo and Kathleen Gillogly, pp. 167–190. Anthropology Papers, Museum of Anthropology, no. 85, University of Michigan.

CHAVES, M. ALVARO, AND MAURICIO PUERTA R.
1978   Hallazgo de Vivienda Prehispánica en Moscopán (Cauca) y Monserrate (Huila). *Boletín Museo del Oro* 1:64–67.
1986   *Monumentos Arqueológicos de Tierradentro*. Bogotá: Biblioteca Banco Popular.
1988   *Vivienda Precolombina e Indígena Actual en Tierradentro*. Bogotá: Fundación de Investigaciones Arqueológicas Nacionales, Banco de la República.

CREAMER, WINIFRED, AND JONATHAN HASS
1985   Tribe Versus Chiefdom in Lower Central America. *American Antiquity* 50: 738–754.

CUBILLOS, JULIO CESAR
1980   *Arqueología de San Agustín: El Estrecho, El Parador y Mesita C*. Bogotá: Fundación de Investigaciones Arqueológicas Nacionales, Banco de la República.
1986   *Arqueología de San Agustín: Alto de El Purutal*. Bogotá: Fundación de Investigaciones Arqueológicas Nacionales, Banco de la República.

COOK, RICHARD G., AND ANTHONY J. RANERE
1992   The Origin of wealth and Hierarchy in the Central Region of Panamá (12,000–2,000 BP), with Observations on Its Relevance to the History and Phylogeny of Chibchan-Speaking Polites in Panamá and Elswhere. In *Wealth and Hierarchy in the Intermediate Area*, edited by Frederick W. Lange, pp. 243–316. Washington, D.C.: Dumbarton Oaks.

D'ALTROY, TERENCE N., AND TIMOTHY K. EARLE
1985   Staple Finance, Wealth Finance and Storage in the Inka Political Economy. *Current Anthropology* 26:187–206.

DRENNAN, ROBERT D., ED.
1985   *Regional Archaeology in the Valle de la Plata, Colombia: A Preliminary Report on the 1984 Season of the Proyecto Arqueológico Valle de la Plata*. Research Reports in Archaeology, Contribution 11. Museum of Anthropology, University of Michigan, Ann Arbor.

DRENNAN, ROBERT D.
1976   *Fábrica San José and Middle Formative Society in the Valley of Oaxaca*. Memoirs of the Museum of Anthropology, no. 8. University of Michigan, Ann Arbor.
1987   Regional Demography in Chiefdoms. In *Chiefdoms in the Americas*, edited by Robert D. Drennan and Carlos A. Uribe, pp. 307–323. Lanhany MD: University Press of America.
1988   Household Location and Compact versus Dispersed Settlement in Prehispanic Mesoamerica. In *Household and Community in the Maesoamerican Past: Case Studies in the Maya Area and Oaxaca*, edited by Richard Wilk and Aendy Ashmore, pp.273–293. University of New Mexico Press, Albuquerque.
1991   Pre-Hispanic Chiefdom Trajectories in Mesoamerica, Central America and Northern South America. In *Chiefdoms: Power, Economy and Ideology*, edited by Timothy Earle, pp. 263–293. Cambridge University Press, Cambridge.
1993   Part One: Ceramic Classification, Stratigraphy, and Chronology. In *Prehispanic Chiefdoms in the Valle de la Plata, Volume 2: Ceramics—Chronology and Craft Production*. University of Pittsburgh Memoirs in Latin American Archaeology no. 5, edited by Robert D. Drennan, Mary M. Taft, and Carlos A. Uribe, pp. 3–102. University of Pittsburgh and Universidad de los Andes. Pittsburgh and Santa Fe de Bogotá.
1995   Mortuary Practices in the Alto Magdalena: The Social Context of the 'San Agustín Culture.'" In *Tombs for the Living: Andean Mortuary Practices*, edited by Tom D. Dillehay, pp. 79–110. Washington, D.C.: Dumbarton Oaks.

DRENNAN, ROBERT D., AND CARLOS A. URIBE
1987   Introduction. in *Chiefdoms in the Americas*, edited by Robert D. Drennan and Carlos A. Uribe, pp. vii–xii. Lanham, MD: University Press of America.

DRENNAN, ROBERT D., LUISA FERNANDA HERRERA, AND FERNANDO PIÑEROS
1989   Environment and Human Occupation. In *Prehispanic Chiefdoms in the Valle de la Plata, Vol. 1: The Environmental Context of Human Habitation*, edited by Luisa Fernanda Herrera, Robert D. Drennan and Fernando Piñeros. University of Pittsburgh Memoirs in Latin American Archaeology, No. 2.

DRENNAN, ROBERT D., LUIS GONZALO JARAMILLO, ELIZABETH RAMOS, CARLOS AUGUSTO SANCHEZ, MARIA ANGELA RAMIREZ, AND CARLOS A. URIBEI
1989   Reconocimiento Arqueológico en las Alturas Medias del Valle de la Plata. In *Memorias del Simposio de Arqueología y Antropología Física, V Congreso*, edited by Santiago Mora C., Felipe Cárdenas Arroyo and Miguel Angel Roldán, pp. 119–157. Departamento de Antropología, Universidad de los Andes e Instituto Colombiano de Antropología, Bogotá.

DRENNAN, ROBERT D., LUIS GONZALO JARAMILLO, ELIZABETH RAMOS, CARLOS AUGUSTO SANCHEZ, MARIA ANGELA RAMIREZ, AND CARLOS A. URIBE
1991   Regional Dynamics of Chiefdoms in the Valle de la Plata, Colombia. *Journal of Field Archaeology* 18:297–317.

DRENNAN, ROBERT D., MARY M. TAFT, AND CARLOS A. URIBE, EDS.
1993   *Prehispanic Chiefdoms in the Valle de la Plata, Volume 2: Ceramics—Chronology and Craft Production*. University of Pittsburgh Memoirs in Latin American Archaeology no. 5. University of Pittsburgh e Universidad de Los Andes. Pittsburgh and Santa Fé de Bogotá.

DRENNAN, ROBERT D., AND DALE W. QUATTRIN
1995a   Social Inequality and Agricultural Resources in the Valle de la
         Plata, Colombia. In *Foundations of Social Inequality*, edited by T.
         Douglas Price and Gary M. Feinman, pp. 207–233. New York:
         Plenum.
1995b   Patrones de Asentamiento y Organización Sociopolítica en el Valle
         de la Plata. In *Perspectivas Regionales en la Arqueología del
         Suroccidente de Colombia y Norte del Ecuador*, edited by
         Cristóbal Gnecco, pp. 85–108. Popayán: Editorial Universidad del
         Cauca.

DUQUE GOMEZ, LUIS
1966   *Exploraciones Arqueológicas en San Agustín*.Instituto Colombi-
         ano de Antropología.

DUQUE GOMEZ, LUIS, Y JULIO CESAR CUBILLOS
1979   *Arqueología de San Agustín: Alto de los Idolos, Montículos y
         Tumbas*. Bogotá: Fundación de Investigaciones Arqueológicas
         Nacionales del Banco de la República.
1981   *Arqueología de San Agustín: La Estación*. Bogotá: Fundación de
         Investigaciones Arqueológicas Nacionales del Banco de la
         República.
1983   *Arqueología de San Agustín: Exploraciones y Trabajos de Recon-
         strucción en las Mesitas A y B*. Bogotá: Fundación de Investigacio-
         nes Arqueológicas Nacionales del Banco de la República.
1988   *Arqueología de San Agustín: Alto de Lavapatas*. Bogotá: Fun-
         dación de Investigaciones Arqueológicas Nacionales del Banco de
         la República.

EARLE, TIMOTHY K.
1977   A Reappraisal of Redistribution: Complex Hawaiian Chiefdoms.
         In *Exchange Systems in Prehistory*, Timothy K. Earle and Jonathan
         E. Ericson, editors, pp. 213–229. New York: Academic Press.
1987   Chiefdoms in Archaeological and Ethnohistorical Perspective. *An-
         nual Review of Anthropology*16:279–308.
1991   Property Rights and the Evolution of Chiefdoms. In *Chiefdoms:
         Power, Economy, Ideology*, edited by Timothy Earle; Cambridge,
         Cambridge University Press.
1989   The Evolution of Chiefdoms. *Current Anthropology* 30:84–88.

EARLE, TIMOTHY K., ED.
1991   *Chiefdoms: Power, Economy and Ideology*. Cambridge: Cam-
         bridge University Press.

FEINMAN, GARY S.
1991   Demography, Surplus, and Inequality: Early Political Formations
         in Highland Mesoamerica. In *Chiefdoms: Power, Economy, and
         Ideology*, Timothy Earle K., editor. Cambridge: Cambridge Uni-
         versity Press.

FEINMAN, GARY, AND JILL NEITZEL
1984   Too Many Types: An Overview of Sedentary Prestate Societies. In
         Advances in Archeological Method and Theory. Edited by Mi-
         chael B. Schiffer, pp. 39–102. New York: Academic Press.

FEINMAN, GARY, STEADMAN UPHAM AND KENT G. LIGHTFOOT
1981   The Production Step Measure: An Ordinal Index of Labor Input in
         Ceramic Manufacture. *American Antiquity* 46:871–884.

FLANAGAN, JAMES
1989   Hierarchy In Simple "Egalitarian" Societies. *Annual Review of
         Anthropology* 18:245–266.

FLANNERY, KENT, ED.
1976   *The Early Mesoamerican Village*. New York: Academic Press.

FLANNERY, KENT V.
1976a   Analysis on the Household Level. In *The Early Mesoamerican
         Village*, edited by K. V. Flannery, pp. 13–16. New York: Academic
         Press.
1976b   The Early Mesoamerican House. In *The Early Mesoamerican
         Village*, edited by K. V. Flannery, pp. 16–24. New York: Academic
         Press.

1976c   The Early Formative Household Cluster on the Guatemalan Pacific
         Coast. In *The Early Mesoamerican Village*, edited by K. V. Flan-
         nery, pp. 31–34. New York: Academic Press.
1983   Topic 11: The Tierras Largas Phase and the Analytical Units of the
         Early Oxacan village. In *The Cloud People*, edited by K.V. Flan-
         nery and J. Marcus, pp. 43–45. New York: Academic Press.

FLANNERY, KENT V., AND MARCUS C. WINTER
1976   Analyzing Household Activities. In *The Early Mesoamerican
         Village*, edited by K. V. Flannery, pp. 34–47. New York: Academic
         Press.

FRIED, MORTON H.
1967   *The Evolution of Political Society: An Essay in Political Anthro-
         pology*. New York: Random House.

GILMAN, ANTONIO
1981   The Development of Social Stratification in Bronze Age Europe.
         Current Anthropology 22:1–23.
1991   Trajectories Towards Social Complexity in the Later Prehistory of
         the Mediterranean. In *Chiefdoms: Power, Economy and Ideology*,
         edited by Timothy Earle, pp. 146–168. Cambridge: Cambridge
         University Press.

HASS, JONATHAN
1982   *The Evolution of the Prehistoric State*. New York: Columbia
         University Press.

HAYDEN, BRIAN, AND ROB GARGETT
1990   Big Man, Big Heart?: A Mesoamerican View of the Emergence of
         Complex Society. *Ancient Mesoamerica* 1:3–20.

HEALY, PAUL F.
1992   Ancient Honduras: Power, Wealth, and Rank in Early Chiefdoms.
         In *Wealth and Hierarchy in the Intermediate area*, edited by
         Frederick. W. Lange, pp. 85–108. Washington D. C.: Dumbarton
         Oaks.

HELMS, MARY W.
1979   *Ancient Panama: Chiefs in search of Power*. Austin: University of
         Texas Press.
1991   Monumental Sculpture as Evidence for Hierarchical Societies. In
         Wealth and Hierarchy in the Intermediate area, edited by
         Frederick. W. Lange, pp. 317–330. Washington D. C.:Dumbarton
         Oaks.

HERRERA, LUISA FERNANDA, ROBERT D. DRENNAN, AND CARLOS A. URIBE, EDS.
1989   *Prehispanic Chiefdoms of the Valle de la Plata, Vol.1: The Envi-
         ronmental Context of Human Habitation*. University of Pittsburgh
         Memoirs in Latin American Archaeology No. 2. Pittsburgh and
         Bogotá: University of Pittsburgh and Universidad de los Andes.

HURLIMAN, EVA
1993   Preliminary Obsidian Analysis from the Valle de laPlata, Colom-
         bia. Master's Thesis. University of Pittsburgh. Department of
         Anthropology.

JARAMILLO, LUIS GONZALO
1987   Reconocimiento Regional Sistemático en el municipio de La Ar-
         gentina, Huila. *Boletín de Arqueología* No. 2 pp. 26–31.

KRISTIANSEN, KRISTIAN
1991   Chiefdoms, Early States and Systems of Social Evolution. In
         Chiefdoms: Power, Economy, and Ideology, edited by Timothy,
         pp. 16–43. Cambridge: Cambridge University Press.

LANGE, FREDERICK W.
1992   The Intermediate Area: An Introductory Overview ofWealth and
         Hierarchy Issues. In *Wealth and Hierarchy in the Intermediate
         Area* . Frederick W. Lange, ed. Washington, D. C.: Dumbarton
         Oaks. 1–14.

LEE, RICHARD B.
1990 Primitive Communism and the Origin of Social Inequality. In *The Evolution of Political Systems: Sociopolitics in Small-Scale Societies*, edited by S. Upham, pp. 225–246. Cambridge: Cambridge University Press.

LEHMANN, HENRY
1944 Arqueología de Moscopán. *Revista del Instituto Etnológico Nacional*, Vol. 1(2).

LILLEY, IAN
1985 Chiefs without chiefdoms? Comments on prehistoric sociopolitical organization in western Melanesia. *Archaeology in Oceania* 20:61–65.

LYNNE, CATHY, AND TIMOTHY EARLE
1989 Status Distinction and Legitimation of Power as Reflected in Changing Patterns of Consumption in Late Prehispanic Perú. *American Antiquity* 54: 691–714.

LLANOS, V. HECTOR
1988 *Arqueología de San Agustín: Pautas de Asentamiento en el Cañon del Río Granates-Saladoblanco*. Bogotá: Fundación de Investigaciones Arqueológicas Nacionales, Banco de la República.
1990 *Proceso Histórico Prehispánico de San Agustín en el Valle de Laboyos (Pitalito-Huila)*. Bogotá: Fundación de Investigaciones Arqueológicas Nacionales del Banco de la República.

LLANOS, V. HECTOR, Y ANABELLA DURAN DE GOMEZ
1983 *Asentamientos Prehispánicos de Quinchana, San Agustín*. Bogotá: Fundación de Investigaciones Arqueológicas Nacionales, Banco de la República.

MORENO, LEONARDO GONZALEZ
1991 *Pautas de Asentamiento Agustinianas en el Noroccidente de Saladoblanco (Huila)*. Bogotá: Fundacíon de Investigaciones Arqueológicas Nacionales del Banco de la República

PAYNTER, ROBERT
1982 Stratification and Spatial Organization. In *Models of Social Inequality: Settlement Patterns in Historical Archaeology*, edited by Robert Paynter, pp. 21–45.
1989 The Archaeology of Equality and Inequality. *Annual Review of Anthropology* 18:369–399.

PEARSALL, DEBORAH
1989 *Paleoethnobotany: a handbook of procedures*. San Diego: Academic Press.

PEEBLES, CRISTOPHER, AND SUSAN M. KUS
1977 Some Archaeological Correlates of Ranked Societies. *American Antiquity* 42:421–448.

PEREZ DE BARRADAS, JOSE
1943 *Arqueología Agustiniana*. Bogotá: Ministerio de Educación Nacional: Imprenta Nacional.

PLOG, STEPHEN
1983 Analysis of Style in Artifacts. *Annual Review of Anthropology* 12:125–142.

REDMAN, CHARLES L.
1978 Multivariaty Artifact Analysis: A baisis for multidimensional interpretations. In *Social Archaeology: Beyond subsistence and dating*. New York: Academic Press.

REICHEL-DOLMATOFF, GERARDO
1975 *Contribución al Conocimiento de la Estratigrafía Cerámica en San Agustín, Colombia*. Biblioteca Banco Popular, Bogotá.
1986 *Arqueología de Colombia: un texto introductorio*. Bogotá: Fundación Segunda Expedición Botánica.

RENFREW, A. COLIN
1973 Monuments, Mobilization and Social Organization in Neolithic Wessex. In *The Explanation of Culture Change*, edited by Colin Renfrew, pp. 539–558. London: Duckworth.

RICE, PRUDENCE M.
1989 Ceramic diversity, production and use. In *Quantifying Diversity in Archaeology*, edited by R. D. Leonard and G. T. Jones. Cambridge: Cambridge University Press.

SANCHEZ, CARLOS A.
1991 *Arqueología del Valle de Timaná (Huila)*. Fundación de Investigaciones Arqueológicas Nacionales del Banco de la República.

SANDERS, WILLIAM, AND DAVID WEBSTER
1978 Unilinealism, Multilinealism and the Evolution of Complex Societies. In *Social Archaeology: Beyond Subsistence and Dating*, edited by Charles L. Redman et al, pp. 249–302. New York: Academic Press.

SERVICE, ELMAN R.
1962 *Primitive Social Organization: An Evolutionary Perspective*. New York: Random House.

SINOPOLI, CARLA M.
1991 *Approaches to archaeological ceramics*. New York: Plenum Press.

SNARKIS, MICHAEL J.
1987 The Arechaeological Evidence for Chiefdoms in Eastern and Central Costa Rica. In *Chiefdoms is the Americas*, edited by Robert D. Drennan and Carlos A. Uribe, pp. 105–118. Lanham: University Press of America.
1992 Wealth and Hierarchy in the Archaeology of Eastern and Central Costa Rica. In *Wealth and Hierarchy in the Intermediate Area*, edited by Frederick W. Lange, pp.141–165. Washington, D. C.: Dumbarton Oaks.

SPENCER, CHARLES
1987 Rethinking the Chiefdom. In *Chiefdoms in the Americas*, edited by R. D. Drennan and C. A. Uribe. Lanham, MD: University Press of America.

STANISH, CHARLES
1989 Household Archaeology: Testing Models of Zonal Complementarity in the South Central Andes. *American Anthropologist* 91:7–24.

STEMPER, DAVID M.
1993 *The Persistence of Prehispanic Chiefdoms on the Río Daule, Costal Ecuador [La Persistencia de los Cacicazgos Prehispánicos en el Río Daule, Costa del Ecuador]*. Memoirs in Latin American Archaeology No. 7. Pittsburgh and Quito: University of Pittsburgh and Ediciones Libri Mundi.

STEPONATIS, VINCAS
1991 Contrasting patterns of Mississipian development. In *Ciefdoms: Power, Economy and Ideology*, edited by Timothy Earle, pp. 193–228. Cambridge: Cambridge University Press.

TAFT, MARY M.
1993 Part Two: Patterns of Ceramic Production and Distribution. In *Prehispanic Chiefdoms in the Valle de la Plata, Volume 2: Ceramics—Chronology and Craft Production [Los Cacicazgos Prehispánicos del Valle de la Plata, Tomo 2: Cerámica—Cronología y Producción Artesanal]*, edited by Robert D. Drennan, Mary M. Taft and Carlos A. Uribe, pp. 105–172. University of Pittsburgh. Memoirs in Latin American Archaeology No. 5. Pittsburgh and Santa Fé de Bogotá: University of Pittsburgh and Universidad de los Andes.

WHALEN, MICHAEL
1980 *Excavations at Santo Domingo Tomaltepec: evolution of a formative community in the valley of Oaxaca, Mexico*. Ann Arbor, Michigan: Museum of Anthropology, University of Michigan.

WILK, RICHARD R., AND ROBERT C. NETTING
1984 Households: changing forms and functions. In *Households, Comparative and Historical Studies of the Domestic Group*, edited by Robert McC. Netting et al., pp.1–28. Berkeley: University of California.

WILLEY, GORDON R.

1984   A Summary of the Archaeology of Lower Central America. In *The Archaeology of Lower Central America*, edited by F. W. Lange and D. Z. Stone, pp. 341–378. Albuquerque: University of New Mexico Press.

WINTER, MARCUS C.

1972   Tierras Largas: A Formative Community in the Valley of Oaxaca. Ph. D. Dissertation. University of Arizona, Department of Anthropology. Tucson.

1976   The Archaeology of Household Cluster in the Valley of Oxaca. In *The Early Mesoamerican Village*, edited by. Kent. V. Flannery, pp. 25–31. New York: Academic Press.

WOLFORD, JACK A.

n.d   The Stone Tool Industry of the Timaná Valley. Unpublished Manuscript.